本书由佛山市九方瓦业组织编写

编委会

主　　任　杨光中

副 主 任　张文华　庄世超

编　　委　湛轩业　刘孟涵　操儒冰　侯力学

摄　　影　张文华　湛轩业

装帧设计　梁丽怡　李毅婷　张春华

上下四千年

圖說中國屋面瓦

湛轩业 刘孟涵 操儒冰 庄世超 编著

中国建筑工业出版社

图书在版编目（CIP）数据

上下四千年 图说中国屋面瓦 / 湛轩业等编著. —北京：中国建筑工业出版社，2018.11
ISBN 978-7-112-22971-0

Ⅰ. ①上… Ⅱ. ①湛… Ⅲ. ①瓦－中国－古代－图集 Ⅳ. ①TU522-64

中国版本图书馆CIP数据核字(2018)第256394号

本书以图文并茂的形式，通过史籍和大量翔实的考古发掘资料，阐述了中国屋面烧结瓦四千年的历史。其侧重于屋面瓦的多功能性、装饰性、可重复使用性以及丰富的文化积淀，从广义和狭义的文化诸层面作了深入的探讨与评价，论述了中华屋面瓦文化的底蕴。书中还展示了中国各地民居建筑的特点和风情以及现代瓦的建筑应用实例，介绍了现代烧结瓦生产的最新设备和工艺技术，概述了欧美屋面瓦的简史和流行趋势，让读者从历史人文和科技的角度对中国屋面瓦有一个全面准确的认识。

本书适于建筑历史相关专业师生，古建筑修缮、仿古建筑等相关行业从业者，以及对烧结瓦制备和西式瓦应用感兴趣的大众读者参考阅读。

责任编辑：胡永旭　唐旭　吴绫　贺伟　杨晓　李东禧
书籍设计：佛山市开天盘古广告装潢工程有限公司
封面题字：张文华
责任校对：王瑞

上下四千年　图说中国屋面瓦
湛轩业　刘孟涵　操儒冰　庄世超　编著
*
中国建筑工业出版社出版、发行（北京海淀三里河路9号）
各地新华书店、建筑书店经销
恒美印务（广州）有限公司印刷
*
开本：880×1230毫米　1/16　印张：22 ¼　字数：514 千字
2019 年2月第一版　2019 年2月第一次印刷
定价：238.00 元
ISBN 978-7-112-22971-0
(33062)

序

鼎故创新扬国风

屋面上是历史的岁月，屋面下是生活的家。真乃是：“瓦中乾坤大，人间日月长”。我是在农村的屋檐下长大的，瓦对于我既有童年时期的快乐记忆，也有步入社会后生活的艰辛品味。1995年，怀着对外面世界的美好向往，只身来到广东，并涉足陶瓷瓦行业，自此与“瓦”结下了难以割舍的不解之缘。那时的我只要发现瓦砾堆，无论年代久远，抑或现代工艺的瓦产品，都要拣回几片带回珍藏，乐此不疲，痴迷不已。随着对中国屋面瓦发展历史的逐步了解，深信我国历史上的屋面瓦就是中华民族本原文化的活化石，更是建筑艺术、历史文化及书法艺术的载体。同时也认识到烧结屋面瓦在未来的建筑中也是一类经久耐用的、环境友好的、安全健康的、低碳的、原材料易得的、典雅和谐的及值得传承和弘扬的现代化可持续发展建筑的基本材料。

实际上中华民族对烧结屋面瓦保持着集体的记忆。

历史是面镜子，书籍是人类进步的阶梯。我们对中国烧结屋面瓦的发祥、发展历史的追根溯源，并非视之为古董而玩味，视之为文化珍宝而收藏，而是想它在未来社会里，对未来人类社会再作出辉煌贡献。通过对中华烧结屋面瓦历史发展脉络的辨析，其意义在于激励当代人热爱陶瓦事业，在当代社会环境下继续发扬和传承优秀的中华屋面文化，肩负起我们这一代陶瓦人应负有的历史使命。

烧结屋面瓦自从4500年前萌发，到4000多年前出现了使用功能明确的筒瓦、板瓦以来，就一直伴随着人类文明进步的发展而发展，已延续了数千年，并一直在改变着、演进着、自身完善着。4000多年前就在陕北神木、山西陶寺出现了还原法焙烧的青瓦。自此，4000多年来与天共色的青色屋面，造就了中华建筑的神韵，并深深地影响着周边的国家。在陕西宝鸡出土的4000多年前陕西龙山文化时期的红色筒瓦、板瓦以及在甘肃齐家文化时期出土的3900年前的红色带钉筒瓦等，足以证明了古籍中记载的真实。在郑州的商城遗址也出土了3600年前就已经用陶轮制作的青灰色陶瓦。这些出土的实物充分证明了中国是世界上最早使用烧结屋面瓦的国家，比西方社会的陶瓦早出现约1400年，是当然的世界第一。到西周时期，瓦当的发明及瓦当纹饰的出现，拉开了烧结屋面瓦装饰艺术的序幕。西汉早期，上釉瓦就已出现在了现今广州的南越王宫署的屋顶上，同时也出现了最早形式的屋顶鸱吻。

对历史的选择，就是对现实的选择。“秦砖汉瓦”作为历史上一个重要的历史文化现象，所赋予的精神实质，不正是我们需要传承和弘扬的吗？古人云：“观今宜鉴古，无古不成今”。

“石湾瓦·甲天下”，是业内对佛山屋面瓦品质的生动赞誉。随着九方瓦业的发展和国内高端客户的需求，九方研发团队曾先后数次到日本及欧美国家考察先进的屋面瓦生产技术和多种屋面瓦产品。与现代先进国家相比，深深地认知到与发达国家的差距。无论是在产品种类，还是在生产工艺装备、产品使用功能等方面，我们仍需付诸极大的努力，如在屋面瓦的防风、防雨、防雪、抗灾等方面，我们与西欧存在着断崖式的差距。赶超先进，这是九方人矢志不渝的追求。

无论是唐代西安大明宫的青砖青瓦，或是北京故宫皇家御制的金碧辉煌的琉璃瓦，也无论是现在国内欧式建筑的屋面瓦，或是新农村建设及特色小镇的中式建筑风格，都在见证着经济的繁荣和人们对提升美好生活的追求。但遗憾的是至今没有一本较为详细地叙述屋面瓦 4000 多年以来的发展历史以及从手工制作到现代生产工艺、产品的书籍。九方前后经过了五年时间的酝酿、讨论、实施，集多方力量，终于使这本书出版发行了，填补了行业的这一缺憾。

希望这本书能给现代中国屋面瓦的发展增光添彩，同时也能给内部员工培训和行业从业人员有些许帮助，这也是九方人的初衷。

殷切希望这本书能引起陶瓷行业对屋面瓦的关注，激发同行业对屋面瓦未来技术发展趋势的探讨和争鸣，为传承中国屋面瓦的事业奉献绵薄之力，为弘扬光大中国屋面瓦建筑文化而努力，重拾乡愁记忆的美好。

谨此为序。

杨光中
佛山市九方瓦业董事长

目录

【中篇】金碧辉煌　璀璨华夏

【下篇】荟萃中西 继往开来

古人云：观今宜鉴古，无古不成今。

尊重历史，传承匠心，抉择现实，昭示未来！

万物之灵的人类自从三百万年前告别自己的祖先古猿而从树上下到地面，便为生存不断地寻找构筑栖身之所而努力。

中华民族建筑是世界三大建筑体系中历史最悠久、文化底蕴最深厚、艺术韵意最浓郁的东方建筑的优秀代表，很大程度依托于我们是世界上最早发明和使用烧结屋面瓦的国家。

古建筑上包括烧结屋面瓦在内的许多元素文化，记述着中华文明的演进历程，紧贴着艺术文化源流，深含着中华文化底蕴，可谓中华史前文化以来的“活化石”，是研究源远流长的、绵延不断发展的中华文化的基石之一。烧结屋面瓦自出现以来，就一直伴随着人类文明进步的发展而发展，已延续了数千年，并一直在改变着、演进着、完善着。

“秦砖汉瓦”，当我们回首历史时，才清楚地认识到正是她们构成了人类历史文明的重要内容！“秦砖汉瓦”作为历史上一个重要的历史文化现象，所赋予的精神实质，不正是我们需要传承和弘扬的吗？

从人文视角研究和阐述屋面瓦与建筑，在实现伟大民族复兴的今天，不仅能对史载缺失有所补遗，而且有助于对现代科技发展格局及未来建筑可持续发展趋势的前瞻。须知，一个有希望的民族在世界民族中的优秀地位，全赖于自身优秀文化的传承并在世界民族文化交流中融入其他先进民族文化，在创新中发展，在发展中弘扬，回馈世界。舍此，只会固守愚顽而消亡。

在现代高度文明的社会形态下，具有五千年光辉灿烂优秀文化的中华民族，倘若拿不出自己的先进文化与世界文化对话、交流并在交流中汲取先进的文化元素充实和营养而丰富自己，那么，即便是再魁巍繁茂的苍松翠柏，也会因缺乏养分而枯萎，失去先进的民族地位和同先进文化对话的资格。我们断不能数典忘祖，丧失中华民族的自尊与自信。

土与水火之结晶　屋宇文明之肇始

【上篇】

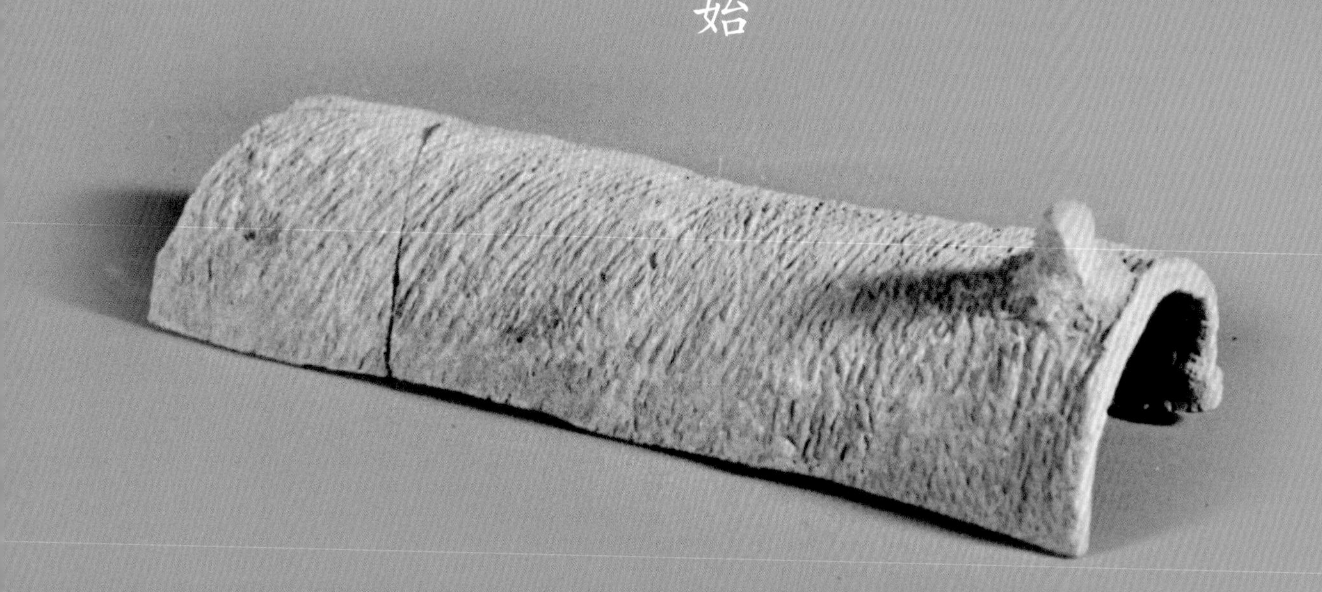

熟泥
瓦坯脫桶

第一章 中华屋面瓦的萌发

瓦，一种穿越四千多年时空的屋面防水与装饰材料，无论是在农耕文明时期，还是在工业现代化时代，都与人们舒适的家居生活休戚相关。它是人类文明的参与者和记录者，见证着朝代更迭、江山易主以及社会意识形态纷争和生产力的进步。

五千年中华文化，四千年制瓦工艺。作为最早的陶瓷制造国与使用国，瓷器被誉为中国的“第五大发明”，对于推动世界人类文明进步有着重大贡献。而烧结屋面瓦作为陶瓷使用及装饰功能的重要内容之一，其发明、运用和普及对人类居住环境的改善和建筑的进化意义非凡，影响深远。

第一节 制陶技术的起源

关于屋面瓦——这种由黏土制成坯后烧制而成的屋面建筑材料的起源，需从陶器的诞生开始说起。据考古资料证实，我国早在两万多年前的石器时代，智慧的先民们就掌握了土与火的融合艺术，开始制作陶制生活器皿，虽然初期的陶器烧成温度较低、厚薄不均、质地粗糙，但它的发明是人类最早利用化学变化改变物质天然性质的开端，是人类社会由旧石器时代发展到新石器时代的标志之一。

从世界范围来看，中国亦为世界上陶器出现最早的国家，2003 ~ 2005 年中美联合考古队在湖南道县玉蟾岩遗址进行考古发掘，对该遗址出土的早期陶器进行了系统的年代测定，确定该遗址陶器出现的时间约为距今一万八千年，这比学术界之前普遍认定的一万年要早上八千年，而随着江西仙人洞遗址出土早期陶器的年代的成功确定，我国南方陶器的出现年代又被提前至两万年前。这意味着，中国是世界上最早出现陶器的国家之一。

屋面烧结瓦是建筑陶器，把黏土经人工或者借助工具制成特定形状的半成品，干燥后再经高温烧制为成品。屋面瓦是日用陶器的延伸和普及。

到了距今 7000 多年前的新石器时代后期，制陶原料的选择和处理、成型方法和烧制工艺以及相应的工具或设施都得到长足的发展，器型的种类复杂繁多，外观古朴精美且色泽多样，说明经过长时间的积累、沉淀和生产力进步，我国此时的陶器制作技术已进入成熟时期。

这一时期中国大地出现了古老的仰韶文化。作为黄河中游地区重要的新石器时代的一种彩陶文化，仰韶文化持续时间大约在公元前 5000~ 前 3000 年，制陶业比较发达，以黄河中游为中心，几乎遍布于华北各地区以及陕西、甘肃等地，是我国新石器时代彩陶最丰盛繁华的时期。所以，仰韶文化也有“彩陶文化”之称。

从考古发现看，此时的中国已掌握了相当成熟的制陶经验，包括选用陶土、塑坯造型、烧制火候等一系列技术。同时，制陶的工匠能够在器物表面施加各种纹饰，有的用特制的模具拍打，有的用工具刻画，有的装饰主要是为了加固器体，有的则仅仅是为了美观。其中装饰作用最明显的是彩陶花纹，即于陶坯表面，施以红、黑色颜料绘制的动植物象生花纹或几何花纹。烧成后，附于器表，不易脱落。

制陶技术的不断进步，生产能力和质量的提高，不仅使陶质器皿的种类扩大、档次提升，并且在日用的基础上，智慧的先民们开始赋予陶器装饰、建筑材料等更多的使用功能。

据考古资料，也是在 7000 多年前的新石器时代，我国开始在建筑上使用“红烧陶块”（图 1-1）（兴隆洼文化遗址、安徽蚌埠双墩文化遗址、陕西西乡李家村文化遗址等），在距今 5500 前就用“红烧陶块”建造井壁（图 1-2）、铺筑广场等。这种烧陶材料是烧结砖瓦最早的原始形态，在距今 6400 多年的大溪文化时期，还出现了专门烧制“红烧陶块”的窑（图 1-3）。陶制材料在建筑上的使用，体现了人类战胜自然、改善居住环境的努力。

建筑陶器是陶瓷中的重要类别之一，是指将黏土原料、瘠性原料及熔剂原料经过适当配比、粉碎、成形并在高温焙烧过程中经过一系列的物理化学变化后，形成的坚硬器物，可用作建筑材料、建筑装饰材料、建筑构件等用途的陶质制品。中国的古建筑陶器历史源远流长，早在新石器时代这种烧土材料就已经用于居室建筑。

在随后近两千年的发展历程中，仰韶文化各种类型的制陶业生产规模和工艺技术非常稳定。总的趋势是泥质红陶和彩绘陶器逐渐减少，灰陶、黑陶的比重越来越大，最终过渡到以黑陶为主的龙山文化时期。

图 1-1 红烧陶块，安徽凌家滩遗址出土（图片来自《文明的印记》）

图 1-2 井壁，安徽凌家滩遗址出土（图片来自《文明的印记》）

图 1-3 湖南澧县城头山遗址发掘出土的专门烧制红烧土块的陶窑遗址（图片来自《中国建筑卫生陶瓷史》）

第二节 屋面瓦溯源

距今4100~4900年的“龙山文化”因发掘于山东济南龙山镇城子崖遗址而得名。龙山文化处于中国新石器时代晚期，这一时期社会生产力大幅提升，农业和畜牧业较仰韶文化有了很大的发展，生产工具的数量及种类大为增长，社会劳动以农业为主而兼营狩猎、打鱼、蓄养牲畜。制陶、制石、制骨等传统手工业已从农业中分离出来，同时还产生了木工，彩绘髹饰，玉、石器镶嵌和冶金等新的手工门类。生产的多样化和专业化，使社会产品空前丰富。

陶器制作的进步体现在，制作方法除手制外还出现了轮制、模制等其他制作方法，大大提高了生产效率，磨光黑陶数量更多，质量更精，烧出了薄如蛋壳的器物，表面光亮如漆，是中国制陶史上的一个高峰。有学者认为，历史上夏、商、周的文化渊源，可能与龙山文化有相当紧密的联系。

2011年，陕西省考古研究院等单位对神木县石峁遗址（属陕西龙山文化）开展了系统考古调查和发掘，最终确认石峁遗址是一座面积约400万平方米的龙山晚期到夏早期时期的城址，由皇城台、内城、外城组成，是目前中国乃至东亚地区最大的史前城址，距今约4000~4300年。

考古人员在皇城台东墙北坡出土了约200余件陶瓦残片，经分辨是筒瓦（图1-4），最小个体数13件，最大残长34厘米。考古人员推测，数量可观的陶瓦的发现，暗示着皇城台台顶当存在着覆瓦的大型宫室类建筑；对探讨中国早期建筑材料及建筑史具有重要意义。

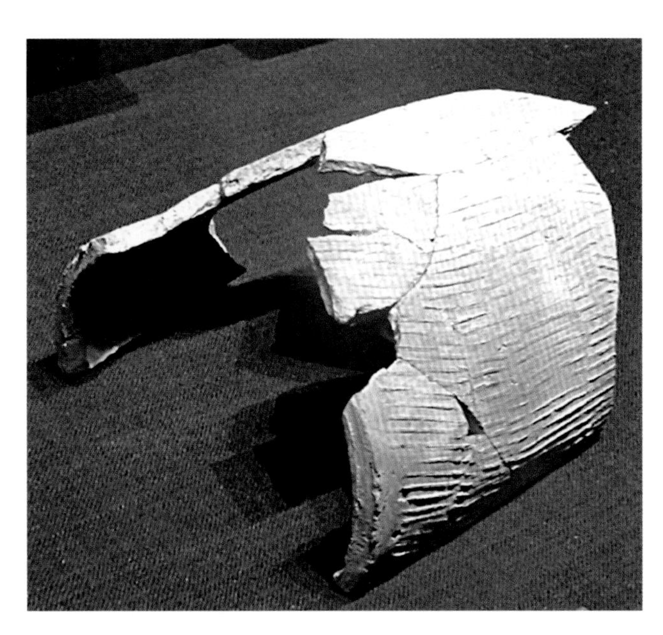

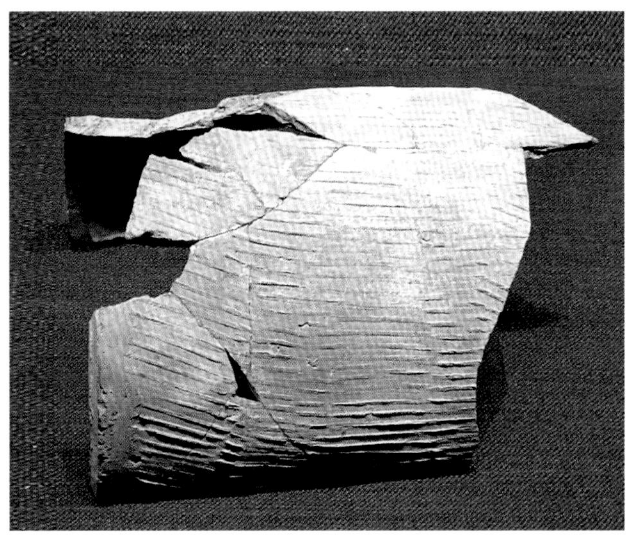

图1-4 皇城台东墙北坡出土的筒瓦（摄于陕西历史博物馆）

夏朝尽管在中国古史学界传说多于史实，但随着考古发掘许多地下文物的重现光明，不少传说逐步获得了证实。2002 年秋，中国社会科学院第二工作队与山西省考古研究所和临汾市文物局合作，继续发掘山西襄汾陶寺城址（距今约 3900~4450 年），出土 104 片板状陶片。陶板多为夹砂灰陶，大多数专家认为这是古代瓦的雏形（图 1–5）。

陶寺文化晚期陶板 A 型陶板

陶寺文化晚期陶板 B 型陶板

陶板瓦

图 1–5 山西襄汾陶寺城址出土（图片来自《中华砖瓦史话》）

图 1-6 陕西宝鸡陈仓桥镇出土的龙山文化时期的筒瓦（摄于宝鸡青铜器博物院）

2009 年，陕西省宝鸡市第三次全国文物普查队在陈仓区桥镇进行田野调查时，在一处断崖暴露的文化层中发现了龙山文化时期的筒瓦，采集到板瓦一片、筒瓦三片、槽型瓦两片。由于这些陶瓦是与新石器时代龙山文化时期的泥质红陶、夹砂红褐陶篮纹斝、罐等文物一同出土的，陕西省、宝鸡市文物专家判定，这些瓦片的历史可以追溯到 4000 多年以前（图 1-6）。

桥镇遗址出土的筒瓦为泥质红陶篮纹，基本完整。该筒瓦一端略宽，一端略窄，没有瓦舌。瓦壁薄厚不均匀，火候较低，质地不太致密。该筒瓦整体为泥条盘筑而成，在瓦沟面可以看出泥条盘筑结合处手捏的痕迹。筒瓦两端均没有瓦钉或瓦环，正面饰不规则的篮纹，瓦沟抹光，面口及两端平直，有绳子或竹刀切割的痕迹——该筒瓦的构成原理以及制作工艺虽然很简单，但从制作水平和形制来看，这绝对不是瓦诞生的最初形态。

紧随龙山文化，距今约4000年左右，在黄河上游甘肃东部向西至张掖、青海湖一带东西近千公里范围内，还出现了另一支重要的考古学文化——齐家文化。发掘证明，齐家文化的制陶业也较为发达，人们当时已掌握了复杂的烧窑技术。

据史料分析和考古实物证实，这一时期的建筑开始使用少量陶制瓦片，以解决屋面的防水问题（图1–7）。

2001年，在甘肃省平凉市灵台县桥村齐家文化遗址出土了一批制作精美的陶瓦，有板瓦、半筒状瓦，颜色为橙红色，质地坚硬，瓦上有篮纹和附加堆纹，经科学检测，距今已有3900年。其中筒瓦长20.5厘米，宽约10厘米，瓦面的一段有突隼，瓦内另一端有卯眼，两瓦叠接时，隼卯相扣，起到连接固定作用（图1–8）。

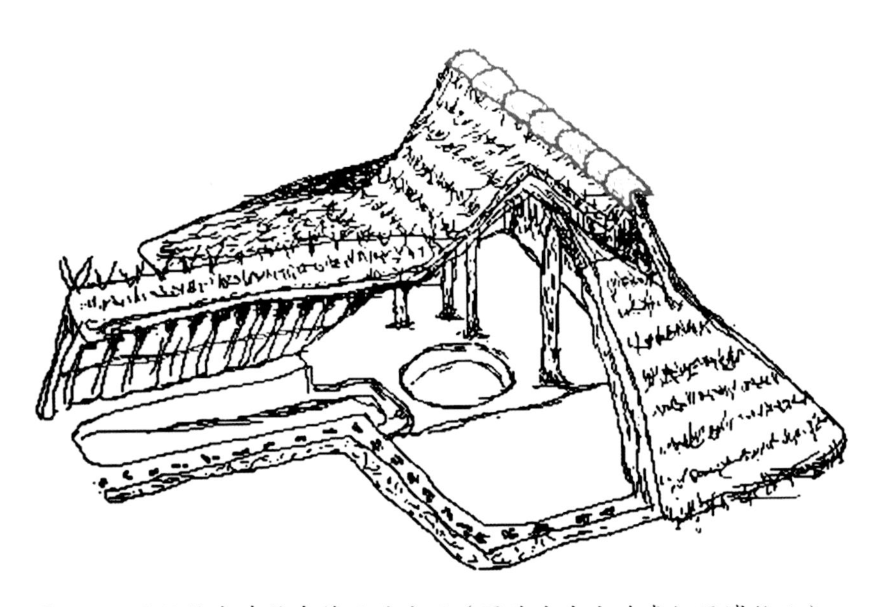

图1–7 原始社会建筑中筒瓦的应用（图片出自宝鸡青铜器博物院）

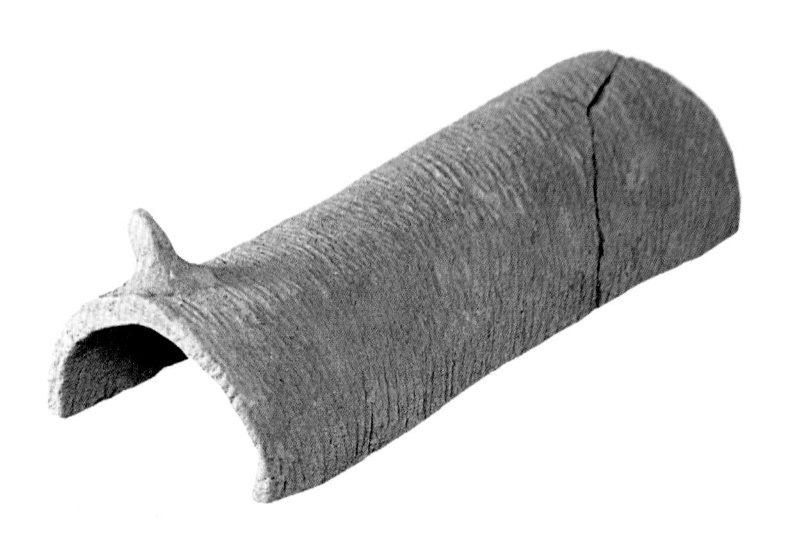

图1–8 3900年前的筒瓦，2001年甘肃灵台县桥村齐家文化遗址出土（图片来自《中华砖瓦史话》）

在考古出土文物中最早发现的瓦字之一可见秦惠文王时期（公元前334年）的“瓦书”中的瓦字（1948年出土于陕西户县，现藏陕西师范大学图书馆，王辉研究员提供资料）。该瓦字形为：，（——“乃为瓦书”，秦封宗邑瓦书）。其形似为前后两瓦搭接，便于防漏和排水。

另外瓦字的形状还有：——《说文》瓦；——《说文》：“瓦，已烧土器之总名。”迄今在陕西、甘肃、山西、河南等地许多农村仍在一些陶器日用品的名称前冠以“瓦”字，如“瓦罐、瓦盆、瓦瓮、瓦缸、瓦埚、瓦钵”等。可见中华民族也许对瓦保持着集体的记忆。

关于瓦字的释义：在《辞海》中的基本字义为：

（1）一种用陶土烧成的器物，如瓦罐、瓦器；

（2）瓦是一种覆盖于屋顶的陶质建筑材料；

通常指黏土瓦，由黏土做成坯后烧制而成。如平瓦、波形瓦、连锁瓦、小青瓦（布瓦）、筒瓦、板瓦、滴水瓦、竹节瓦、机制瓦、干压瓦、装饰瓦（西式瓦）、太阳能屋面瓦、彩釉瓦、琉璃瓦等多种。

（3）楯（shǔn）脊：即楯背拱起如覆瓦的部分。《左传·昭公二十六年》：“齐子渊捷从泄声子，射之，中楯瓦”。

详细字义为：

（1）古义：已烧土器的总称。（象形）像屋瓦俯仰相承的样子。“瓦”又是汉字的一个部首；

（2）古代例句

“瓦，已烧土器之总名。”——《说文解字》

“神农作瓦器”——《周书》

“夏时，昆吾作瓦。”——《礼记·有虞上陶世本云》

“桀作瓦盖，是昆吾为桀作也”——晋代张华《博物志》

“载弄之瓦”——《诗·小雅·斯干》

（3）专指屋瓦

“瓦缝参差”——唐· 杜牧《阿房宫赋》

本书所述之“瓦”，一般指以黏土为主要原料，经加水混料处理、成形、干燥和焙烧而成的陶质瓦，有一定的强度和吸水率，用于覆盖屋面的建筑材料。

据《说文解字》，瓦是“已烧土器之总名”。瓦本指烧制的陶器。《释名·释宫室》：“瓦，踝也，踝，坚确貌也。”这里所说的瓦是指盖房顶的瓦（古瓦有当，向外与当连接，犹如人足与踝相连，故以“踝”释“瓦”）。可见最初的“瓦”并非今日我们所言之瓦，而是作为烧制陶器的总称。

从以上释义中可以看出，瓦的发明和使用与陶器的烧制有不可分割的渊源。只是在后来的《古史考》中才从“焙烧土器”中分化出来，作为屋面材料而引申为覆盖屋面的瓦。

瓦是以黏土为主要原料，经过混练、成型、干燥、焙烧等工序而制成的用于覆盖和装饰建筑物屋面的陶制品。它的出现首先以社会经济和技术发展为基础，其次是建筑自身发展的需要。

在古籍中，对于屋面瓦的发祥，也有很多纪实。如《古史考》中有“夏世，昆吾氏作瓦屋”；明代著名医药学家李时珍在《本草纲目・土七・乌古瓦》中曰：“夏桀始以泥坯烧作瓦。”依照史料记载，在夏代（公元前2070~前1600年），我国即已出现烧结瓦。但这一时期，烧结瓦的产量十分有限，仅作为统治阶级宫室使用的奢侈品，所以历史遗存较少。在很长一段时间内，因为缺少实物的佐证，“昆吾作瓦”只能停留在传说阶段，并普遍认为“烧结瓦出现于西周早期”。

随着中国考古发掘取得的丰硕成果，越来越多的地下文物开始重见天日。考古发现的实物充分证明了古籍记载的真实性。2006年出版的《中华砖瓦史话》通过史料分析和考古实物考察认为，中国烧结瓦的应用实践应在距今4500年前的五帝时期。不断刷新的考古成果，结束了西周才有瓦的历史误判，并强有力地证明，目前已知的世界上最早的烧结瓦出现在中国，是“世界第一瓦”！当我们看到了这些古老的板瓦和筒瓦时，值得注意的是，这些瓦制作的形态已经非常的精美和成熟。面对它，我们会忍不住好奇：在这些成熟的板瓦和筒瓦诞生之前，烧结瓦经过了多么漫长的发展？虽然在我们的日常词汇中，“砖”和“瓦”常常是联袂出现的词语，但是至今考古学家和史学家们还无法理清烧结砖与烧结瓦诞生之间有没有关系；烧结瓦究竟是何时诞生的；何时出现了现代形体概念上的瓦；又是何时出现了筒瓦、板瓦等不同的分类和功能。

就目前考古界发现的实物样品而言，这些瓦均是使用功能明确的瓦，如筒瓦、板瓦或是保护墙体的特殊形状的器物，而非瓦的原始状态。或许，在不久的将来，“世界第一瓦”的美称还会转移，考古界还会采集到更古老的实物。到目前为止，多数专家相信：我们祖先对于瓦的意识应该萌生于4500年前。

从考古发掘出土的实物看，我国用还原法烧制屋面瓦的起始时间至少在公元前2100年左右。如陕北石峁遗址、山西陶寺遗址出土的青灰色瓦。

长期以来，欧洲国家一直传言所谓的“中华文化西来说”和“东瓦西来说”。日本学者坪井清足在《瓦的起源的东西方比较》一文中认为，瓦的起源始于公元前7世纪初，也就是我国春秋时期，地中海东部（希腊、土耳其）一带和东方的中国几乎同时出现和使用瓦。而实际上，从陕西龙山文化、甘肃齐家文化的考古成果来看，中华瓦的出现与使用比西方早了1400年以上。毫无疑问，中国是世界烧结瓦的最早发祥地之一。

瓦的出现是社会发展各方条件成熟下的必然——制陶技术的进步与成熟，以及生产力的大幅提升，使得瓦的问世变得顺理成章。同时居住形式与结构的演变，使人们对屋面防水有了更高、更严格的要求，这对瓦的诞生亦有着重要的推动作用。

人类的发展宛如一场文化接力，当社会生产力发展到一定阶段时，古老的先民们开始用自己的智慧与劳动改变生活，从原始人真正走出洞穴，走出丛林，开始了有目的地建造人工屋室。仰韶文化晚期，古代先民的居住方式开始由穴居演变为半地穴式房屋或地面房屋。甚至于龙山文化的住房遗址已有家庭私有的痕迹，出现了双室相连的套间式半穴居。

穴居复原图

半穴居复原图

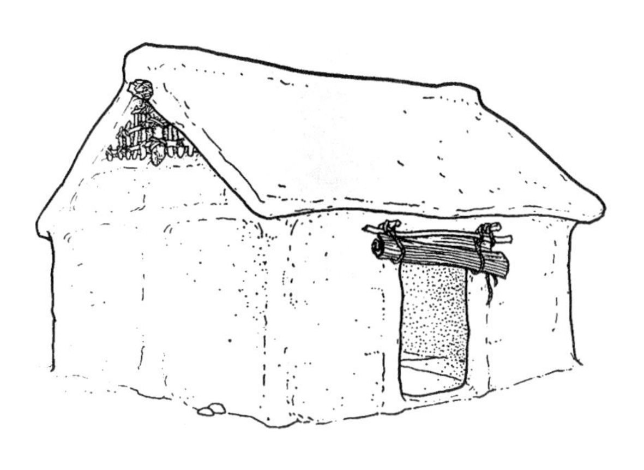

地面建筑复原图

图 1-9　原始社会穴居向地面建筑发展示意图（摄于山西太原山西博物院）

真正意义上的地面“建筑”的出现，使得人们迫切需要一种崭新的建筑材料，用以有效解决屋面导水防渗问题和延长房屋使用寿命——因此屋面瓦应运而生（图 1-9）。

瓦的诞生，有着跨时代的重要意义，它开始逐步终结一个时代，也创造开启了另一个关于建筑崭新时代，标志着屋面材料开始由“茅茨”进化为“瓦屋”，并传承与延续至今。

第三节 商代对屋面瓦的继承

当然，相比现代丰富多样的材料运用和先进的制造工艺，这种产自上古时代的原始瓦，在质感、触感以及美感上均十分简单和粗糙。但在随后的4000多年历史激荡与风雨飘摇中，她不断在传承中创新，在创新中发展，演绎出一幕幕璀璨绝伦的壮丽史歌，为华夏文明载誉世界添写了浓墨重彩的一笔。

自萌生以来，中华烧结瓦不断在实践运用中丰富与优化，最终自成一体，造就东方建筑特有的风貌、气质与色彩。在四千年的历史演变中，瓦的创新发展始终生生不息，一以贯之。

值得注意的是，也是在距今大约4000年左右的夏代早期，先民们发明了还原法烧制青色砖瓦。一个可供佐证的考古细节是: 山西陶寺文化遗址出土的瓦(距今约4000~4400年)是青灰色的以及陕西神木石茆遗址（距今约4000~4300年）出土的瓦都是经还原法烧制；而同期甘肃齐家文化遗址出土的瓦（距今约3900年）和陕西宝鸡桥镇龙山文化遗址出土的瓦(距今约4100年)是红色的，由氧化法烧制。这充分说明，这一时期的华夏大地之上，不仅出现了瓦，而且烧制方法也发生了变革。

1986年以来，河南省考古工作者在郑州商城宫殿建筑遗址中先后出土了许多商代早期的板瓦及残片。瓦的颜色有灰色、深灰色和橘红色。瓦表面多饰中绳纹，有的瓦头饰旋纹，内壁多饰商代陶器常见的麻点纹。从形制看，大小厚度不一，宽度为10 ~ 20厘米，厚度由0.6 ~ 2.0厘米不等。这些板瓦距今已有3600多年。从出土板瓦实物看，这些商代早期的瓦有明显泥条盘筑和用轮加工过的痕迹（图1-10~图1-14）。

从商遗址出土的两种颜色的瓦可推测出，此时正处于烧成方式的过渡阶段，两种烧成方法并存于世，同步发展。但到了商代晚期及后世，出土的屋面瓦实物绝大多数为青灰色，例如在河南汤阴县南故城遗址（距今3200年）中发现的商代晚期的粗绳纹筒瓦以及大量屋面瓦残片，其颜色即为青灰色。还原法在瓦的生产过程中逐渐开始占据主导地位。

“天青色等烟雨，而我在等你。”4000多年以来，中国还原法烧制的青灰色砖瓦，与天共色，点缀在烟雨蒙蒙的江南水乡、奇峰秀岭的巴山蜀水……宛如一幅幅清新淡雅的水墨画，以东方古国特有的神韵和格调，深深地影响着周边国家的建筑方式。这种还原法烧制屋面瓦产品的技法，得到了很好的传承和发展，直到西周至明清，中国数千年都在生产青灰色屋面瓦。时至今日，国内仍有很多地方使用这一古老的技法烧制着青灰色的仿古建筑砖瓦产品。可以说，她是中华文化不可忽略之精粹。

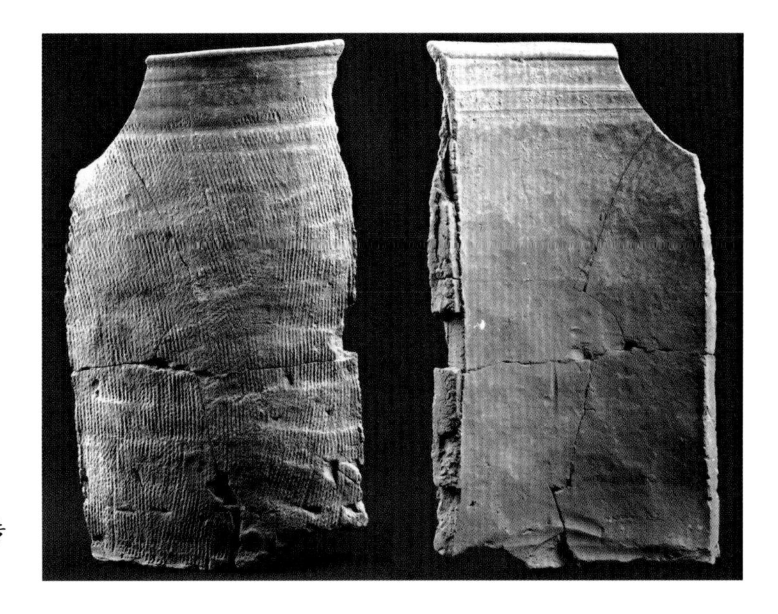

图 1-10 包裹木柱的大型瓦，边沿切迹明显，上口沿部分经轮制加工（照片来自在《中华砖瓦史话》）

图 1-11 具有明显商代纹饰的瓦(照片来自《中华砖瓦史话》)

图 1-12 河南中医学院家属院发掘出土的夯土建筑基址柱坑内竖立包裹木柱的板瓦（照片来自《中华砖瓦史话》）

图 1-13 具有明显泥条盘筑痕迹的瓦（图片来自《中华砖瓦史话》）

图 1-14 具有明显用轮加工痕迹的瓦（图片来自《中华砖瓦史话》）

第二章　中华屋面瓦发展期

中华屋面瓦从萌发始，经过商代的传承，到了西周时期，其制作方式上发生了根本性的变化。如：陶轮已经用于修坯等制造过程，特别是烧成的方法发生了巨大的变化；在中华屋面瓦出现之初，就有用还原法、氧化焰烧制的，到了商周时期，几乎都是以还原法烧制而成的。

第一节　西周的屋面瓦

西周，这个思辨激烈、人才辈出的朝代，除了用极致的王权将奴隶制度推向了顶峰，亦创造了绚烂多姿的科技与文化，如青铜器制造技术的成熟及《周易》的编撰，在中国历史上产生了深远影响。在屋面瓦领域的成就则是使用方式的革新与装饰功能的提升。

因为实行分封制，西周的政治、经济、文化百花齐放，精彩纷呈，较前代有了显著的发展。同时，周代手工业发达，促进了制瓦产业的进步，瓦的使用量增加。考古界发掘出土的西周建筑遗址，主要是陕西省岐山县的凤雏和扶风县的召陈二处。考古发现凤雏遗址瓦的出土量很大，从形制上看，全部为青灰色夹砂陶，质地松脆，烧结程度较低；瓦件规格较大，用泥条盘筑而成；在瓦的弧面内外皆有陶钉陶环，用于瓦件之间的铺设搭接和固定。

该两处遗址出土的烧结屋面瓦有：

（1）板瓦（即弧面很小，近乎平面的一种契形瓦）。大小尺寸不太统一。一般尺寸为长 54 ~ 60.5 厘米，大头宽为 35.5 ~ 39 厘米，小头宽为 27.5 ~ 34 厘米，厚为 1.5 ~ 2 厘米。分为瓦背前后带钉，瓦背中间带耳环和完全不带钉环三种。从契型平瓦制式，就可以看出在实践中有一个技术实用性的改良和创新过程，瓦背作钉、作环，是防止瓦在坡屋面上滑脱，制作和覆盖中有钉有环是很麻烦的。不仅工序增加，而且质量难保，干脆舍钉去环，覆盖时仰瓦和覆瓦大小头呈相反方向、沟垄相扣，结为整体，则令沟垄不滑。足见古人之聪慧。这种瓦形制式，在当今小青瓦制作中仍然保持着。也可以看出这种弧面很小的瓦是专供庑殿顶或歇顶四面出檐、水面较缓的房屋使用瓦。（2）筒瓦（圆筒成形，二等分或三等分割片），瓦弧呈 180° 或 120° ，同样有带钉、环的，也有分大小头不带钉环的，有的置锥弧搭口，承插连接，有的瓦端封口形成带瓦当的同体瓦。（3）“人”字形脊瓦。从以上三种瓦为当时屋脊、屋面、屋檐的配苌套瓦，均用盘泥手制。周原地区及西安丰镐遗址出土部分西周烧结屋面瓦（图 2-1）。

这一考古发现充分证明了中华屋面瓦发展的传承与延续性：经过近千年时间的演变，屋面瓦烧制技艺已经基本由夏时的“红陶文化”变革为用“还原法”烧制青灰色瓦。同时瓦钉与瓦环的出现，标志着使用方法业已较前代发生变革，屋面铺设由钉环相扣的先进方式，取代过去固定性差、易滑落及用草绳栓绑的落后方式。

从西周早期瓦的形制来看，这时瓦的生产已经具备了一定的标准，所出土瓦件之间的规格大小差别不大，瓦钉瓦环的存在说明当时在铺瓦施工过程中已经积累了一定的经验。但这一时期，瓦的使用仍局限于诸侯王宫建筑的屋脊及天沟等关键部位，瓦在当时仍是金贵之物。

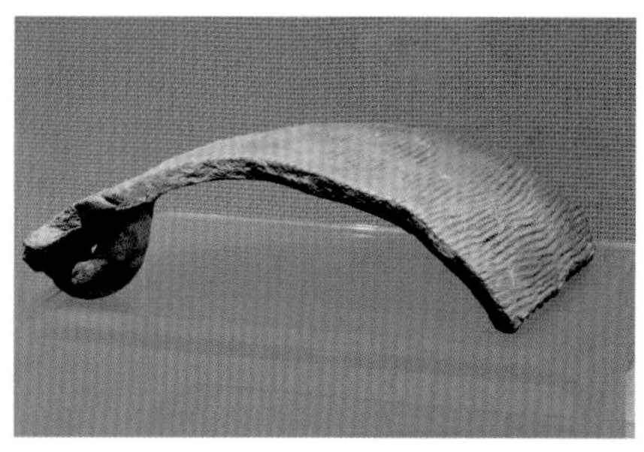

内带环板瓦

外带环板瓦 1

外带环板瓦 2

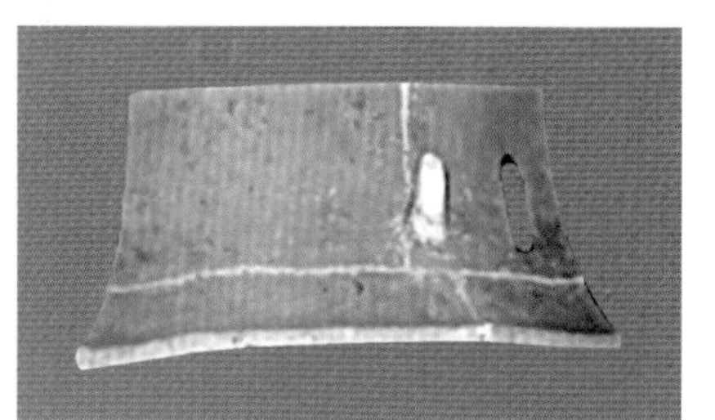

带钉板瓦 1

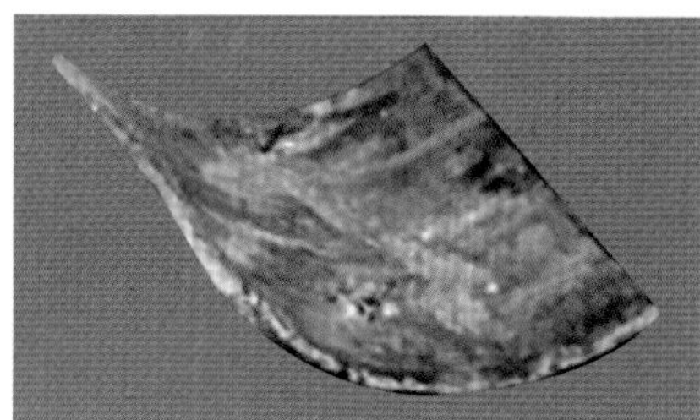

带钉板瓦 2

带钉板瓦 3

带钉板瓦 4

外双钉板瓦、内单钉板瓦

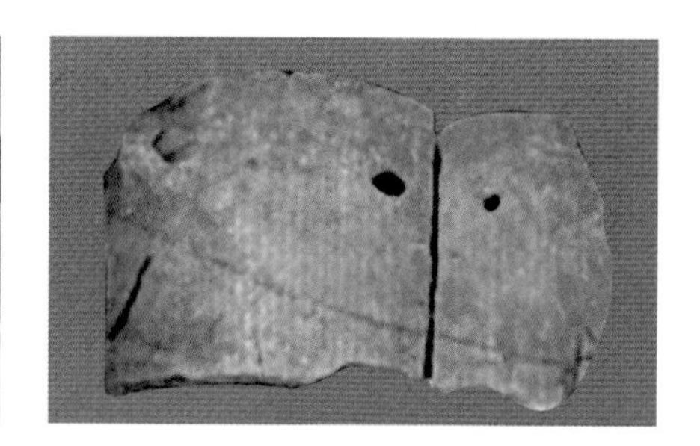

板瓦 1

板瓦 2

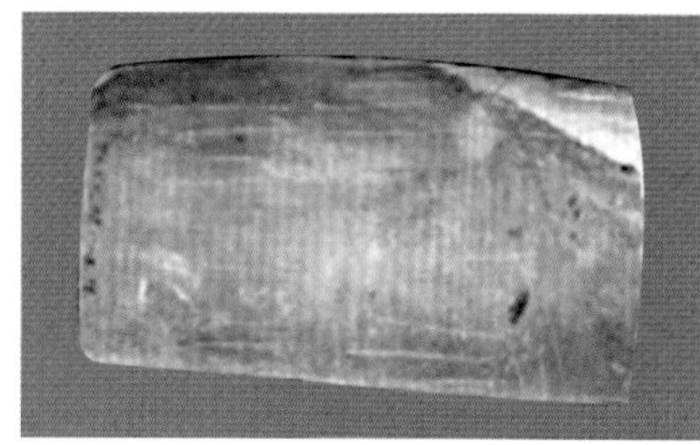

板瓦 3

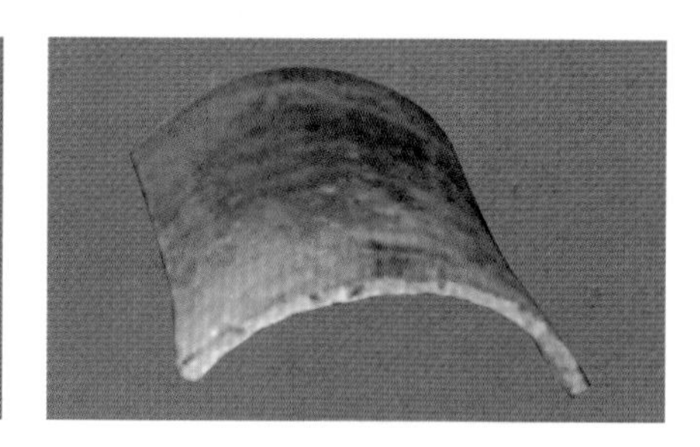

板瓦 4

双钉筒瓦 1

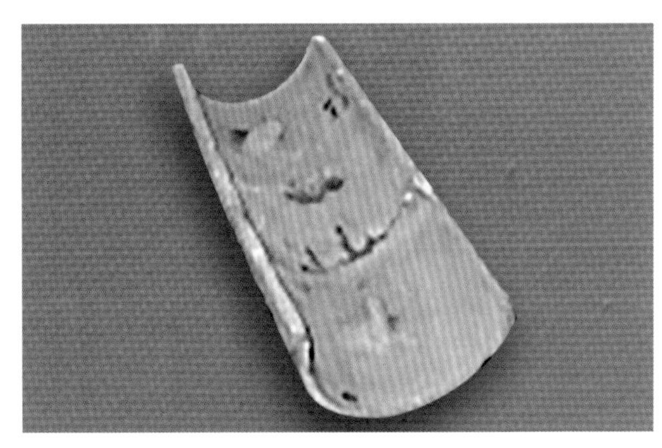

双钉筒瓦 2

双钉筒瓦 3

筒瓦 1

筒瓦 2

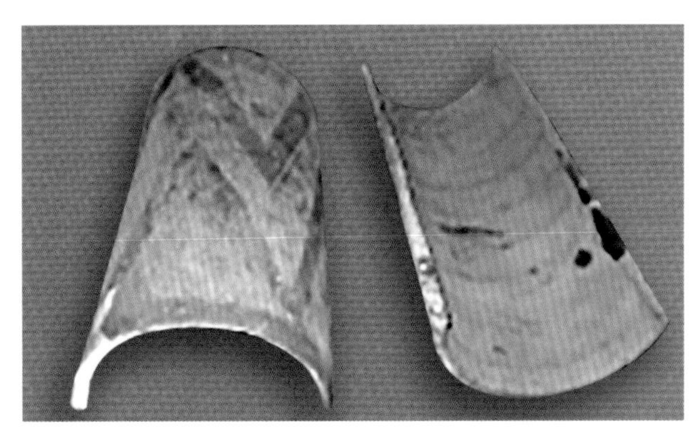

筒瓦 3

图 2-1 周原地区及西安丰镐遗址出土的部分西周烧结屋面瓦（摄于陕西历史博物馆、宝鸡周原博物馆、西安历史博物馆、宝鸡青铜器博物院）

西周烧结瓦的技术进步的背景条件：

周灭商，特别是武王、周公对商王朝两次东征中，周人不但缴获了许多青铜器、玉器，更重要的是占有了商朝已经很发达的手工业设备资源，同时俘获了大量的分工很细的手工业工人或奴隶，有了很好的手工业基础。据《左传》定公四年传称：武王克商，曾分给鲁公以商民六族：条氏、徐氏、萧氏、索氏、长勺氏等；又分给康叔以商民七族：陶氏、施氏、繁氏、锜氏、樊氏、饥氏、终葵氏等。后来注释家认为这13族中，至少有九族是专业手工业氏族。如索氏大概是绳工氏族，长勺氏即酒工，陶氏为陶工，锜氏为锉刀、釜工，樊氏为泥瓦工，等等。《考工记》有“以其事名官”，“ 以氏名官”之载。这大概是西周“百工”之来历。随着周朝君主专制国家的建立、阶级的产生、等级制度的完善等新事物的出现，特别是“成康之治”使西周社会进入了极盛时代。《史记·周本纪》载：“成、康之际，天下安宁，刑措四十年不用”。在人民安居乐业企望中，在商贸日渐繁荣，制陶业向“原始瓷器” 的转变，新思维、新思想、新知识、新文化艺术逐步构成体系，成为社会潮流的背景下，刺激了烧结屋面瓦的技术进步。

在烧结屋面瓦技术进步的环境下，西周时期发明了瓦当。最早的瓦当发现于陕西扶风、岐山县境内的周原遗址。瓦当是建筑物屋檐瓦头的遮挡，原始瓦当多与筒瓦相连（见周原筒瓦），以后逐渐自成一体（扶风召陈村西周遗址出土）。瓦当经过数百代几千年的绵延发展，有过从实用文化走向建筑构件文化，狭义文化走向深层文化的经历和极为丰富的文化附着，包容着悠悠远古信息，不失为一件中华古典文化的活化石。真可谓“皇皇砖器绵千古；栩栩瓦当储天章。”是时，瓦当形制皆为半圆形，当面光平，无边轮。或为素面，或饰以弦纹、重环纹及同心圆纹等，纹样简单，其中重环纹与西周青铜器上的同类花纹甚为相似。这些纹饰瓦当，均采用阴刻手法，带有较多的随意性，体现出一种原始的、朴素的美。西周瓦及瓦当装饰的出现，是我中华古建筑从低级向高级阶段过渡的重要标志之一，我国砖瓦的装饰艺术史便从这里拉开了序幕。

周原遗址是周人灭商前的国都（公元前1046年以前），其境内分布着大量西周建筑、陵墓等遗址。其中岐山凤雏村西周宫室遗址的发掘，证明这里是距今3100年左右的“四合院”式建筑。建筑屋顶主要覆以芦苇和草拌泥，屋脊、檐口和天沟等部分地方已经使用了瓦。在扶风召陈的西周宫殿遗址中首先发现使用瓦当（图2-2~图2-6）。当时的瓦当为素面或因受青铜器装饰的影响而刻画纹饰，还在瓦当上涂红，此方法在后来的秦汉时代得到继承。

凤雏村西周建筑遗址，坐北朝南，前后两进，全部坐落于夯土高台基上，南北长45米，东西宽32.5米，面积约为1500米。这是一座呈“回”字形的封闭式建筑，东西两侧的厢房，将主殿堂包围于中心，布局规整严谨，与《仪礼》等古文献记载的“前堂后室”或“前朝后寝”制度相合，是迄今为止西周考古发掘中保存最完整的建筑基址之一（图2-7、图2-8）。

图 2-2 素面半瓦当，陕西扶风召陈遗址出土（摄于宝鸡周原博物馆）

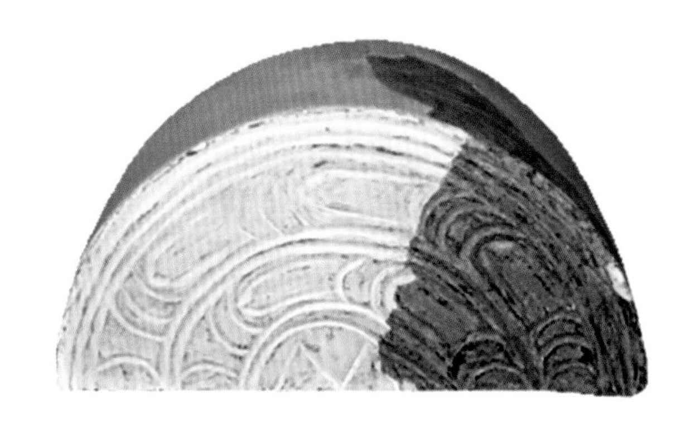

图 2-3 重环纹大瓦当，现藏陕西历史博物馆（摄于陕西历史博物馆）

图 2-4 素面半瓦当带筒瓦，陕西岐山周原文管所藏，西周早期凤雏遗址出土（摄于岐山周原文管所和宝鸡周原博物馆）

图 2-5 素面半瓦当带完整筒瓦，宝鸡周原博物馆藏，周原地区出土，为西周中晚期瓦（摄于岐山周原文管所和宝鸡周原博物馆）

图 2-6 西周时期的部分瓦当（图片来自《中华砖瓦史话》）

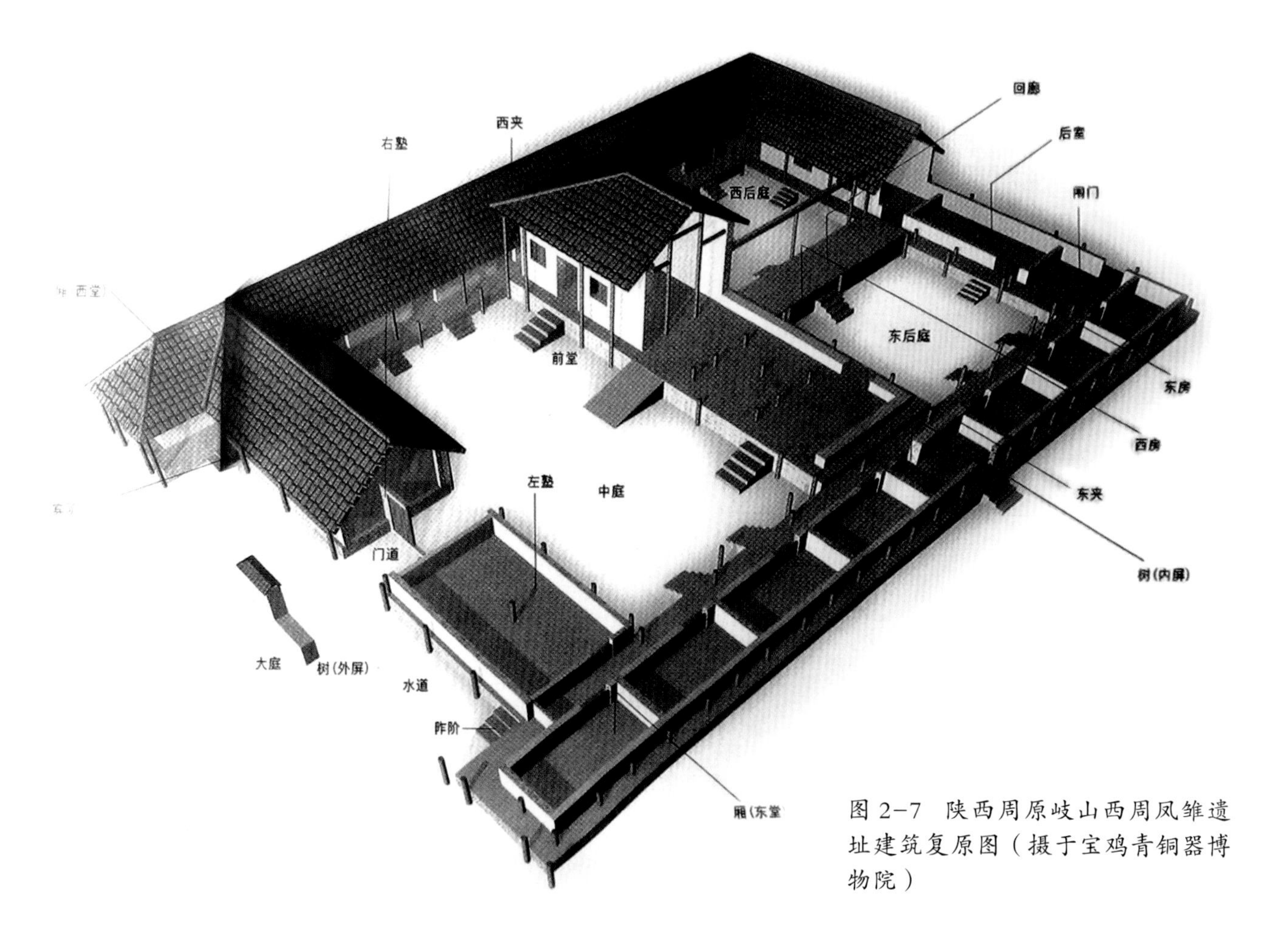

图 2-7 陕西周原岐山西周凤雏遗址建筑复原图（摄于宝鸡青铜器博物院）

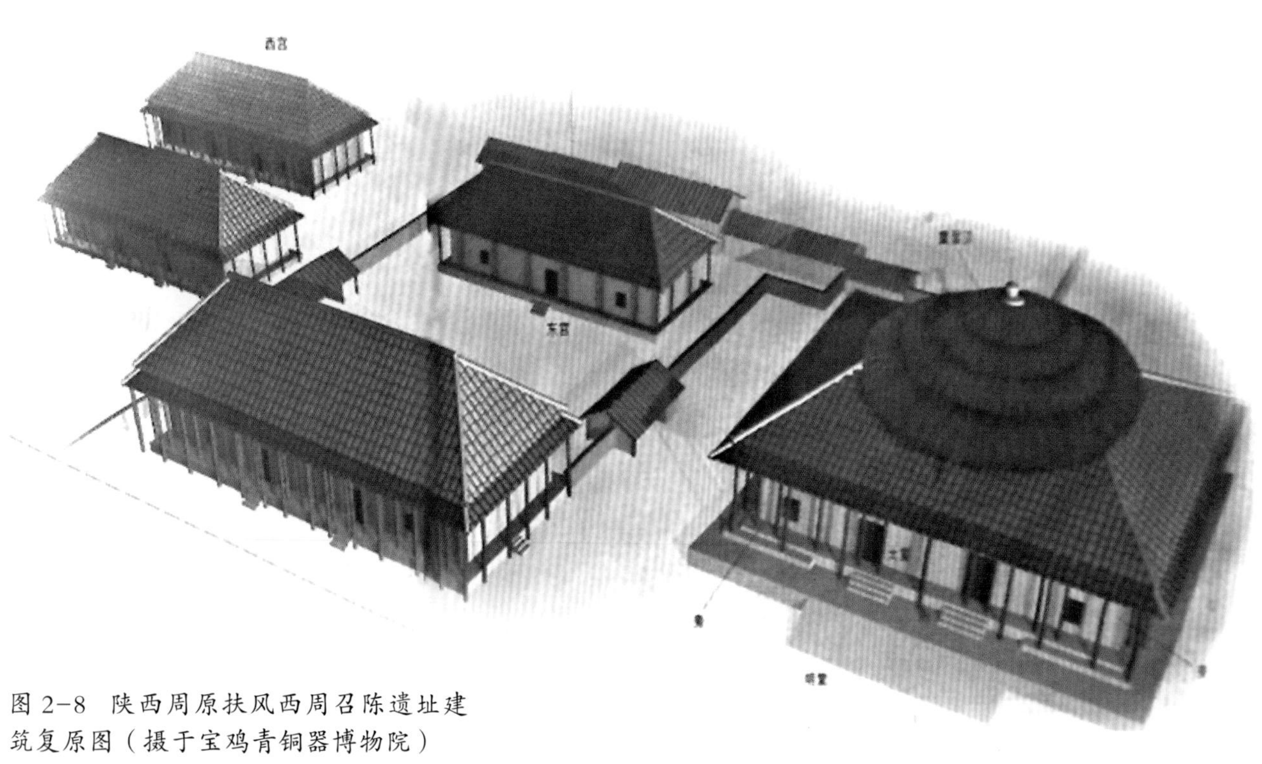

图 2-8 陕西周原扶风西周召陈遗址建筑复原图（摄于宝鸡青铜器博物院）

扶风县召陈周代宫室建筑基址出土瓦件数量更庞大，形式更丰富。从出土的陶器判断，该建筑基址约修建于西周中期，使用到西周晚期。召陈的建筑物屋顶大都用瓦覆盖，种类有板瓦、筒瓦和瓦当三种，板瓦和筒瓦又分为大、中、小三型，出土瓦件皆为青灰色，质地较之前更为坚硬，尺寸相对较小。板瓦的正面饰细绳纹，筒瓦的正面饰三角纹和回纹。有些板瓦和筒瓦正面和背面带有固定位置的瓦钉或瓦环 1 ~ 2 个（图 2-9、图 2-10）。瓦当均呈半圆形，分素面和仿青铜器纹饰两种，花纹一般为回纹。其中，瓦当都是中国古代建筑中发现的最早实物（图 2-11）。

瓦当的使用，拉开了瓦的装饰艺术的序幕。千百年来，瓦作为使用功能与装饰功能的集合体，一直沿袭至今，甚至每一片瓦和瓦当都是一件内涵深远的装饰品。而从出土瓦件的数量来看，扶风县召陈遗址比岐山县凤雏遗址的多，说明随着制瓦工艺的成熟和社会生产力的提升，周代瓦的使用已经从早期的只是在草顶上局部铺瓦，发展为中后期的全部铺瓦。瓦的使用开始由局部扩展到整体。

图 2-9　从左至右分别是：筒瓦、外双丁板瓦、内单丁板瓦（摄于西安历史博物馆）

图 2-10　西周陶瓦（拍摄于西安历史博物馆）

图 2-11　西周半瓦当（摄于西安秦砖汉瓦博物馆）

这种传承、装饰及使用方法的改变并非偶然。商末周初，纣王昏聩，暴乱愈甚，武王伐而代之，在连年战火的焚烧与破坏下，新王朝百业待兴，随之掀起了规模宏大的城郭建设，同时西周王朝广封诸侯，各诸侯国亦在自己的“地盘”上圈地造城，在这样的历史背景下，这一时期的建筑无论是新材料运用，还是制造水平都达到了一个新高峰。

此外，西周时期夯土技术达到全新高度，随着生产力的提高，社会财富的增加和社会分工的加快，西周的宫殿、庙宇和陵墓等都有了很大的发展，在等级制度森严的奴隶社会时期，这种进步与统治阶级的王权象征和利益诉求直接相关，而平民的住所仍然“以茅覆屋”，维持在较低水平。并且西周朝前后跨越近400年，四个世纪的技术进步、经验积累，足以让瓦的制造工艺与审美运用大幅进步。

总体来说，按照时段区分，西周瓦的种类可分为“早、中、晚”三期。早期瓦火候低，有红褐色、灰色、黄灰色三种，瓦背及四侧都饰粗绳纹，有的瓦沟面也饰粗绳纹；中期瓦种类开始齐全丰富，有板瓦、筒瓦之分，大、中、小三型之别，大型筒瓦有的背面饰细绳纹和背面饰绳纹加双线半菱形的三角划纹两种纹饰，中、小型筒瓦背面以细绳纹填地，斜口与瓦舌相衔接，可使瓦垅平整。

晚期的瓦数量更多，但较少被考古发现，相比前中期的显著特点是胎薄、坯小，但规格更加统一，并且还出现了专用的配件——瓦当，形状多为半圆形，表面装饰有花纹或表达某种特殊意蕴的图案，既能保护房屋椽子免受风雨侵蚀，又能美化屋檐。

在制造手法上，西周早、中、晚三期瓦都用泥条盘筑法手制，在瓦的沟面可以清楚看出泥条接合处手捏的一道道棱脊。制法是先用泥条盘筑成圆筒形的陶坯，然后将坯筒剖成两半，即成两个半圆筒形筒瓦。用同样制法，做成较粗大的圆筒形瓦坯，切剖成三等分，即成板瓦。然后入窑烧制。瓦的厚薄不均，反面有手摸痕，表面有粗而乱的绳纹，瓦的两侧有绳子和竹片切割的痕迹。

瓦当是在筒瓦一端加上圆形或半圆形堵头，即成为全瓦当或半瓦当。瓦当一般为素面，也有少数装饰着简单的图案。瓦当的主要作用是防护木质椽头的淋雨腐朽，因而史上曾称“遮朽”。

第二节　东周（春秋战国）时期

公元前770年，周平王迁都洛阳，东周开始。东周又分为春秋和战国两个阶段，是中国历史上的一段大分裂时期。春秋时期（公元前770~前476年），随着政治格局的重大变化，中国奴隶社会制度逐步瓦解，新的经济力量开始发展，封建制度开始萌发。“礼崩乐坏”，诸侯大夫盛行，南北群雄争霸。周王朝开始失去其核心的统治地位，各个诸侯国竞相发展。为了显示其政治地位，各诸侯国大兴土木工程，在城市规划和宫室建设过程中已经打破了西周时期的礼制限制，各诸侯国兴建了大量城市和宫室，从而也促进了屋面瓦的发展和应用。

春秋时期的瓦当形式上以半圆形或类半圆形为主，范模压制成型，纹饰艺术一般用大写意手法或写真手法构绘出动静有致，讲究对称，阴阳平衡，追求和谐，企望吉祥“以人为本”的核心思想。从目前考古发现看，春秋时期瓦当的纹饰题材较西周有所扩大及延伸，地域特色初见端倪。

其中以陕西凤翔秦都雍城遗址出土的瓦当较为丰富，并有其代表性。如变形饕餮纹半瓦当（图2-12）当径20厘米，轮宽1厘米，当面半圆不甚规则，当面内饰一双目圆睁的变形兽纹；仿青铜器的突起饕餮纹瓦当，所附筒瓦背饰粗绳纹，瓦沟有麻点纹，当径24.5厘米，轮宽3厘米，青灰色，形特大（图2-13）；在雍城遗址还发现质地为青灰陶，半圆形，当径多为15～17厘米，当面平整，饰两周同心圆弦纹，有的在弦纹间夹有细密的绳纹，有的在外周弦纹上部也饰绳纹。春秋时期在秦、齐、燕等均使用着素面瓦当。如在河南洛阳东周王城、上东淄博齐临淄故城、山西侯马晋国遗址，也出土了一些春秋时期的半瓦当，多为素面，直径为13～15厘米。东周王城出土的瓦当，纹饰似为由商、西周青铜器上饕餮纹演化而来的兽面纹，图案简单抽象，近似云纹。在侯马遗址中还发现一种鸟纹半瓦当，为单线阴刻，手法简练，颇具特色。在燕下都遗址还发现了春秋中期的卷云饕餮纹和双龙饕餮纹半瓦当（图2-14）。而齐国最早使用的半瓦当为素面，树木双兽纹半瓦当也可能同时开始使用，其年代也可能早至春秋，但需要出土实物证明。春秋时期瓦当可确认的主要有绳纹和少量图案纹瓦当，保留着西周艺术的遗风。

瓦当艺术自西周到明清，绵延不绝，在形制、花纹、文字等各方面形成了完整的发展序列。发明于西周时期，只不过最初的“瓦当”是与筒瓦连接成整体，有利有弊。利者，有利于对椽头的包裹，密封性能较好，又勿须钉铆。弊者，一是不好制作，二是不适应椽头大小尺度，三是多为半圆形，不能满足形状体态的变化以及当面纹饰图案的设计与制作。因此到了春秋战国时期就改变了制式，只在当面上沿做一半圆弧含口契入沿瓦之下，使之固定而不滑脱。到了战国时期，由于铁钉的广泛使用和泥工法券技术的提高，取消了当背，做片状圆形瓦当，一直保留到清朝末年，也叫“沟头”。

图 2-12 变形饕餮纹半瓦当（摄于陕西历史博物馆）

图 2-13 仿青铜器的突起饕餮纹瓦当（摄于陕西凤翔县博物馆）

外周弦纹上部饰绳纹的青灰陶

近似云纹的兽面纹半瓦当

春秋中期的卷云饕餮纹半瓦当

春秋中期的双龙饕餮纹半瓦当

图 2-14 拓片来自刘德彪、吴磬军《燕下都瓦当研究》

在陕西凤翔秦雍城遗址发现和出土了大量烧结砖瓦材料，其中有板瓦、筒瓦、空心砖、铺地砖、条形砖和瓦当等。板瓦中除弧形外还有在甘肃灵台县桥村齐家文化遗址见到过的槽形板瓦。槽形板瓦瓦面平直，两端面呈“凹”字形且平直，表面饰有绳纹和三角几何纹。在秦都咸阳的望夷宫遗址也采集到一种一端大、一端小、高 5.5 ~ 5.8 厘米不等的两块槽形板瓦残片，其形制与凤翔雍城马家庄遗址出土的完全相同。雍城遗址出土槽瓦、筒瓦和板瓦。

槽形板瓦（图 2–15）：春秋时期，长 42.5 ~ 48.5 厘米，大端宽 26.3 ~ 29.3 厘米，小端宽 22 ~ 23.1 厘米，厚 2.5 厘米，槽帮高 4.3 ~ 4.8 厘米；带当筒瓦（图 2–16）：春秋时期，长 18 ~ 52.5 厘米，筒径 15.5 ~ 17.5 厘米，厚 1.2 ~ 20 厘米；板瓦（图 2–17）：长 29.5 ~ 42 厘米，宽 18.5 ~ 31.5 厘米，厚 1.3 ~ 3 厘米；槽形板瓦及筒瓦（图 2–18）：为春秋时期物品，长 42.5 ~ 48.5 厘米，后端宽 26.3 ~ 29.3 厘米，前端宽 22 ~ 23.1 厘米，槽高 4.3 ~ 4.8 厘米，槽形底部饰绳纹，图中样品为 1977 年于陕西凤翔县马家庄出土；筒瓦为春秋时期物品，长约 45 厘米，筒径约 17 厘米，厚约 1.5 厘米，图中为 1975 年 11 月陕西凤翔县豆腐村出土之筒瓦；秦雍城遗址出土的战国时期的绳纹板瓦（图 2–19）：长约 42 厘米，大头宽约 30 厘米；大型带当筒瓦（图 2–20）：长度约 100 厘米，春秋时期遗物。

到了战国时期（公元前 475~ 前 221 年），中国社会开始进入封建社会，列国境内出现了更多的城邑、宫室。各诸侯国政治、经济中心的国都，如齐国的临淄、燕国的下都、赵国的邯郸、魏国的大梁、秦国的雍、咸阳等大都市相继兴起并得到发展。城市中聚集大批封建官僚、贵族以及商人等，以王宫为中心的建筑群，规模宏大，盛极一时，作为建筑材料之一的瓦，在各地城市遗址中均有大量出土。

据《春秋》、《左传》记载，春秋时尚有周王朝的封国 140 余国之多。春秋战国时期，各地建设的城市达 100 多座，仅齐国就达到过 72 座城，为当时砖瓦的发展提供了新的环境。战国都城一般都有

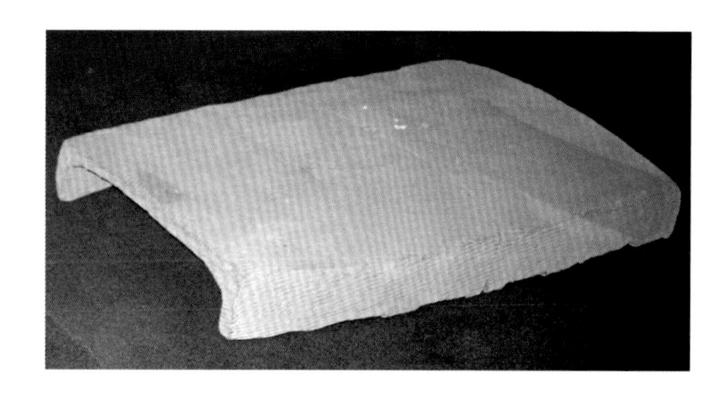

图 2–15　槽形板瓦，现藏陕西历史博物馆（摄于陕西历史博物馆）

图 2–16　带当筒瓦，现藏陕西历史博物馆（摄于陕西历史博物馆）

图 2–17　板瓦，现藏陕西历史博物馆（摄于陕西历史博物馆）

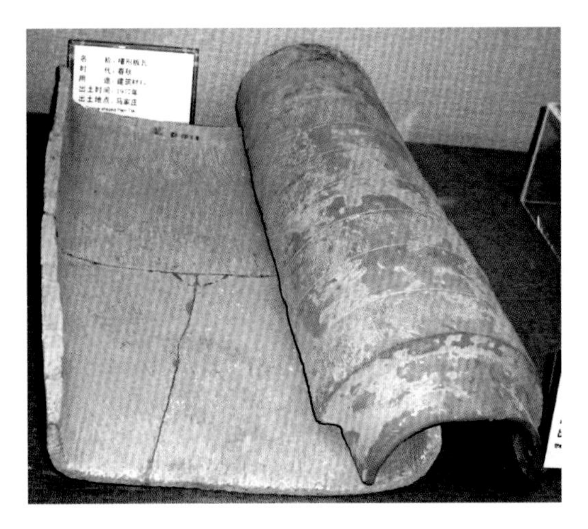

图 2-18 槽形板瓦及筒瓦，藏凤翔县博物馆（摄于陕西凤翔县博物馆）

图 2-19 秦雍城遗址出土的战国时期的绳纹板瓦，藏凤翔县博物馆（摄于陕西凤翔县博物馆）

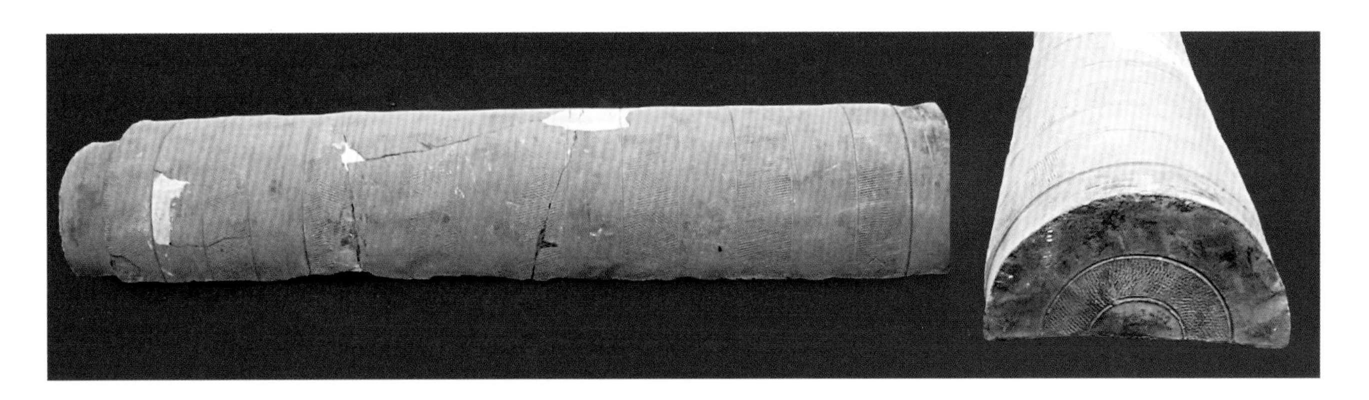

图 2-20 大型带当筒瓦，藏秦雍城遗址工作站（摄于秦雍城遗址工作站）

大小二城，大城又称郭，是居民区，其内为封闭的闾里和集中的市；小城是宫城，建有大量的台榭。此时，瓦的产量与使用增多，屋面已大量使用青瓦覆盖，在列国城市遗址中都遗存了很多瓦件，其中有许多带图案的瓦当。

在中国历史上，春秋战国是思想和文化最为辉煌灿烂、群星闪烁的时代。由于社会剧变，代表不同利益集团的学派风起云涌，思想活跃空前，这种纷纭立异的时代思潮，反映到城市建设、建筑发展以及陶瓷制品制作上，则是鲜明的地域差异和百花齐放的器物特色。

春秋战国时期，生产力飞速发展促进了商业繁荣与城市建设，建筑用陶在西周基础上得到了较好的传承与发展，仍以板瓦和筒瓦为主，但形制与工艺较西周有了较大改进，瓦的规格相比西周时期略小而变薄，相对地减轻了房顶的重力；同时还出现了瓦榫头，用以取代瓦钉和瓦环，使瓦间相接更为吻合，瓦屋顶更为平整与美观。

战国时期，建筑陶器的技术水平进一步提高，建筑中所用的各类瓦材数量大增，品种、规格也更加丰富多彩。战国的制瓦业十分发达，瓦的品种很齐全，形制也更为合理。瓦表一般都有纹饰，以绳纹最多见。瓦当的纹饰十分丰富，以动物和植物纹样为主，也有云纹、水波纹、“山”字纹和几何图案等，为建筑的发展与装饰提供了极大的便利（图 2-21）。

随着生产力的提高和社会需求的升级，春秋战国时期还分化出瓦匠、木匠等一批新兴职业，这些手工业者凭“手艺”为生，精专“匠”道。同时，多元、开放、宽松、竞争的政治经济文化环境，使得这一时期各行各业的人物都独具思考与创新能力，并涌现出一批深刻影响后世数千年的开创性大师，为后世相关行业的发展留下了宝贵的思想与理论财富。如木匠鼻祖鲁班即诞生于春秋时期的鲁国，成为古代劳动人民智慧的象征。

东周时期建筑用瓦的特点：

（1）由于列国所推行的文化、所处的地理位置各不相同，所以筒瓦板瓦形式不一，大小不等，带有很强的地域特色。板瓦主要有两种形制，一种是“凵”形断面，一种是弧形断面，筒瓦形制较为统一，但是大小并不相同。

（2）瓦当的使用范围大幅扩大，并在装饰艺术上达到巅峰。瓦当诞生之初以实用为主，装饰功能十分欠缺，多为素面或配饰绳纹、弦纹、重环纹等简单纹样，尔后随着对形式美的追求，开始在瓦当表面创作出各种精美的图案，达到实用功能与装饰功能的融合统一。瓦当的外观最初是半圆形，根据筒瓦的弧形制作而成，到了春秋战国时期，逐步发展过渡为圆形。

图 2-21 春秋战国时期各式各样的瓦当（摄于西安秦砖汉瓦博物馆）

随着社会经济的繁荣，工艺技术的进步，各国的城市规模、建筑都进一步发展，瓦当的外观造型和纹饰也出现了质的飞跃，并且因为各国的地域、文化差异，使得这一时期的瓦当呈现丰富多彩、别具一格的崭新局面。

譬如，东周王城主要以素面和云纹瓦当为主；赵国以素面圆瓦当居多，也有部分兽纹和云纹瓦当；楚国以素面为主，以线条纤细、精心刻画的云纹、风云纹瓦当最有特色。但最具代表性的当属秦、齐、燕三国作品，秦国以单个动物图案组成的瓦当最具特色，最常见的为神态各异的鹿纹、凤纹以及虎、蟾、狗、雁纹等，另外还有大量的云纹，葵纹（图2-22）。齐地瓦当以反映现实生活的树木瓦当最为常见，一般以树木纹为中轴，两侧配置双兽、双骑、双鸟、卷云等，具有鲜明的地域特色。燕国瓦当则全部为半瓦当，纹饰以形式多样的饕餮纹为主，次有兽纹以及鸟纹、山云纹等，这些精美的艺术珍品令历代文人墨客津津乐道，也是当今盛世收藏家们争相收藏的重要物件。

图 2-22 战国时期秦地瓦当（分别摄于陕西历史博物馆、咸阳博物馆、宝鸡青铜器博物院、西安临潼博物馆、陕西凤翔县博物馆、西安秦砖汉瓦博物馆、西安历史博物馆、西安长安博物馆、西安墙体材料研究设计院样品室、陕西眉县政协编《史海遗珍》）

战国时期，正值封建社会初期，政治、经济、文化等各方面皆发生了巨大变化。作为各诸侯国都的雍城、咸阳、临淄、邯郸、新郑、燕下都等，大兴土木，宫殿庙宇林立，建筑盛极一时。中国瓦当艺术也随建筑的繁荣得到空前的发展，呈现出丰富多彩的局面，风格鲜明，各具特色。这一时期素面瓦当虽然仍存在，但装饰有各种图案花纹的瓦当明显已成为瓦当发展的主流。从形制看，在半瓦当依然存在的同时，圆瓦当已在秦、赵等国出现，并逐渐占据了主导地位。但在燕、齐国，半瓦当仍然是占主导地位。与半瓦当相比，圆瓦当具有遮盖面积大、构图范围广的优点，显然是一种进步的形式。瓦当花纹装饰与造型日臻成熟完美，从而使中国古代的瓦当艺术跨入了一个崭新的境界。而秦、齐、燕三国的瓦当作品，则集中代表了战国时期瓦当艺术的突出成就，称为三大瓦当流派。秦国以写实的动物纹最具特色，最常见者为神态各异的鹿纹、獾纹、龙纹、凤纹以及虎、蟾、狗、鱼、蛇、雁纹等瓦当，构图无界格，多表现各类动物的侧面形象，以单耳双腿的单体动物占据当面，各类动物都刻画的生动传神，栩栩如生。有的为动物和人的画面组合，寓意深刻，给人以强烈的艺术感染力，也充分地反映出了秦国从草原游牧文化而来的传统。同时，葵纹、云纹、涡旋纹、炯纹、轮辐纹等图案纹瓦当，也具有秦瓦当明显的地域特征，具有较深的文化含蕴。战国秦时亦出现有植物纹瓦当。当面饰花叶纹，以秦雍城遗址出土的五瓣、六瓣花纹瓦当最著名（图 2-23）。

齐国以反映现实生活的树木或变形树木纹为中轴，两侧配置双兽、双骑、双鸟、卷云、乳钉等，有的还配有几何纹，图案规整，装饰性强，具有鲜明的地域特色。尤其是齐国的半瓦当，已构成半瓦当中的独特体系，并影响到河北、陕西关中地区半瓦当的发展（图 2-24）。

燕国瓦当全部为半瓦当，纹饰以形式多样的饕餮纹为主，次有兽纹以及鸟纹、山云纹等。尤其是具神秘色彩的饕餮纹半瓦当可谓独树一帜。纹饰采用浮雕手法，构图饱满，凝重厚实，仍保留着青铜器纹饰那种繁缛的风格和狞厉之美。另外，东周王城的云纹瓦当、赵国的兽纹瓦当以及纤细线条精心刻画的楚国云纹、凤纹瓦当等，都颇具特色。战国时期纷呈多姿的瓦当艺术，是与当时百花齐放的政治局面相辅相成的（图 2-25）。

再者，在古代星象学中，古人长期对天空中日月星辰的各种现象进行观察和研究，把太阳、月亮以及八大行星的运行周期、运行路线、所在位置和它们的光象，以二十八宿为主的全天恒星的位置、区域和光象，日月星辰之间的位置关系的变化情况，太阳黑子、日食、月食、彗星、流星等星曜的情况作为主要研究内容。在此基础上，春秋时期《尚书》中便可见“天人感应” 的思想萌发，另外，还有表示人间和谐寓物喻人的“奔鹿瓦当”，“禽兽庆祥瓦当”，林林总总，不一而足。临淄是两周时期齐国都城的所在地，历经春秋战国，长达 630 余年，直至魏晋临淄城相继沿用了千年之久。自姜太公封齐，采取了“因其俗，煎其礼，通商工之业，便鱼盐之利”的政治经济方针，逐渐成为“人物归之，繦至而辐凑”的大国，战国时期呈现出前所未有的繁荣。齐国瓦当虽保留春秋早期时的半瓦当制式，但纹饰十分丰富。半瓦当上有树木双兽纹、树木单兽纹、树木双兽卷云纹、树木双骑纹、树木双骑箭头纹、树木双骑卷云纹等各式各样以树木为主的纹饰，简洁而生动，对称而和谐。

战国时期燕下都有一种连带夔纹瓦当、瓦背饰有黻黼纹饰的巨形筒瓦，瓦身长94厘米，当面直径26厘米（图2-26），瓦背外侧着山形几何纹、团龙纹，在艺术构思上很有代表性。这种“黻黼筒瓦”隐含着很深的文化信息（图2-27、图2-28）。

这一时期，虽然素面瓦当仍较为常见，但装饰有各类花纹的瓦当已明显发展成为主流，瓦当造型和纹饰日趋完美和成熟，从而推动我国瓦当艺术进入鼎盛时期。同时，春秋战国虽然处于政治大分裂、地域大隔阂时期，列国在瓦当艺术及其他文化艺术的创作上各具特色，但在长期的经济文化交流过程中，又相互渗透、相互影响，并始终保持着一定的趋同性。

图2-23 战国秦部分瓦当图案（分别摄于陕西历史博物馆、咸阳博物馆、宝鸡青铜器博物院、西安临潼博物馆、陕西凤翔县博物馆、西安秦砖汉瓦博物馆、西安历史博物馆、西安长安博物馆、西安墙体材料研究设计院样品室、陕西眉县政协编《史海遗珍》，拓片来自王世昌《陕西古代砖瓦图典》）

图 2–24　战国齐瓦当艺术的代表图案（分别摄于临淄齐文化博物馆、淄博王也齐瓦当博物馆、西安秦砖汉瓦博物馆、安立华《齐国瓦当艺术》）

图 2-25 部分战国燕瓦当艺术的代表图案（图片及拓片图案来自刘德彪、吴磬军《燕下都瓦当研究》及申云艳《中国古代瓦当研究》，部分照片摄于西安秦砖汉瓦博物馆及淄博王也齐瓦当博物馆）

图 2-26　战国时期燕下都黻黼纹饰的巨形筒瓦（图片来自刘德彪、吴磬军《燕下都瓦当研究》）

带瓦当的筒瓦

带榫头的筒瓦

图 2-27　带瓦当和带榫头的筒瓦（摄于西安秦砖汉瓦博物馆 ）

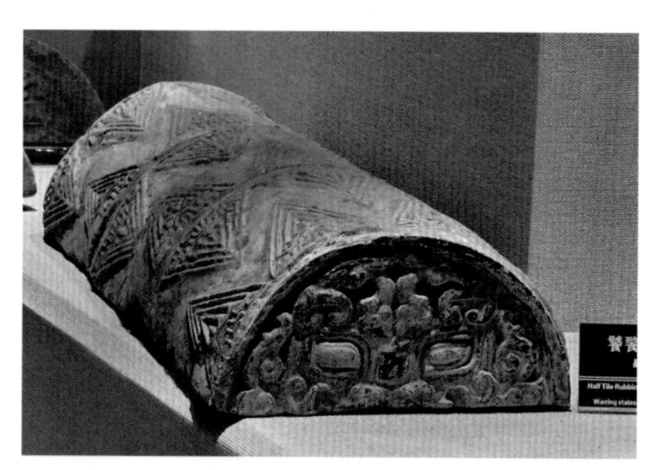

图 2-28 战国时期燕国瓦当及筒瓦（摄于西安秦砖汉瓦博物馆 ）

在"秦、齐、燕"三大瓦当流派中，特别值得一提的是齐瓦当。齐国都城临淄，在姜齐与田齐长达630余年的苦心经营下，于战国时期发展成为东方规模最大、人口最多的、最繁华的城市之一。经济的繁盛、文化的繁荣，造就了齐国艺术的多样性。齐国瓦当不仅出土数量可观，而且风格鲜明，题材广泛、纹饰内容丰富多彩。有相当数量的齐国瓦当取材于现实、表现现实，包括一些自然物种及当时齐人的社会生活等。自然界客观存在的物种，树木、家畜、飞禽、走兽、太阳、流云等，无不成为齐国瓦当纹饰题材。

关于文字瓦当出现于何时，历来都是学界争论的焦点。1996年在陕西丹凤县古城村"商邑古城"遗址出土的"商"字瓦当，证实了历史上的文字瓦当应是出现战国晚期。该瓦当文字为阳文小篆"商"字，字体细瘦、字形工笔，笔画棱角转折分明，属于战国晚期之遗物，这是目前发现的最早的文字瓦当，有着宝贵的研究价值和史料价值。该瓦当为青灰色，直径15.5厘米，边轮0.8厘米，质地细腻，练泥痕迹明确，瓦当表面平整较薄，边轮不很整齐并高出当面和字面，底边抹平光滑，两侧有外溢的小图棱，当面中横卧一模印成型的"商"字。商字瓦当曾参展于由陕西省文物交流中心组织的赴美国西雅图太平洋博物馆及美国费城富兰克林科学博物馆举办的"兵马俑：秦始皇帝的永恒守卫"展。商字瓦当是商洛历史悠久的见证，凸显出商洛深厚的文化底蕴和历史渊源，沉着大气，古朴简雅，具有强烈的民族特色，传递出浓浓的历史感。

"商邑古城"遗址位于丹凤县城西2.5公里的龙驹寨镇古城村，总面积121亩，是战国时期著名的改革家、军事家商鞅的封邑。始建于秦孝公十一年(公元前351年)，为商于古道之中心。秦孝公二十二年(公元前340年)，卫鞅计擒魏公子卯，大破魏军，遂封于此，号商君。由于卫鞅封于商邑，遂使当地成为变法之首善地区，"道不拾遗，山无盗贼，家给人足"。后商县、商洛县治亦均在古城。现商鞅封邑(古城)被列为陕西省级重点文物保护单位。据新编《商洛地区志》载：秦孝公十一年（公元前351）城商塞。可见商城之筑，比秦都咸阳还早一年，显系商鞅变法之产物。1996~1997年，陕西省考古研究所和商洛地区文物管理委员会，配合312国道扩建工程，对商鞅封邑遗址进行了全面调查和局部发掘。发现城墙基址，查明了城址的分布范围和时代；获得许多文物标本，其中有完整的"商"字瓦当和戳印"商"字的陶文筒瓦，为确定商鞅邑城的具体位置及形制结构提供了实物资料（图2-29）。

（3）战国时期，瓦的制作工艺、技术和效率都大幅提升，开始批量制作板瓦、筒瓦和脊瓦，其束水功能也得到改进，品质远比西周、春秋时期的结实。此外，瓦的使用大量普及，已经不仅仅局限于宫室建筑和王公贵族。

可以佐证的史实是，《史记·廉颇蔺相如列传》中记载："秦军军武安西，秦军鼓噪勒兵，武安屋瓦尽振。"意为，战国时秦军攻伐赵国，驻扎在武安西边，擂鼓咚咚，喊声阵阵，把武安城内的屋瓦都振动了。屋瓦尽振，表明这一时期瓦屋已经普遍使用。再者，此时瓦的出现到使用已长达2000年，如此时间跨度，足以让瓦的应用大量普及，制造技术长足进步。同时反映出西周时期形成的等级制度被打破，也说明陶制建筑材料在屋面铺设中得到越来越广泛的使用。

在洛阳的东周王城遗址也发现了战国时期的屋面瓦以及瓦当。公元前770年，周平王东迁洛邑，建都于东周王城。由平王至景王加上后来的赧王，先后有二十五王在此执政达500余年之久。东周王城的规模、布局和演变，历代文献多有记载。但因年代久远，昔日壮观的景象如今已荡然无存。考古工作者在城址西北部就已经发现了东周时期烧制陶器的场所，发现了陶窑18座。在城址西南部，还发现汉代较大面积夯土基址下面叠压着东周的夯土基址，推测可能与当时的宫殿建筑有关。通过进一步的考古和研究表明，东周王城城墙始建于春秋中期，战国至秦汉时曾多次修补。到西汉后期，整座城池开始荒废，后在此基础上兴建了汉河南县城。

春秋时期，尽管诸侯称霸，王室衰微，但东周王城作为天子之都的重要意义，远非列国都城所能比拟。东周王城遗址的发现，为研究周代政治、经济、文化和整个城市发展史的提供了珍贵的实物资料，是中国城市考古的重大收获，具有重要的意义。考古发掘出土了战国时期的烧结较大型筒瓦以及卷云纹瓦、夔纹的半瓦当。从瓦当纹饰看，颇有春秋之遗风（图2-30）。

在西安秦砖汉瓦博物馆展品中有一件战国燕时的陶凤鸟滴水，与屋面板瓦相连接，凤羽后有一下水孔与凤的颈、张开的嘴连通，雨水从板瓦弧形槽进入下水孔从凤鸟的张开的嘴中流出。设计奇巧，足见战国时期陶器制作技术的高超。也有学者认为这一集屋面排水、装饰功能于一体的屋面构件为西汉时期的（图2-31）。

“商”字瓦当正面

“商”字瓦当背面

“商”字瓦当侧面

图 2-29 陕西商州商洛博物馆藏战国时期的“商”字瓦当（摄于陕西商洛博物馆）

图 2-30 战国时期的带瓦当筒瓦及卷云纹、夔纹半瓦当，洛阳东周王城遗址出土（摄于洛阳博物馆）

图 2-31 战国燕时的陶凤鸟滴水（摄于西安秦砖汉瓦博物馆）

第三章

中华屋面瓦发展的鼎盛期——秦风汉韵

秦的统一，促使中国社会的政治经济文化迈向新里程。“上栋下室以避风雨，而瓴建焉。”（明宋应星：《天工开物》）安居乐业，是民众生活的第一要务。秦砖汉瓦标志着中国建筑陶瓷材料的成熟，瓦当的多元化体现了建筑的美学功能，而南越国宫苑的釉瓦，揭开了东方特色琉璃建筑的序幕。

第一节　秦代屋面瓦制造技术的发展

天下大势分久必合，这种合不仅是国家政权的统一，更是民族文化与意识形态的融合。秦扫六合天下统，开放、多元及便利的文化交流，经激烈的碰撞与裂变，衍生出精妙绝伦的物质与精神文明成果。

秦统一六国后，建筑活动非常活跃，建宫殿，筑城郭，修水利，盖陵寝。阿房宫、骊山陵、万里长城……这些脍炙人口的秦代建筑，都是这一时期经典的传世之作，除了以宏大雄壮的磅礴气势，印证着封建王朝制度对比过去的更趋优越，也展示出制造者们的非凡智慧与精湛技艺。

尤其是秦代的烧陶技术显著提升，陶器的品类繁多，产量巨大。最惹人注目的当属兵马俑，被誉为“世界第八大奇迹”。其形体高大，和真人大小相似，形象生动而传神，整个军阵严整统一，气势磅礴，充分展现秦始皇当年“奋击百万”统一中国的雄伟壮观情景。兵马俑的烧制，是陶瓷史上的空前壮举，反映了当时的艺术水平、科技水平和生产水平（图3-1）。

图 3-1　西安兵马俑（摄于秦始皇兵马俑博物馆）

同时，大一统的封建王朝，也极大推动建筑水平的进步。据《史记·秦始皇本纪》记载："秦每破诸侯，写仿其宫室，作之咸阳北阪上，南临渭，自雍门以东至泾渭，殿屋复道，周阁相属。"意思是，在秦统一六国的征途上，每攻破一个诸侯国，便派画师将该国的宫殿描绘下来，然后依照原样在重建于咸阳城北面的斜坡上，南临渭水，从雍门以东直到泾、渭二水，殿屋间天桥回廊相连。

在20世纪六七十年代，考古工作者多次在咸阳市渭城区发现六国风格的建筑材料，如咸阳市窑店镇毛王沟附近宫室遗址出土有楚国瓦当、怡魏村有齐国瓦当、柏家嘴有燕国瓦当，而且从地形地貌看，这一带与《史记·秦始皇本纪》中的描述完全吻合，也进一步证实了史籍记载的真实性。

实际上，秦统一天下后，对于六国的宫室建筑，不仅仅是"仿"，而是博采众长，为秦所用，使之既能保持原有风格，又可融合其他优秀的文化元素和先进的制作工作，从而使秦的建筑水平达到全新的高度。

气魄宏伟的建筑往往离不开优质的建筑材料，它是建筑构建必不可少的基础元件。在生产力的解放和社会进步的共同推动下，秦汉手工业发展突飞猛进，砖瓦的产量规模、烧制技术、品位质地等各方面均超过以往历朝历代，使用也更为普及。

就秦瓦当而言，装饰题材相当广泛。战国初期，以鹿、獾、羊、鸟、狗等鸟兽纹样为主。这也反映出了秦人一种祈福求祥的心理和向往，如鹿音谐"禄"，羊音谐"祥"，獾音谐"欢"，鱼音谐"余"等，是形神兼备的艺术品。后又发展延伸出了各种云纹、太阳纹、旋纹等纹饰（图3-2）。其中有一瓦当中间带有圆孔，从孔形很规则，内壁光滑的特征分析，可能是为防止带有瓦当的筒瓦从房檐口滑落而专门设置的钉孔。这种形式在已发现的秦瓦当中还是很少见的。

这个时期出现的各种云纹变化图案，也是与出现的祈福求祥、吉祥文字用语的意念一样。《古诗源》所载尧时逸诗云："卿云烂兮，糺缦缦兮。日月光华，旦复旦兮。"（《尚书大传云》"帝将禅禹，于是百工相和而歌卿云"，所以据说此乃中国第一首国歌，当然并不足信。"卿云"：古代一种洋溢着祥瑞之气的彩色云朵；"烂"：光明的样子；"糺缦缦"：萦绕舒卷貌；"旦复旦"：一天又一天，隐喻禅让之意。）希望吉祥的云长存不息，日新月异。古人对天的理解是与云分不开的。瓦当位于建筑物明显可见的上部，先贤们和工匠们独出心裁地设计并制作出了各种各样的祥云图案，的确符合当时的时代意识和心理。秦的云纹瓦当风格以博大精深、气度非凡之势，使人有无限的遐想之感。从春秋战国到秦的统一，瓦当形制和表现的内容其发展脉络非常清楚，即从半瓦当发展到圆瓦当；从仿青铜器纹饰或是表达对上古文化的崇尚纹样，发展到写实形式的动物纹、树木纹，后来又逐渐形成写意形式的各种葵纹到云纹，从图像发展到表达一定意境的图案，即从具体图像发展到了抽象的图案，这一演变过程是艺术表达形式的升华。这一演变过程也从侧面反映出了社会文化的进步，具有很强的时代特征。据推测云纹瓦当应出现在战国中期，在战国晚期及秦统一后也成定式，并在西汉初时得到进一步延续和发展。图3-3为秦时的特殊云纹、旋纹、夔纹瓦、树叶云纹、几何纹、葵纹瓦当、网云纹、树云纹瓦当图案。

图 3-2 秦时期部分瓦当纹饰（摄于陕西历史博物馆、陕西凤翔县博物馆、西安墙体材料研究设计院样品室、咸阳博物馆）

图 3-3 秦代部分特殊云纹、旋纹、夔纹瓦、树叶云纹、几何纹、葵纹瓦当、网云纹、树云纹瓦当图案（摄于西安秦砖汉瓦博物馆）

为了说明这一时期建筑装饰的辉煌与鼎盛，后世习惯用“秦砖汉瓦”来简述这个新社会制度初期建筑的极高造诣与建筑材料的优质。“秦砖汉瓦”并非特指“秦朝的砖，汉代的瓦”，而是秦汉时期砖瓦的统称，其以精湛的烧制技术、丰富的文化内涵著称于世。至少在宋代就有文人雅士将秦砖或汉瓦用作研墨的砚台，如砖砚、瓦砚等，足见当时的砖瓦质量的优异。

在秦代，专制集权的统治者为了显示皇家威严穷奢极欲、大兴土木，这种自上而下的需求，加速了建筑材料与建筑面貌的进步。同时，屋面瓦的广泛使用又推动了秦代建筑的发展。秦代屋面瓦制造技术的大进步主要表现特点为：出现了专门烧制砖瓦的窑场，窑场一般在皇家建筑附近，方便就地取材，就地造窑，设置了专门负责管理砖瓦及陶器烧制的官署部门，由官方统一管理。

实行“物勒工名”制度保证了屋面瓦质量的优异。所谓“物勒工名”是一种春秋时期开始出现的制度，指器物的制造者要将自己的名字刻在器物上，以方便管理者检验产品质量，如一经发现产品质量低劣，即会对责任者作出整改、处罚等措施。这一制度确保了每片屋面瓦做工的考究和工艺的精湛（图 3–4）。

“物勒功名，以考其诚；工有不当，以行其罪，以究其情。”（《礼记·月令》）等制度下按精细分工进行监制，集中全国能工巧匠设计、施工，可谓商周、春秋战国的砖瓦文化、建筑艺术之集大成者。

正因为“物勒功名”，我们才有幸从秦代出土的瓦器上看到很多陶文，我们现在才能有幸知道 2200 多年前 80 多位做砖瓦的能工大匠们。例如仅在秦都咸阳的一号宫殿遗址，在出土的砖瓦上面就发现了陶文 256 处，其中板瓦上有 227 个。陶文的内容包括陶业的性质、地名和陶工名等信息。陶文中冠以“左”、“右”的是指左司空、右司空的省文。左、右司空是官署内烧造砖瓦的管理机构。如陶文中的左胡、左贝、左戎等，左是左司空的省文，而胡、贝、戎则为陶工名，右亦如此。有的省去官署名称，只标一字，如“嘉、齐”，

图 3–4 铭文瓦残片（摄于西安历史博物馆）

仅为陶工名。另一种陶文如“咸邑如顷”，咸邑是咸阳邑的省文，如顷是陶工名。这是县邑地方官营制陶作坊戳记。还有一种陶文如“咸芮里喜”，咸是咸亭的省文，芮里是里名，“喜”为陶工名。这种陶文应是民间制陶作坊的戳记。通过陶文可以看出秦都一号宫殿建造时所用的屋面瓦有中央、地方官办作坊生产的瓦，也有民间制陶作坊生产的瓦。可见当时的工程非常浩大。图 3-5 为在秦都咸阳一号宫殿出土的板瓦、筒瓦上的部分陶文。

图 3-5 秦都咸阳一号宫殿出土的板瓦、筒瓦上的部分陶文（拓片来自王世昌《陕西古代砖瓦图典》）

秦瓦的制作工艺达到了较高水平，纹饰精美，规格宏大。秦代瓦件主要有筒瓦、板瓦和脊瓦三大类，瓦的制作方法有两种，一种是轮制切割，一种是通过手工成型。表面多饰绳纹，内面多为素面。在瓦的端头都有瓦唇，有的还在瓦上穿孔，以便于在瓦件铺设过程中的搭接和固定（图 3-6）。

尽管秦代许多建筑文化被秦末起义军付之一炬，但从咸阳、西安、临潼、宝鸡等地出土的大量烧结砖瓦、瓦当、陶质排水管等向人们叙说着当年建筑的繁华和规模宏大。在秦都咸阳宫殿遗址出土的板瓦和筒瓦尺寸一般都较大，秦都咸阳宫殿出土的板瓦，瓦头一般稍厚于尾，头宽 34 ~ 49.5 厘米，尾宽 31.1 ~ 43 厘米，瓦长 52.1 ~ 65 厘米，厚 0.9 ~ 2.2 厘米。瓦有板瓦和筒瓦两种，在秦都咸阳宫殿遗址地层堆积中有大量的瓦出土，由此可以说明：秦都咸阳宫殿屋面已大量使用瓦。出土的板瓦均呈拱形，其制作工艺为泥条盘筑成圆筒形，经拍打抹光，然后纵切下 1/4 成瓦坯，切面由里向外，切口约为瓦坯厚度的 1/3，圆筒两端为弦割，瓦头多数不加修整而遗存弦割痕，瓦尾则大都修整抹光。瓦坯里表面均有制作中遗存的凹凸不平之痕迹，瓦面皆施以纹理不一、深浅有别的细绳纹，个别瓦面涂有赭红色彩。瓦沟多为素面，少部作麻点涡纹。筒瓦长一般在 35.5 ~ 48.5 厘米，内径为 16 ~ 18 厘米；厚度为 1.1 ~ 2 厘米，1.5 厘米厚度者居多。筒瓦均为半圆形，也有不足 1/2 圆或大于 1/2 圆者。原料皆采用含有微量细砂的天然黄土，经泥条盘筑，由表及里（个别由里而外）对切而成，切口深度一般为 0.3 ~ 0.6 厘米，约占瓦坯厚度的 1/2 或 2/3，也有一定数量的瓦坯全切透。瓦面均施有绳纹，纹理有直行、斜列、交叉等，一般较细密，头尾两端各有 7 ~ 10 厘米宽抹去绳纹的光面，少量瓦面间有若干条抹去绳纹的带状光面。瓦头的榫头式唇有微翘、近直和内敛式三种，瓦唇与瓦身之间的肩又有翘肩和平肩之别。可分为敞唇口、直唇口、敛唇口三种。现在保存的秦时板瓦和筒瓦的尺寸也较大（图 3-7~ 图 3-9）。

秦代出现了专门用于屋脊的脊瓦。秦始皇陵出土了专门用于屋脊的脊瓦，而且尺寸较大，约有 1 米长；筒瓦的尺寸也较大（图 3-10）。

前面也经谈到秦朝在“物勒功名”的法律规定下，对于砖瓦的制作是有严格标准的，对于制作要求都非常精细。据推测，在原料选择、原料制备、成型烧成等方面都有严格要求。秦都咸阳宫殿，大都根据建筑物使用的不同部位而采用不同规格制式的瓦件。这些瓦器虽经天灾人祸在地埋藏 2000 多年，经过出土后进行科学检测无论是弹性模量，抗折抗压强度和体积密度，都是很好的。即便是在今天也是质量很高的产品，故素有“铅砖铁瓦”之美誉。虽然时隔 2200 多年，对秦都咸阳宫殿遗址出土的砖瓦进行的分析表明，就今天的产品标准来说，仍然是质量很高的产品。表 3-1~ 表 3-3 给出了秦都咸阳第二、三号宫殿遗址出土砖瓦的部分测试报告。

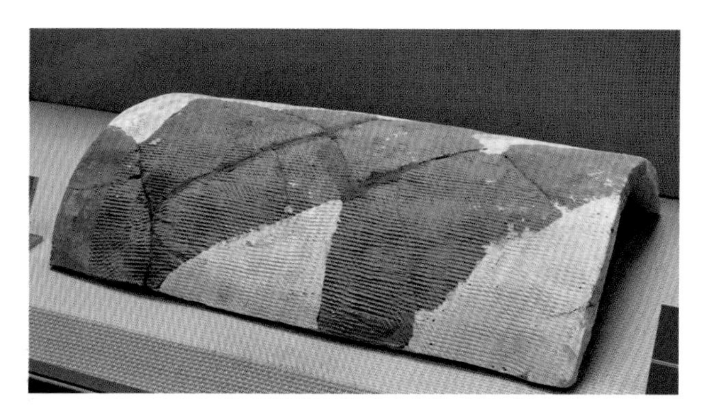

图 3-6 西周板瓦（摄于西安历史博物馆）

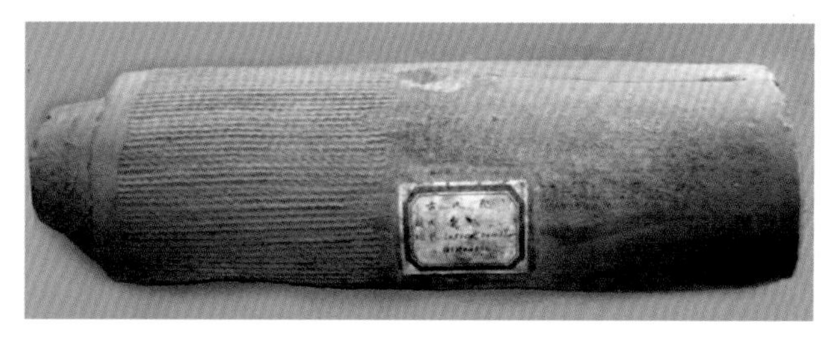

图 3-7 秦代筒瓦，长 51.8 厘米，宽 14.8 厘米，搭接头长度 5.8 厘米（摄于西安墙体材料研究设计院样品室）

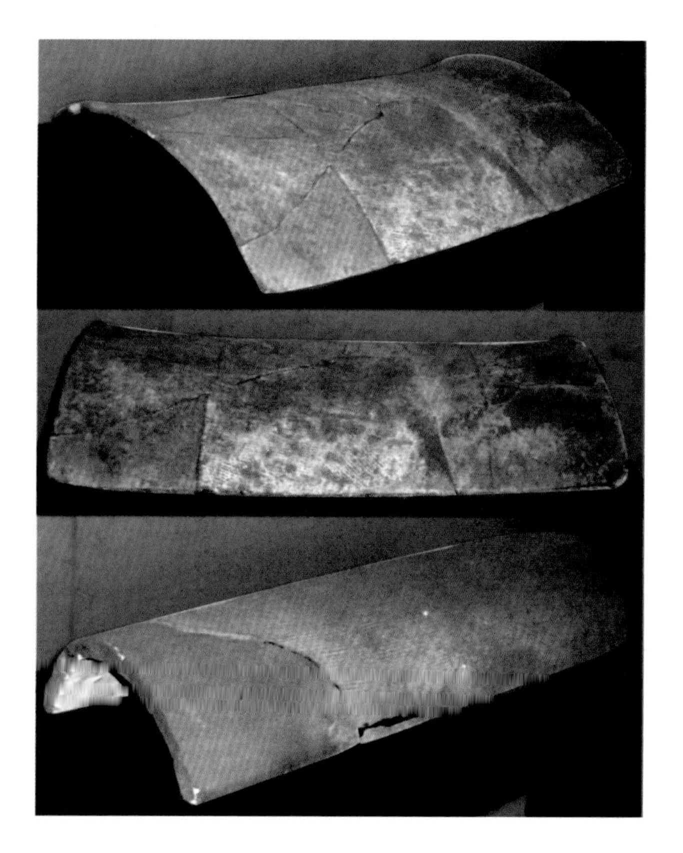

图 3-8 秦代的筒瓦和板瓦（摄于咸阳博物馆）

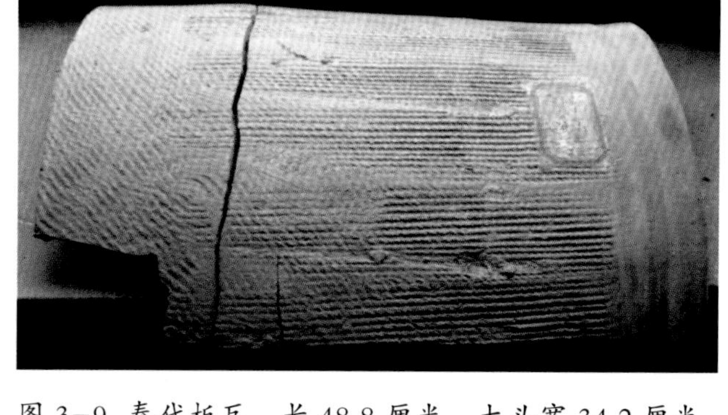

图 3-9 秦代板瓦，长 48.8 厘米，大头宽 34.2 厘米，小头宽 31.2 厘米（摄于西安墙体材料研究设计院样品室）

图 3-10 秦始皇陵出土的大型脊瓦和筒瓦（摄于西安临潼博物馆）

秦都咸阳第二号宫殿遗址出土砖瓦物理分析结果报告（一） 表 3-1

编号	名称	出土时间及地点	弹性模量 $\times 10^4 kg/cm^2$	抗折强度 kg/cm^2	抗压强度 kg/cm^2	体积密度	吸水率	开口气孔率
1	空心砖	81XYN Ⅱ T37 ④: 16	8.918	56.462	449	1.78	19.01	33.73
2	板瓦	81XYN Ⅱ T37 ④: 11	14.2187	124.42	476	1.71	21.4	33.35
3	筒瓦	81XYN Ⅱ T45 ④: 19	9.4929	68.306	534	1.83	18.2	33.67

注：原国家建委建筑材料科学研究院测定，1982 年 5 月 7 日

秦都咸阳第二号宫殿遗址出土砖瓦化学分析结果报告（二） 表 3-2

编号	名称	出土时间及地点	分析结果										合计	出现收缩温度
			烧失量	SiO_2	Al_2O_3	Fe_2O_3	TiO_2	CaO	MgO	K_2O	Na_2O	MnO_2		
1	空心砖	81XYN Ⅱ T37 ④: 16		67.12	15.04	6.58	0.73	2.39	2.25	2.97	1.96	0.10	99.14	1000℃
2	板瓦	81XYN Ⅱ T37 ④: 11		56.56	17.63	8.19	0.88	7.78	3.52	3.54	1.26	0.15	99.51	1000℃
3	筒瓦	81XYN Ⅱ T45 ④: 19		66.73	15.95	6.74	0.64	2.76	2.38	2.98	2.05	0.12	100.35	1000℃

注：原国家建委建筑材料科学研究院测定，1982 年 5 月 7 日

秦都咸阳第三号宫殿遗址出土砖瓦化学分析结果报告（三） 表 3-3

编号	名称	出土时间及地点	分析结果								
			烧失量	SiO_2	Fe_2O_3	Al_2O_3	CaO	MgO	TiO_2	难溶◆	合计
1	格纹方砖	80XYN Ⅲ T20 ③: 4	0.64	67.27	8.31	14.89	1.22	4.09	0.89	0.65	97.96
2	素方砖	80XYN Ⅲ T22 ③: 37	2.45	62.82	5.16	13.74	9.57	3.00	0.74	1.21	98.69
[illegible]	[illegible]	82XYN Ⅲ J7: 20	0.63	60.96	4.84	19.23	10.57	2.32	0.76		99.31

注：原建筑材料工业部西安砖瓦研究所测定，1982 年 12 月 28 日 ◆难溶——估计为未检出的量

中国唐代诗人杜牧的《阿房宫赋》，把中国秦关中那规模宏伟、彩殿错落、构筑精美、如诗如画的巍峨离宫表现得淋漓尽致，把“蜀山兀，阿房出。覆压三百余里，隔离天日。骊山北构而西折，直走咸阳。二川溶溶，流入宫墙。五步一楼，十步一阁；廊腰缦回，檐牙高啄，各抱其势，勾心斗角……瓦缝参差，多于周身之帛缕……”的建筑风格及技术造诣写得栩栩如生。诚然，中国史书《三秦记》中只有“始皇砌石起宇，名骊山汤”的片语只言，砖瓦在“复压三百里”之阿房宫中派上什么用场，长期以来一直是个谜。虽然古籍上说：“阿房宫覆压三百余里”恐作妄言。凑巧的是，考古界在阿房宫前殿夯土台基之南，距台基南面 3 米处，发现一处完整的铺瓦秦代屋面遗存。这处遗存是前殿附属建筑，屋顶铺瓦，由西向东筒瓦存 6 行，板瓦存 6 行。筒瓦通长 46 ~ 54 厘米，板瓦通长为 58 ~ 62 厘米。筒瓦和板瓦紧密地连接在一起。阿房宫，初显冰山一角，但尚留谜团，有待揭开，一是未发现瓦当；二是阿房宫并非毁于大火，其毁灭原因仍是一个谜。图 3-11 所示为阿房宫遗址出土的板瓦与筒瓦以及阿房宫秦代瓦屋面遗存。

在秦始皇陵以北建筑遗址 1977 年出土了特大半瓦当，该瓦当整体呈大半圆形，直径 61 厘米，高 48 厘米，当面装饰着变形夔（音：kuí）纹，呈山形构图，回转得体，突显雄奇，博大有力，如有风卷流云之势。在秦始皇陵还出土有一最大尺寸的板瓦，长 107.5 厘米，宽 72 厘米，厚 6 厘米，为细泥加砂，质地坚硬。这是目前所知我国古代最大尺寸的瓦。这种大瓦和瓦当的应用，一方面表明史载秦始皇的好大喜功，另一方面也印证了当时秦始皇陵园建筑的规模和宏伟气魄，体现了“不可一世”的霸权主义（图 3-12）。

在秦皇岛的碣石行宫秦时建筑基址上发现了通长 68 厘米、当面直径 52 厘米的高浮雕夔纹大瓦当，变形夔纹大瓦当，形式与秦始皇陵出土的十分近似。如此大的瓦及瓦当，可以想象当时建筑的宏伟。其他建筑砖瓦亦与秦咸阳故城出土的相类似，推定此遗址始建于秦始皇时期，西汉时仍沿用，大约到东汉时废弃。石碑村西边有黑山头遗址，东边有止锚

图 3-11 秦阿房宫遗址出土的板瓦、筒瓦以及阿房宫秦代瓦屋面遗存（摄于西安历史博物馆及长安博物馆）

湾遗址，都出有形制相同的大型空心砖和较大的云纹瓦当。位于秦皇岛市金山嘴的另一处秦行宫遗址，也发现叠落的筒瓦、板瓦，出土了与石碑村遗址形式相同的高浮雕夔纹大瓦当。从秦皇岛和秦皇陵出土的相近纹饰的瓦当及空心砖看，当时大中华文化圈就已形成。现今我们也可猜测：如果秦朝统治时间再长一些的话，有可能现在的汉族不会称之为汉族，而会称之为“秦族”。在西安秦砖汉瓦博物馆也保存有秦代三块形制、纹饰相近的夔凤纹、夔龙纹大瓦当（图 3-13~ 图 3-15）。

在宝鸡青铜器博物馆还收藏有“中华第一瓦当”（图 3-16）。2000 年 3 月，宝鸡市考古工作队和陕西眉县文化馆在眉县第五村乡秦汉遗址“成山宫”发现该夔纹大型瓦当。该夔纹瓦当共两件，一件完整，一件残缺，纹饰大同小异。完整者瓦当直径 78.3 厘米，高 53 厘米，轮宽 1.9 厘米，并留有约 10 厘米长的筒瓦。整体浑厚凝重，气势宏大，图案曲线秀丽舒畅，系平刀直刻高浮雕，承袭了青铜器纹饰的作风，为真正的“瓦当王。”这些瓦当王用在屋脊大梁的两端，防止淋雨腐朽。

在秦始皇陵还出土了大型脊瓦，该脊瓦长 89 厘米，高 15 厘米，下宽 16.5 厘米。中间断面呈覆钵梯形，尾部搭接长度为 25 毫米，并在前端带有网云纹瓦当（图 3-17）。

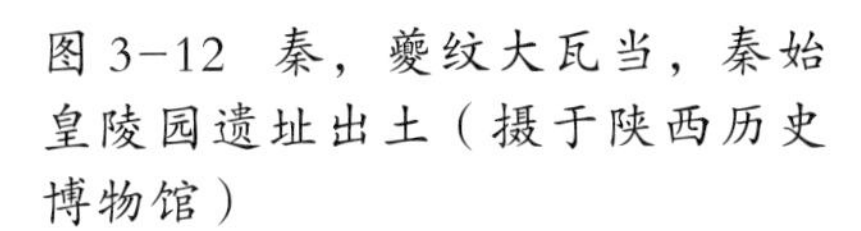

图 3-12 秦，夔纹大瓦当，秦始皇陵园遗址出土（摄于陕西历史博物馆）

图 3-13 秦，夔凤纹大半瓦当，瓦当面径 65 厘米 ×40 厘米（摄于西安秦砖汉瓦博物馆）

图 3-14 秦，夔凤纹大半瓦当，瓦当面径 50 厘米 × 37 厘米（摄于西安秦砖汉瓦博物馆）

图 3-15 秦，夔龙纹大半瓦当，瓦当面径 64 厘米 × 50 厘米（摄于西安秦砖汉瓦博物馆）

图 3-16 “中华第一瓦当”，宝鸡青铜器博物院收藏（摄于宝鸡青铜器博物院）

图 3-17 秦代大脊瓦，也许是鸱吻，秦始皇陵出土（摄于陕西历史博物馆）

第二节 西汉屋面瓦制造技术的提升

汉承秦制，两汉时期，继承完善了秦代开创的建筑制式以及建筑的传统习俗风尚，是中国古代建筑体系初步形成并开始走向成熟的阶段。由汉代明器可以看到，其时瓦已广泛使用，且产生了四阿、悬山、歇山、囤顶和攒尖等几种基本屋顶形式，还有四阿顶与坡檐组合而成的重檐大屋顶（图 3-18）。“反宇”式屋顶的早期特征也初现端倪。这些屋面形式和建筑构筑形态的变化，促进了瓦件的生产和使用技术的进步，并初步形成规范。

西汉建国后轻徭薄赋，历经 70 余年休养生息，经济和国力得以复苏，文化有了新的发展，建筑规模更为壮观宏大。以国都长安为中心的宫殿建筑，如未央宫、长乐宫华丽豪奢，规模之大前所未有，为了凸显皇家的气派与威严，建筑材料的使用更加讲究，瓦文化大放异彩 (图 3-19)。

到了汉初，“文景之治”，通过几十年的休养生息，社会生产力又有了长足的发展，手工业的进步迅猛异常。秦汉时代大规模的都市建设(如秦阿房宫、汉长安城)、宫殿、陵园、皇宫园林等建筑，需要大量的建筑材料。根据中华人民共和国成立以来考古调查、发掘的资料表明，在陕西省许多秦汉建筑遗址附近，都可以找到许多制作砖瓦或其他陶器的作坊、

图 3-18 汉画像砖中的建筑形式（摄于山东青岛汉画像砖博物馆）

图 3-19 西汉板瓦、筒瓦原物展示（汉代建筑屋面局部）（摄于西安秦砖汉瓦博物馆）

窑址。如在秦都咸阳遗址范围内，西起黄家沟，东至柏家嘴，东西 12 华里，南北三四华里范围内，发现和发掘的秦陶窑 36 座，汉陶窑 75 座；临潼区芷阳遗址，发现陶窑址 4 座；汉长安城西北角的好汉庙、相家巷和六村堡一带，大面积的陶俑、砖瓦碎片堆积层，已被认为是西汉制陶一大作坊遗址。西汉中、晚期长安官营砖瓦生产工场，大多数集中分布在杜陵以南和终南山北麓之间。《三国志・董单传》记载有“汉武帝时居杜陵，南山下有成瓦窑数千处”。在汉长安城附近也有许多西汉陶窑作坊，如长安城西南隅即西安市三桥镇以南的制陶窑址和北郊草滩农场阎家村一带的砖瓦窑址。汉承秦制，不仅在规章制度方面，在设施上亦多延续应用，如在咸阳众多的秦代窑所烧制的砖瓦规格、纹饰，也多与汉长安城遗址出土的接近或相似，这说明秦代的烧结砖瓦窑在汉代仍然继续生产（见图 3-19 中所示瓦当）。在汉代也有由中央直接主管的烧制砖瓦的重要机构，如文献记载的汉代都司空。汉代中央主管的烧制砖瓦产品主要用于宫殿、陵园等建筑。西汉时期，制瓦业除官营手工业外，民间生产也有发展。这也从另一方面说明了当时烧结砖瓦的普遍性和地位。烧结砖瓦的装饰艺术水平到了汉代，完全可以说达到了一个新的高峰。汉瓦制作技术似乎比秦瓦有进步，瓦当制作上与秦瓦有所区别，瓦当构图上除沿袭于秦，但多以文字表达“汉并天下”、“万岁千秋”、“长乐未央”的主题思想。要说秦瓦是“以大取美”而张扬气势，那么汉瓦及瓦当则是“蕙文抒志，企望益寿延年”了。值得注意的是，秦瓦的当面和筒瓦采取分别制坯，然后粘合一体再行烧制；而汉瓦则是一次成型。两者之间，汉瓦的边栏宽，当面尺寸较大；秦瓦边栏较窄，当面尺寸较汉瓦小一些。这便是从制式上鉴别秦瓦和汉瓦在断代上的区别所在。

至西汉中期，瓦的制法采用一次范成，瓦筒则仅做半筒，瓦背没有刀切之痕迹，而此前瓦的手工痕迹非常明显，边沿很难齐整，更像是一件件生动的手塑品。瓦当的制作变化是，普遍采用将瓦当心与边轮同时范成的方法，粘接在半瓦筒上，这种新方法加快了制作速度，提高了生产效率，促进了瓦当文化的繁荣与发展（图 3-20）。

图 3-20 汉代带筒瓦瓦当及文字瓦当（摄于宝鸡青铜器博物院、西安历史博物馆、陕西历史博物馆）

自西周出现素面半瓦当起到隋唐，现已发现内容、形状等不同的瓦当有上千种，特别是文字瓦当的出现，更增添了瓦当艺术的魅力。如除四神瓦当外，汉代还出现有很多其他形式的瓦当，具有代表性的瓦当文字和云纹瓦当，不仅是研究中华古文字从甲骨文到镏文、大篆、小篆、隶书、楷书的发展变导过程的珍贵史料，而且是中华书法艺术的精品。仅列举部分汉代文字瓦当示例（图 3-21~ 图 3-23）。

文字瓦当到汉时已达全盛时期，也为中华瓦当装饰的第二个高峰时期。以图中瓦当为例，如“鼎胡延寿宫”瓦当，记述着中华民族的一个动人的传说：“当年黄帝采首山之铜，铸鼎于荆山之下。鼎成，有龙从天上将胡须垂下，接黄帝升天。当时群臣、后妃七十多人亦随黄帝援须而上，龙遂驾云而去。其余的人也竞相持龙须想向上爬，结果龙须断了，黄帝的弓也掉到了地上。”汉武帝据此在陕西蓝田建了鼎胡宫。《史记》、《汉书》中亦有“天子（汉武帝）病鼎胡”的记载；又如“延寿万岁常与天久长”瓦当，记录了王莽之时将长安改为“常安”，于是如“长生”、“长乐”等无不改为“常”；还有“維天降靈延元萬年天下康寧”汉十二字瓦当，是汉文字瓦当中著名的品类，是符合当时“降灵”、“康宁”的时代意识和心理的；“华仓”和“京师仓”文字瓦当，是指西汉初时，著名汉臣张良献策利用黄河从关东漕运粮食到长安，在今陕西华阴市建立的转运仓库建筑上的专用瓦当。汉武帝时，从黄河漕运到长安的粮食每年为四百万石，最多时达六百万石。最后一枚“汉廉天下”的瓦当，可见早在 2000 多年前的汉代人们就祈盼着廉洁的社会。

在多方有利条件的作用下，瓦当艺术的鼎盛时期至此形成。汉代瓦当纹饰精美，画面形象生动，完成了由具象到抽象，由写实到写意的形式上的转变。反映农牧业生活的瓦当逐渐少了，寄于对精神文化的追求与信仰，上古时代的青龙、白虎、朱雀、玄武四大神兽开始成为瓦当上较为常见的纹饰，并成为这一时期的代表作。除此之外，纹饰还有鸟兽、昆虫、植物、文字、云纹等题材。文字瓦当反映出统治者的意识与愿望，字数也以两字到多字不等，且词句丰富，章法布局多样，如“千秋万岁”、“汉并天下”、“万寿无疆”……这些文字瓦当，字体有小篆、隶书、真书，布局疏密有致，章法茂美，表现出独特的中国文字之美。

汉代文字瓦当按照其内容又可分为宫苑类、官署类、宅舍类、祠堂墓葬类、纪事类和吉语类。

（1）宫苑类文字瓦当：主要是指带有宫殿或者苑囿名称字样的瓦当。这些瓦当主要有：宫、年宫、来谷宫当、羽阳宫当、羽阳千秋、临渭、鼎胡延寿宫、平乐宫阿、东宫、召陵宫当、貌宫、明氏宫当、上林、朝神宫当等。

（2）官署类文字瓦当：顾名思义，主要是用于官署类建筑的瓦当，主要有：官、关、卫、卫屯、上林农官、船室、司空瓦、宗正官当、长水屯当、百万右仓等。

（3）宅舍类文字瓦当：汉文字瓦当中还有一些代表姓氏的瓦当，如马、李、焦、金、杨等，推测应该是用于贵族官员宅院建筑中。另有一些是呈直接表明了乃私家宅舍所用之瓦当，如马氏万年、严氏富贵、吴氏舍当、冯氏殿当等。

（4）祠堂墓葬类文字瓦当：中国人对待生死的态度和对死后有另一个世界的观念以及受“视死如生”、“死者为大”等观念的影响，形成的了一套自己的祭祀与丧葬制度，

图 3-21 部分汉代的文字瓦当 1(摄于陕西历史博物馆、西安墙体材料研究设计院样品室、洛阳博物馆、茂陵博物馆、西安秦砖汉瓦博物馆、西安历史博物馆、宝鸡青铜器博物院、咸阳博物馆)

图 3-22 部分汉代的文字瓦当 2(摄于陕西历史博物馆、西安墙体材料研究设计院样品室、洛阳博物馆、茂陵博物馆、西安秦砖汉瓦博物馆、西安历史博物馆、宝鸡青铜器博物院、咸阳博物馆)

图 3-23 部分汉代的文字瓦当 3(摄于陕西历史博物馆、西安墙体材料研究设计院样品室、洛阳博物馆、茂陵博物馆、西安秦砖汉瓦博物馆、西安历史博物馆、宝鸡青铜器博物院、咸阳博物馆)

无论是皇家陵寝、庙堂，还是民间祠祀建筑，一向很重视。汉代在这些建筑遗址中也发现了大量瓦当，主要有：长陵东当、长陵西神、冢、冢当、冢上等，或者带有姓氏的冢当，如杨氏冢当、酒张冢当等，还有些在冢当之前加吉语的，如长久乐哉冢、长生毋敬冢等。

（5）纪事类文字瓦当：对重大事件记录的瓦当。

（6）吉语类文字瓦当：吉语类瓦当是汉代文字瓦当中最主要的部分，约占文字瓦当的一半以上。常见的有一百多种，如万岁、千秋万岁、与天、无极、延年、万世、寿、长乐未央、长生无极、四季平安、延年益寿等。

在“神权天授”、“天人感应”思想支配下，西汉时还出现了一套“日、月、人”的瓦当，该套瓦当使用在长安城宫殿建筑上（图3-24）。“大飞鸿”、“蟾蜍玉兔”、“益延寿”三枚瓦当，分别代表“太阳、月亮、延寿”，寓意“日月同辉、天人合一、延年益寿”。（西汉时期的“日、月、人”瓦当，大飞鸿瓦当——表示太阳；蟾蜍玉兔瓦当——表示月亮；益延寿文字瓦当——表示人）

西汉文字瓦当中最引人注目的是两种不同的阳文鸟虫体“永受嘉福”文字瓦当和阳文龟蛇体“营丘后府”文字瓦当，以及十二字“維天降靈延元萬年天下康寧”的文字瓦当（图3-25）。

大飞鸿瓦当　　蟾蜍玉兔瓦当　　益延寿文字瓦当

图3-24 摄于西安秦砖汉瓦博物馆

阳文鸟虫体“永受嘉福”　阳文鸟虫体“永受嘉福”　阳文龟蛇体“营丘后府”　“維天降靈延元萬年天下康寧”

图3-25 西汉文字瓦当（摄于西安秦砖汉瓦博物馆）

因汉承秦制，发祥于战国时期的云纹、太阳纹、旋纹、葵纹等纹饰瓦当在西汉时仍有大量制作和应用，而且具有创新发展。如云纹瓦当上逐步增加了文字或是其他纹饰（图3-26）。

西汉瓦当仅在陕西就发现有400多种，确是“秦砖汉瓦”名不虚传。“自战国开始以至秦、西汉初期，盛行高台建筑，高下参差，并非完全出于雄伟庄严，更重要的是统治阶段的神权观念和天人感应思想支配下的产物。天上人间，天地相应，天上星辰有供室，地下皇帝乃天之骄子，所居自然应似天宫。高台建筑正是这种思想支配下，拔地而起，直入云端，以近神仙，以似天宫。既然是天宫、天极，在建筑装饰上也要法以天象。瓦当施于屋檐，布以云纹，形象地显示了祥云缭绕，瑞气东来，更富于天宫色彩。所以云纹瓦当正是随着高台建筑的兴起而后广为流行，并带有神秘色彩的装饰纹样。海阔天空，流云浮动，变化无常，形无固定，反映在云纹瓦当纹饰上的多变性；天人感应神权思想、宗教迷信思想的深入及长久流传，反映在云纹瓦当上，就是（流传）普遍性和长期性。”（王世昌，《陕西古砖瓦图典》2004）占星象天、易学、阴阳五行；天地相应思想以及古代天文学、律历学等古老文明造就了云纹瓦当图案。就是说，云纹瓦当作为传统文化的一分子，它的图案内容构成，忠实地体现了中国古代的方方面面。透过古代文明这个大背景，就能发现，原来看似平常的所谓“云纹”瓦当图案，突然间变得神秘莫测，玄妙无比。

陕西著名的秦汉瓦当研究专家王培良先生则认为秦汉的云纹瓦当与古人对“天道”的认识有关，他对某些学者提出的“云纹瓦当不过是由‘植物尖叶’或‘动物尾翼’演化而来的华丽的装饰图案而已，或以为云纹瓦当图案不过是些‘葵花’和‘菊花’形象罢了”的说法提出了质疑。他认为：“占星象天、易学、阴阳五行；天地相应思想以及古代天文学、律历学等古老文明造就了云纹瓦当图案。就是说，云纹瓦当作为传统文化的一分子，它的图案内容构成，忠实地体现了中国古代的方方面面。透过古代文明这个大背景，就能发现，原来看似平常的所谓‘云纹’瓦当图案，突然间变得神秘莫测，玄妙无比。这种玄妙感体现在：第一，所谓的尖叶纹、尾翼纹，原来是各式各样的气纹，这些气纹图案深刻反映了古人宇宙为气的观念，古代匠师们以瓦当天，踆瓦当宇宙，尽情挥洒，刻画出各式各样的气纹，各种气纹又表现左右上下旋转和升降状态，把一种阴阳消长、五德终始的思想表现得淋漓尽致。第二，这种玄妙感，还在于这些气纹在表现动感的同时，还包含了严格的数目，有特定的方向和特定的位置，并且各式气纹与夹杂其间的乳点纹、各种特殊符号反映出复杂而丰富的历象、时序、易数等内容。可以说，隐藏于瓦当图案中的数字，是中国古代文明的数码库。第三，玄妙感还在于此种气纹瓦当图案不着一字，以一种秘而不宣的艺术符号，传达着古人极其丰富的宇宙观，宣传了封建君主制威严肃整的社会面貌。第四，玄妙感还表现在此种气纹瓦当图案，在创制伊始，就完完全全运用了浪漫主义手法，而并非写实的手法，含蓄、恰当地渲染了建筑物深不可测的神秘气氛。例如，甘泉宫出土气纹瓦当拓图，其图案中的气纹是三气与五气的组合，所谓三气，是瓦心蜿蜒而出的那三个气纹；五气是发端于内圈线上的那五个气纹。这个不匀称的图案纹饰组合有什么意义呢？三与五这两个数字背后有何种寓意呢？《史记十天宫书》云：‘为天数者，必通三五’。在古代天文学中，三与五是紧密相连的两个数字。三辰，即日、月、星这三个显著的天体，五星，即金、木、

图 3-26　西汉的云纹瓦当（摄于西安墙体材料研究设计院样品室、西安秦砖汉瓦博物馆、西安历史博物馆、陕西历史博物馆、茂陵博物馆、咸阳博物馆，图片来自陈根远《瓦当留真》，拓片来自王世昌《陕西古砖瓦图典》）

水、火、土这五个最明亮的最重要的星。根据天地相应的思想，古人认为天上有三辰五星，地上就存在着三统五行，这就是‘太极运三辰五星于上，而元气转三统五行于下’的认识论……汉瓦当图案中的三气纹正是‘三统’说的历史见证。‘三统’论反映在瓦当上，可见古代瓦当图案的思想性及政治色彩是多么浓厚，遵循艺术创作的规律，古代匠师只用了三个简单而抽象的气纹就表现了如此重大的命题。瓦当中的五气纹象征五行，反映一种‘五德终始’的思想意义。‘五德终始’或谓‘五德转移’，这种学说早在战国就已形成。倡导者为战国大阴阳家邹衍，认为水、火、木、金、土五种物质德性相生相克，终而复始的循环变化，以此来解释王朝兴替的原因……瓦当图案的这种动感，不仅因为三与五为阳数，更主要的是，整个瓦当与瓦当形制意欲体现‘天行健’的意义。天为君，天道永存，天道无限。”王培良先生提出的这种观点非常新颖，值得研究。秦汉瓦当自唐宋时受到人们注意并用来做砚，清康、雍、乾时期有著录以来，第一次提出了云纹瓦当是以此为内涵而形成。

还有值得一提的是秦汉在瓦的制作工艺上也有很大区别，秦瓦的当面和筒瓦之间采用两件粘合成一体，然后再烧制；而汉瓦则是采取整体方法一次成型。二者之间一般说来汉瓦边栏宽，当面尺寸大；秦瓦边栏窄，当面较汉瓦小。汉代瓦当艺术凝结着自西周以来的精神气质和艺术风貌，体现出了中华民族装饰艺术的传统美学观和东方审美心理，它对以后两千年来的装饰艺术都有着不可估量的影响。

西汉的制瓦技术确实是技艺高超，在陕西历史博物馆可见到奇特的屋面用筒瓦（图3-27）。

带锥钉的筒瓦，同时在2000多千米之外的广州西汉初的南越国宫署遗址中也有发现。这种锥钉据推测是为了防盗或出于安全考虑。

汉时重要建筑使用的屋面瓦尺寸都很大，如在西安秦砖汉瓦博物馆保存着长度几乎1米的带当筒瓦和板瓦（图3-28）。

汉代已经制作出了专门用于屋脊的大型瓦器，防止屋脊的雨水渗漏。其造型奇特，实用性很强。两个相邻构件的搭接处设有凸沿，较好地防止了雨水的渗漏（图3-29）。

此外，西汉也是陶瓷艺术发展的一个重要时期，其艺术陶数量之多、种类之丰富，超过了以往。西汉的陶塑继承了秦代艺术风格，深沉雄大。汉代是中国陶瓷历史上的一个重要转折点，所制器物的表面被广泛施釉。出土的汉代上釉冥（明）器就是很好的例证，如山西平陆县出土的绿釉三层庑殿禽鸟御人陶楼冥器（图3-30）。

从汉代的宫室、宗祠、地方官署、士大夫、平民、粮仓、武库、帝陵和贵族墓地等遗址的考古发掘中均发现瓦件，其一，说明它的应用比秦代更加广泛；其二，瓦作为屋面铺设材料显示出了它的优越性。这一时期大量陶窑的发现说明当时瓦件生产能力已经很高，能够满足当时日益增长的需要。

西汉时大型的瓦当构件依然存在，只是其纹饰和当面与秦时不同，变成了圆形和云纹。这种大型瓦当仍然是用于房脊大梁的端头防止雨水，以免木头腐朽（图3-31）。

据有关资料记述，在西汉时已出现了滴水瓦，但这种说法目前还无出土文物证明。滴水，是用于古代建筑檐端的滴水瓦的瓦头，略呈三角形，亦称垂尖式滴水。它是中国古建筑瓦顶上的独特的建筑构件，不仅有着实用意义，而且其形制及表面纹饰变化又具有一定的时代特征。所以，滴水也是鉴定古建筑年代的重要依据。

1987 年云南省保山西北龙溪山龙王塘溶崖洞穴口外台地的一处东汉大型建筑遗址，在出土的众多古建筑构件中，发现有菱角形（垂尖式）滴水。这在国内尚属孤例。龙王塘滴水的形制与元代以后乃至近现代的滴水几乎完全相同，只是纹饰显示了汉代的风格和特征。从与龙王塘滴水伴出的模印有“中平四年吉”文字纪年砖得知，这种滴水应产生在公元 187 年之前。云南龙王塘所发现的垂尖式滴水，说明东汉时期该式滴水已成为定式，因此应将垂尖式滴水的断代划定在东汉。

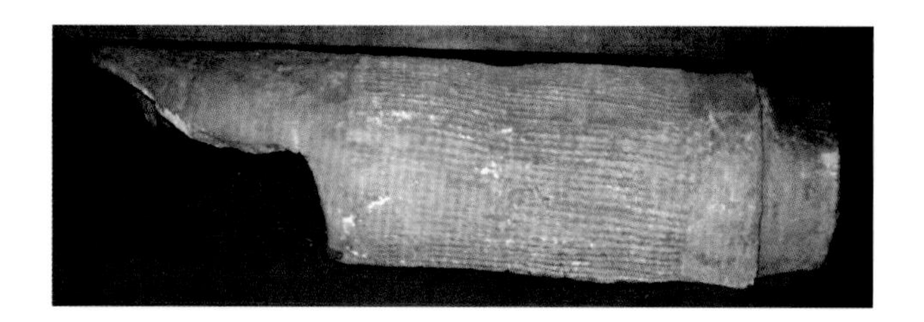

西汉绳纹筒瓦

“延年益寿与天相侍日月同光”屋脊瓦

绳纹带锥筒瓦

绳纹板瓦

图 3-27　西安出土（摄于陕西历史博物馆）

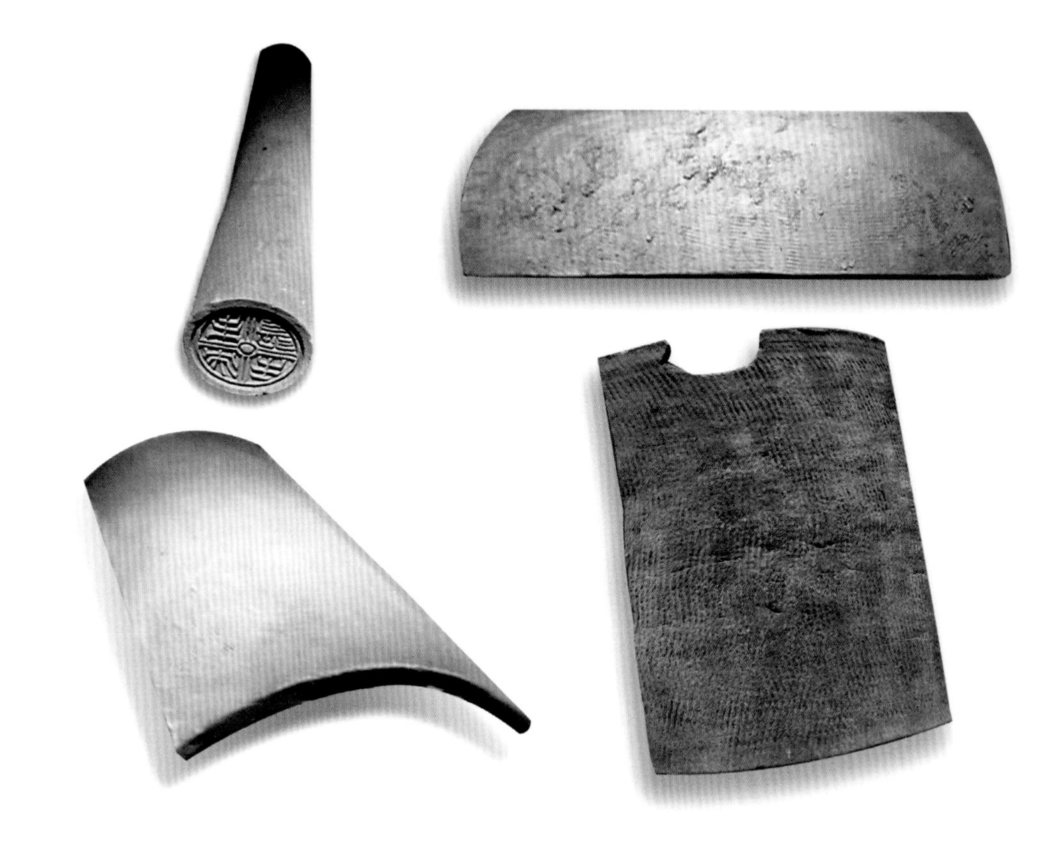

图 3-28 汉代大型带当筒瓦和板瓦（摄于西安秦砖汉瓦博物馆、西安历史博物馆）

图 3-29 屋脊专用瓦器（摄于西安秦砖汉瓦博物馆）

图 3-30 绿釉三层庑殿禽鸟御人陶楼冥器（摄于山西博物院）

图 3-31 大型云纹圆瓦当，瓦当直径 59 厘米（摄于西安秦砖汉瓦博物馆）

第三节 秦砖汉瓦文化的艺术魅力

秦砖汉瓦，自古在有识之士的心目中就享有很高的思想文化地位，并把它归为中华民族的艺术门类而载入史册。特别是在古典建筑遗址中琳琅满目的砖雕、瓦当、瓦器，既彰显民族精神的威严与庄重，又蕴涵着民族艺术的高雅，体现着对大自然的一种亲和力。与天籁和声，与地缘同律，与人世风雨共济，记述着乾坤运转，人间荣辱兴亡、神话故事、美好传说。易中天先生在破解“艺术之谜”的文字中，曾有一段十分精彩的描述。他说：“艺术甚至标志着一个民族的文明程度，也多少决定着一个民族的影响力的大小。被马克思称为‘高不可及的范本’的希腊艺术，影响了西方世界几千年历史；而中华民族的璀璨艺术，则至今仍放射着灿烂的光辉。没有古希腊的艺术，比方说，没有荷马史诗、伊索寓言、帕提农神庙，没有米隆、波吕格诺图斯和菲迪亚斯的雕塑，埃斯库罗斯、索福克勒斯和欧里庇得斯的悲剧，没有那些优雅华贵的陶瓶和美轮美奂的建筑，就不会有文艺复兴，不会有西方文明。同样，如果没有仰韶彩陶、青铜器皿、秦砖汉瓦、钧瓷汝窑，没有编钟乐舞、敦煌壁画、六朝书法、明清故宫，没有诗经、楚辞、汉赋、唐诗、宋词、元曲，我们怎么称得上是五千年文明古国？”著名文化学者肖云儒先生说：“秦砖汉瓦，当然它具体就指，秦代的砖跟汉代的瓦，但是它实际上已经升华了，超越了，成为对一种文化积淀的指代。”同理，若把西方文艺复兴前的那些已经是在风雨飘摇中残垣断壁的巨石建筑与由秦砖汉瓦构建的万里长城、地宫兵阵、北魏登封嵩岳砖塔、唐代依苍（山）临洱（海）“三塔” 以及河南曲阳北岳庙等砖混木斗栱建筑乃至明清故宫相比，秦砖汉瓦仍旧遗风凛然，栩栩如生。秦砖汉瓦两千多年来影响着中国建筑艺术，彰显着无穷的艺术魅力。它在文化和艺术的有用和无用的融合中，展现出中华民族包容万物的个性，而成为中华文化宝库中不可缺失的精神与物质财富。“秦砖汉瓦”一词，是人们对它的文化价值和艺术价值的褒扬，也是中华烧结砖瓦经过四个时代（神话时代、传说时代、半信史时代和信史时代）五千年的不断改革、创新成果。在中国第一个“大黄金时代”（即春秋至秦汉）正式载入史册，成为器物文化的专用名词。它有表层文化和深层文化的定义域，刷新和影响秦汉以后两千多年的中华建筑艺术文化，使之走向世界大砖瓦文化的高端。在世界砖瓦发展史上，都是人类建筑器物文化的宝贵遗产。

建筑是人类社会文化发展中深义文化在特定器物（建筑也是一种器物）的外显。它以一种时空形态独立地表现出系统而又形象的社会文化艺术，具有民族性、地域性、民俗性、时代性、传承性的特色。中国的古建筑，造型多样，变化万千，内涵丰富，格调天然，线条流畅，体态丰腴，尽管功能不同，却各显毓秀，如诗如画地点缀天地河山之间，给人以美的享受，远看是祥和之美，近视则有宁静之瑞。一切都那么自然和谐，展现汉民族在亘古的历史长河中的创造所留下的历史记录。中国现存的古建筑，无论是故宫紫禁城的建筑群，还是皇城根儿的四合院；无论是苏杭的林苑，还是黄土高原上的窑洞；无论是福建乡村的围屋，还是徽派民居，尽管形体各异，地域不同，但却充满着和合的基调，祥和、和平、紧凑而又安宁。感觉不到半点野蛮和骄横的气氛。特别是砖瓦在这些建筑上同石、同木的巧妙搭配或辉煌有序不失纲常，或娇小玲珑不失雅趣。一砖一瓦，一石一木都显露出和善与文明。

自烧结瓦问世，早在4500年以前华夏大地的先民们便告别了“茅茨土阶”的原始部落，步入了居室文明。《古史考》载：“夏后氏时，昆吾作瓦，以代茅茨土阶之始。”是书还载：“陶者为瓦，必质而割，分之则为瓦，合之则圆而不失其瓦之质。”瓦及瓦器对于古建筑而言，主要起装饰作用，是建筑器物之冠上明珠，是一种等级地位的彰显，好像是一种神物，瓦器用于屋宇多有不同的精美的纹饰，有图腾、有云纹、有雷纹、花鸟纹、万寿纹或者吉祥文字等，显示一种以分天地，感召祥瑞之气的感觉。然后才是它的导水、防渗功能。瓦为房上之物，但木结构房屋寿命有限，瓦却长存。拾一片古瓦，就拾起了历史的记忆。瓦在屋顶上，家在屋顶下，全凭瓦的庇护。“身无片瓦”，喻处境贫寒也。正道是“瓦中乾坤大，人间岁月长”。

烧结屋面瓦产品所具有的表面色彩本身就是很好的装饰，由不同颜色的烧结屋面瓦产品或是数种颜色的搭配，可以铺砌出不同效果的吸引人们视觉的屋面。烧结屋面瓦的不同色彩、不同铺设方式等都会构成意想不到的效果。烧结屋面瓦产品已构成了西欧、北美国家的建筑传统和建筑文化的形态。在当今社会条件下，怎样继承我们中国的建筑传统，弘扬我们中华民族的建筑文化呢？什么才是代表我们中华民族的建筑元素符号呢？诸如此等问题都值得我们深思。实质上，质量优良的烧结屋面瓦产品，对一座城市、一个地区的建筑面貌有着久远的影响。我国历史上很多遗存下来的建筑也充分地说明了这种看法。国外这方面的实例更多，如著名的美国哈佛大学的校园建筑群，是清一色的烧结砖瓦建筑，构成了一道奇特而美丽的风景线；在欧洲的乡村及城市，漂亮、古朴典雅的砖瓦建筑比比皆是，更显出和谐、安详、醇厚的气息。

瓦不仅有陶质、竹质、金属质，甚至还有纯金、纯银质，不一而足。唐代诗人皮日休在他的应制诗《秦和早春雪中作吴体见寄》中写道：“竹根乍烧玉节快，酒面新泼金膏寒。全吴缥瓦十万户，惟君与我共袁安。”一边是琉璃瓦屋十万户的金碧辉煌，一边却是皮日休、鲁望的卧雪无锥悲惨生涯，两相对照，我们似闻到了“朱门酒肉臭”，看到了“路有冻死骨”的阶级社会了。为了对瓦的崇拜和宠信，朱门豪户尚感缥瓦不贵，曾采用贵重金属作瓦，从恶金（铁）到美金（纯金）或铜也是有之。据《大明一统志》载：“庐山天池寺，洪武敕建，殿皆铁瓦。”泰山玉皇顶至今还用铁瓦。当然是为了抗风的缘故。至于铜瓦《天中记》有一节文字描写：“西域泥婆罗宫中，有七重楼，复铜瓦，楹栋皆非杂室。”更有甚者，还有一些古代的国家贵族阶级有用黄金白银作瓦的。据《新唐书·南蛮传》辘：骠……自号突罗朱者婆……王居以金为甍，厨复银瓦。五代蜀主王建也有“月冷江清过腊时，玉阶金瓦雪澌澌”的诗句。

当然，爱美之心，人皆有之。崇拜不是贵族的专利，中国的老百姓也是十分崇尚瓦的，北方、南方都有片石为瓦的习俗，南北朝时期梁元帝的《九贞馆碑文》中就有这样的描述：“日晖石瓦，东跳灵寿之峰；月荫玉床，西瞻华盖之岭。”这难道不是一幅天然美景吗？唐·王禹偁描写三湘大地的《黄冈竹楼记》中写道：“竹之为瓦，仅十稔；若重复之，得二十稔”，明代钟惺《江行俳体》也写道：“处处葑田催种麦，家家竹瓦代诛茅。”贫民爱瓦，也只能就地取材，以竹、石瓦形而聊慰藉。

西汉中晚期时，又出现了“四神”瓦当，它与云纹瓦当一样经久不衰。这与当时的“星象学说”有关，所谓“天之四灵，以正四方”（《三辅黄图》云：“苍龙、白虎、朱雀、玄武，天之四灵，以正四方。”），这是古人对全天星宿的认识。西汉宗庙的四门，一般东门用青龙瓦当，西门用白虎瓦当，南门用朱雀瓦当，北门用玄武瓦当，号称“四神瓦”。四神瓦当在汉代极为流行，到王蟒时期达到了高峰，它包括四种动物，即青龙、白虎、朱雀、玄武，由这几种动物组合成的一组图案，又称“四灵纹”。汉代将四神视作能避邪求福，它又表示季节和方位。青龙的方位是东，代表春季；白虎的方位是西，代表秋季；朱雀的方位是南，代表夏季；玄武的方位是北，代表冬季。曹操之子曹植的《神龟赋》记曰：“嘉四灵之建德，各潜位于一方，苍龙虬（音：qiú）于东岳，白虎啸于西岗，玄武集于寒门，朱雀栖于南方。顺仁风以消息，应圣时后而翔。嗟神龟之奇物，体乾坤之自然……”就是对四神的描写。这四种动物中，玄武比较奇异，它是龟和蛇的合体。“玄武谓龟蛇，位在北方故曰玄，身有鳞甲故曰武。”有人解释，这与古代图腾信仰有关，是氏族外婚制的反映。就以汉代出现的四神瓦当纹饰来说，其精美的构图，传神的形象，无处不在透射着我们中华民族本源文化的气息。就当今社会环境下，四神瓦当的图案仍然被许多场合引用着。在陕西境内发现的几种四神瓦当，尽管造型不同，但个个精美绝伦（图 3-32、图 3-33）。

认识和解读秦砖汉瓦，不能从字面上简单地解释秦时有砖、汉时有瓦；而是要从它数千年多种文化附着的活化石品位上，从广义文化到深义文化的发展中去加以研究和解读。只有这样，才能比较真实地了解其深刻的人文含义。处于信息时代的当今，由于砖瓦太普及、太廉价的缘故，就像粮食那样，一日三餐虽然离不开，但又有谁记起它的来历和富含对人

图 3-32 陕西地区发现的四神瓦当图案（拓片来自王世昌《陕西古砖瓦图典》）

图 3-33 陕西地区发现的四神瓦当图案（摄于西安秦砖汉瓦博物馆、茂陵博物馆、西安历史博物馆）

体有益的多种养分去爱惜它；砖瓦同然，一年四季虽离不开砖瓦，但往往在人们享受着它多功能、全天候性质提供的温馨，却又不去过问它的来历，甚至采取极不友好的态度去对待它乃至要消灭它。许多人们还不知道欧洲“先知觉”的未来权威对它的评价，更不知道美国航天局在一份研究报告中提出：“将来在月球上建造人类庇护所，必须采用烧结砖。”《国际砖瓦工业》杂志社主编安芳特·菲雪（Anett Fischer）在美国召开的“制砖者论坛”大会上，就环境保护和环境立法作为大会主要议题时讲道：“这种发展趋势不仅在欧洲和美国可以看到，而且在中国的砖瓦同行中也能看到。”然而，住着安逸舒适的砖瓦楼宇里的人们，则因“不识庐山真面目”而熟视无睹，可能是由于“只缘身在此山中”的缘故吧。

中国早期的几个封建王朝衰亡之际，随着土崩瓦解之声，高悬于一座座巍峨宫殿上的一枚枚瓦当，像一朵朵艳丽的艺术奇葩，在秋风摇撼中，纷纷陨落尘土，积淀于华夏古老文明土壤深层之中。今天当我们从这文明的沃土中捡起瓦当，拂去锈土，拭目审视当中，竟然觉得，这一枚枚沉睡地下千年的瓦当，其艺术价值并不因时间的久远而逊色，其历史价值并不因封建王朝的离析而湮灭。相反，这一枚枚瓦当就像一面面镜子，透过这镜子，可以窥见中国古代的万象，这面镜，汇聚了中国古代各方面的文明成果，可谓方寸之间，气象万千，实为古代文明的精致之品。

历史是一面镜子，书籍是人类进步的阶梯。“观今宜鉴古，无古不成今。”“对历史的选择，就是对现实的选择。”我们虽说是在论述中国屋面瓦的历史，但在撷史中掸去它身上的尘埃，擦拭其泥土，向世人展示其优秀文化的绚烂面目，试图在复兴中华民族文化的过程中，扬起中华砖瓦文化的风帆，驶向更加美好的未来。

第四节 施釉屋面瓦及鸱吻的出现

1995 年和 1997 年，广州市在老城区城建和改造过程中，发现了 2000 年前的南越宫苑遗址，并从中出土了大量特色的建筑材料，如空心砖、方砖、长方砖、筒板瓦、各式瓦当等（图 3-34~ 图 3-36）。其中尤其是厚度和尺寸惊人的实心大方砖颇具特色，最大的方砖边长宽 95 厘米、厚 15 厘米，其中部分砖块上还施有青釉，这种巨型实心釉面砖在我国极为罕见。除了釉面砖外，还出土了釉瓦，考古专家表示，这是我国目前发现年代最早的施釉瓦。这一发现将施釉瓦件的诞生时间整整提前四五百年，改写了过去北魏时期才出现施釉瓦件的说法。

图 3-34 南越国宫署遗址出土的瓦器，铺地大方砖（单块 150 千克）（摄于南越王宫博物馆）

图 3-35 南越国宫署遗址出土的瓦器，空心浮雕砖和砖上的浮雕熊头（摄于南越王宫博物馆）

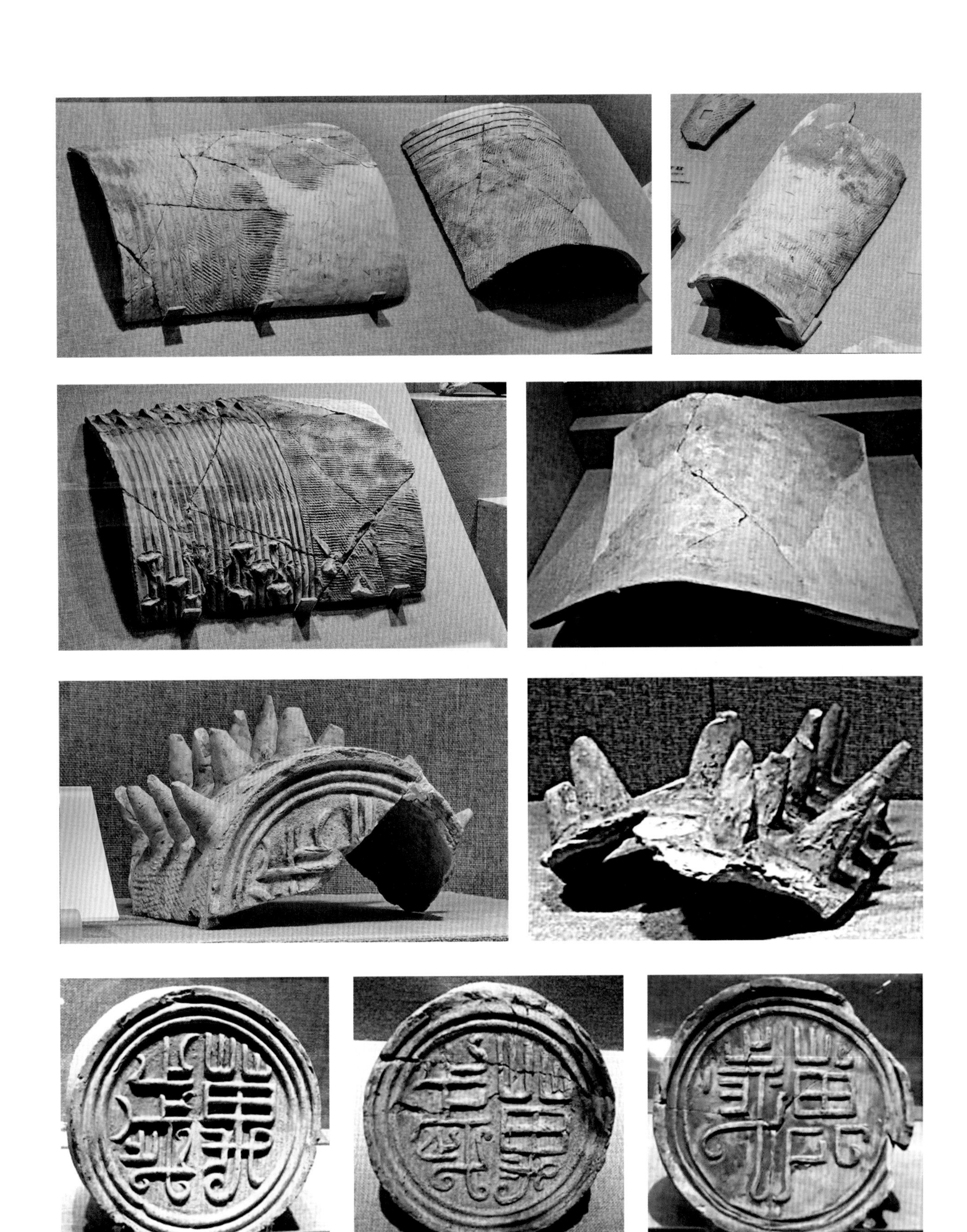

图 3-36 南越国宫署遗址出土的瓦器，板瓦、鞍形瓦及带锥钉筒瓦、万岁文字瓦当（摄于南越王宫博物馆）

出土的施釉瓦件包括：青釉带钉板瓦、青釉筒瓦和青釉“万岁”瓦当。这些带釉砖瓦的釉呈青灰色，有细碎片，玻璃质感强，可有效防止雨水渗漏，是当时砖瓦烧制工艺的一大进步，反映了当时建筑技术的高超。但不足之处是釉质较薄，釉面材料与胎体的结合性和匹配性差，可见釉的工艺技术在当时还不是很成熟，这也是在南越国时期出土的大量砖瓦中，有釉的却少之又少的原因之一（图 3-37）。

带釉砖瓦首现两千年前的南越国宫署遗址，将中国古代使用带釉砖瓦的历史大大提前，是南越国海外文化交流的产物。为深入理解多元、兼容以及交叉性岭南文化的形成，提供了更为生动的物证和更为深邃的历史空间。值得思考的是，该釉与当时我国常见的高钙灰釉和以铁、铜等为着色剂而色彩丰富的铅釉不同，而属于当时我国极为罕见的碱釉，与西

青釉筒瓦

青釉“万岁”文字瓦当

青釉菱形四叶纹长方砖

青釉带钉板瓦，残长 12.3 厘米

图 3-37　施釉瓦件（摄于南越王宫博物馆）

方的钠钾玻璃较为接近，在我国建筑材料上出现这种钠钾碱釉还是首次。那么该钠钾碱釉砖瓦为什么会出现在两千年前的南越宫苑？这也许与南越国的海外文化交流有很大的关联性。有专家认为：带釉砖瓦是南越国时期东西方文化早期交流的产物。该釉的化学成分表见表 3-4。

据史料记载，南越国由秦国大将赵佗建立于公元前 204 年（在中国历史上，正处于秦国灭亡，楚汉之争时期），殁于公元前 112 年（汉武帝时期），前后持续近百年，国都番禺（今广东省广州市），全盛时国土囊括今中国广东、广西、香港、澳门、海南，以及越南北部等地。

南越国施釉瓦件的出现，引起了考古界的高度重视，但经过中国科学院上海硅酸盐研究所古陶瓷研究中心研究和鉴定，南越国施釉瓦件的釉料，并非我国商周以来流行的高钙灰釉和以铁、铜等为着色剂而色彩丰富的铅釉，而是一种与西方希腊地区钠钾玻璃较为接近的高碱性釉。

这一发现引起了国内外广泛的猜测——为什么钠钾碱釉砖瓦会出现在两千年前的南越宫苑？有考古工作者依此推测，极有可能是中外文化交流的结果，这种碱釉可能是经海上丝绸之路传入中国的西方舶来品，同时海上丝绸之路也极有可能早于汉武帝时期张骞出使西域后才开辟的陆上丝绸之路。

釉的化学成分表　　表 3-4

编号	Na_2O	MgO	Al_2O_3	SiO_2	K_2O	CaO	TiO_2	Fe_2O_3	CuO	PbO_2	P_2O_5	SO_3
NYB12	6.73	0.18	9.08	66.25	9.79	4.47	0.53	1.97	—	—	—	—
NYB21	6.57	1.27	9.89	68.79	5.86	3.87	0.41	2.23	—	—	—	—
NYB22	6.96	1.73	10.19	68.59	5.53	3.20	0.30	2.50	—	—	—	—
NYB32	6.84	0.26	10.18	65.76	8.96	4.08	0.48	2.19	—	—	—	—
NHB-1	0.45	1.05	14.99	66.75	2.14	11.98	0.08	1.57	—	—	—	—
NHB-2	—	—	1.21	27.98	0.07	0.19	—	0.40	4.71	65.03	0.43	
NHB-3	—	—	6.78	27.10	0.52	0.49	—	1.34	0.09	63.23	0.46	

注：NYBx— 南越国时期大砖样本，NHBx— 南汉国时期大砖样本

可以印证此猜测的是，秦始皇统一中国后，我国疆域辽阔，已经形成一个既有大陆又有海洋的国家，同时秦国也已经具备较强的造船能力，并在广州地区出现了当时世界上最大的造船基地，可建造身宽 3 ~ 6 米，载重量 25 ~ 30 吨的木船，这为远洋航行及海上丝绸之路的开辟提供了基础条件。另外，南越王墓也出土了不少与海上丝绸之路相关的珍贵遗物，如出土的银器，其造型、纹饰风格也与西方波斯帝国的金银器相似，再次证实了中外文化的相互交流与相互影响。

此外，值得特别注意的是，1997 年，考古工作者在南越国宫苑的曲流石渠遗址废弃堆积层中还发现了三件最原始的、用于屋脊装饰的鸱尾实物（图 3-38），用样也改写了过去“鸱尾起始于魏晋南北朝”的不正确说法。从这一发现来看，我国最早的鸱尾应该出现在西汉早期，而且很可能源起于岭南一带的粤地。

南越国宫苑遗址出土的众多遗物，体现了岭南地区开放、多元、兼容以及交叉性的文化特征，意义非凡，时至今日，岭南地区的陶瓷文化经历一代代传承，得以延续至今，并发扬光大。如佛山建陶风靡全球，“石湾瓦甲天下”以及广泛根植于民间的石湾艺术陶瓷，都在诉说着岭南地区陶瓷文化的源远流长与博大精深。虽然还缺乏较多的历史实物佐证，但有学者猜测，或许今天佛山石湾地区享誉全球的陶瓷历史与文化传统，与西汉初年的南越国有着某种密切的传承关联。

每一个时代都有独特的文化艺术印记，它是人们物质文化与精神风貌的具体化、实物化。秦汉，这两个统一的封建大帝国，不仅开启了封建制度的新纪元，更奠定了中华建筑文化繁荣昌盛的坚实根基，在它们的锐意推动下，一件件震撼古今、名动中外的耀世佳作应运而生。而其中，瓦这种汇集时代精华的艺术精品、装饰材料，与时代同步，与建筑共荣。

图 3-38 鸱尾，南越国（前 203~ 前 111 年）残长 12.8 厘米（摄于南越王宫博物馆）

第五节 装饰屋面瓦绽放异彩

东汉末年分三国，经两晋，跨越至南北朝，此360余年间，战火连年，政局动荡，国家长期处于分裂与战乱状态，社会生产力发展放缓，在建筑上罕有革新与进步，亦少有类似秦汉时期的经典作品，瓦当也不再如秦汉时期那样受重视。同时，由于建筑自身的发展变化，瓦当的功能性日益萎缩。

但也正因社会环境不稳定，普通民众在生活上极度痛苦，甚至是统治者在生存上亦缺乏保障，人们开始在佛教中寻找安慰和寄托。由此佛教大兴，统治阶级开始大肆兴建寺庙，发展寺庙经济。彼时，佛教的昌盛程度如何？从古诗“南朝四百八十寺，多少楼台烟雨中”中可窥一斑。

在佛教的推动下，带有浓厚佛教色彩的文学艺术作品大量涌现，一些佛教元素也开始运用到建筑装饰上，促进了佛教建筑的发展，并开始出现高层佛塔，如北魏河南洛阳的永宁寺九层木塔、河南登封的嵩岳寺塔（高15层、41米）等都是这一时期佛塔的代表之作。

在建筑风格上，随佛教的大规模“引进”，也吸收了国外生动的雕刻、绘画技术，使纹饰、花草、鸟兽、人物的表现格调新颖，极大丰富了中国建筑形象。在瓦当上也出现了佛造像纹饰（图3-39）。

魏晋南北朝时期，文字瓦当逐步减少，以莲花和兽面为主题图案的瓦当开始盛行(图3-40)。莲花瓦当的正中央花心处饰有凸起的圆乳钉状莲实，花心周围有数片莲花瓣，瓣叶宽肥，相邻的瓣叶间露出叠压在下层的莲瓣尖，形态非常逼真。

兽面瓦当图案是高浮雕的兽面纹样，粗眉巨目，阔嘴龇牙，面目狰狞，透出一种威猛之态。莲花瓦当和兽面瓦当从北魏开始逐渐代替了秦汉以来盛行的云纹瓦当、文字瓦当，成为后来瓦当的主要类型。与此同时，还出现印有纪年的瓦当。

图3-39 北魏时期的佛造像瓦当及南朝时期的羽人飞天滴水（摄于西安秦砖汉瓦博物馆）

魏晋南北朝时期是佛教在中国发展的高峰时期，在国家政权的引导和支持下，翻译了大量佛经，僧侣人数成倍增加，全国佛教建筑大规模扩张，功能逐步完善，成为这一时期独有的寺院经济，这种经济因素又进一步促进了佛教建筑的发展。由于佛教在整个政治体制中的特殊地位，佛教建筑也都是官式高等级的建筑形式。从目前的考古资料和石窟寺、壁画中都能见到这一时期佛教建筑的形制，多为瓦屋面，高等级建筑还用鸱尾。

这一时期，由于佛教的兴盛和建筑形式的增多，建筑用陶继续得到发展，加之外来材料和文化因素的进入，砖瓦的产量和质量都有了很大的提高，同时瓦的大小、形制均不同于汉代，花纹瓦少见，大多数是素面瓦（图 3-41）。

图 3-40 魏晋南北朝时期的瓦当（摄于西安秦砖汉瓦博物馆）

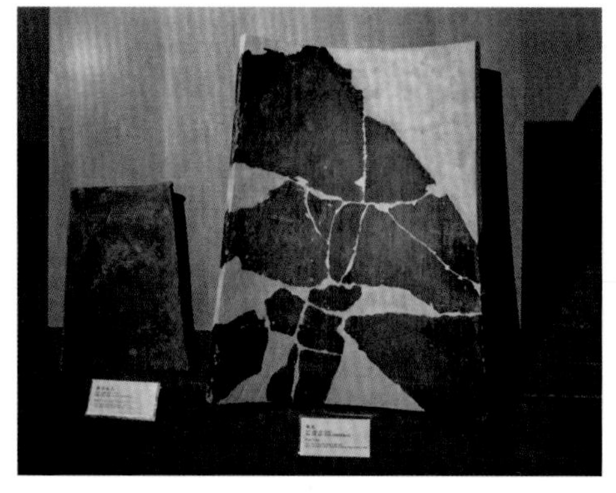

左：釉陶板瓦(红陶)，右：板瓦(灰陶)

左：传祚无穷（灰陶），右：莲花纹瓦当（灰陶）

图 3-41 北魏时期（公元 386~534 年）的瓦器（摄于山西大同北魏故城博物馆）

魏晋南北朝时期，建筑表现形式发生了很大变化，例如佛教文化艺术和中国传统文化艺术相结合，在建筑装饰上出现的兽面纹瓦当更具特色，如在陕西靖边县大夏统万城遗址出土的兽面纹瓦当拓片（图 3-42）。

此外，还出现了琉璃瓦和青掍瓦，为唐宋时期的建筑材料发展奠定了基础。山西省考古所、大同考古所联合发掘的大同操场城北魏一号遗址经国家省文物局组织的专家研讨后，认为该遗址建筑宏大，出土文物及瓦当有皇家风范，这些新发现对进一步研究北魏都城平城社会生活都有很重要的意义。这处遗址是北魏都城平城发现的第一处大面积建筑遗址，在遗址中出土了大量的北魏时期的筒瓦、板瓦，这些瓦当有“大代万岁”、“万岁富贵”、“传祚无穷”等字样和莲花纹、兽头、莲花佛像等纹饰精美的瓦当，品级极高、气概非凡、帝王色彩鲜明，考古专家们初步认为可能是寻找已久的北魏皇家建筑遗址，发掘中出土大量北魏筒瓦、板瓦、脊饰、各式瓦当等建筑材料。出土的瓦当种类有莲花纹瓦当、兽面瓦当、佛像瓦当以及各式文字瓦当等。其中出土的经表面处理的板瓦和筒瓦非常类似于唐代大明宫遗址出土的青掍砖瓦。大同北魏平城遗址出土的特大板瓦、筒瓦、兽面瓦当及磨光铺地砖（图 3-43~ 图 3-45）。

洛阳也出土了很多北魏时期的筒瓦、板瓦及瓦当。

洛阳位于河南西部，是我国“七大古都”之一，号称九朝古都。以洛阳为中心的河洛地区是华夏文明的重要发祥地。中国古代伏羲、女娲、黄帝、唐尧、虞舜、夏禹等神话，多传于此。夏太康迁都斟，商汤定都西亳；武王伐纣，八百诸侯会孟津；周公辅政，迁九鼎于洛邑。平王东迁，高祖都洛，光武中兴，魏晋相禅，孝文改制，隋唐盛世，后梁唐晋。相因相袭，共 13 个王朝。汉魏以后，洛阳逐渐成为国际大都市，隋唐时人口百万，四方纳贡，百国来朝，盛极一时。洛阳在历史上相当长的时期内，曾经是我国政治、经济、文化的中心，亦是道路四通八达的交通枢纽。因而在洛阳有很多古遗址，其中汉魏遗址有汉魏洛阳城内城遗址、汉魏宫殿阊阖（音：chāng hé，神话传说为天门）门遗址等。在这些遗址中出土了很多北魏时期的烧结屋面瓦构件，有兽面纹、莲花纹、忍冬纹的瓦当，有磨光表面的筒瓦及瓦钉，有模制兽面砖饰（可能是镇宅瓦器）等（图 3-46~ 图 3-48）。

图 3-42 大夏统万城遗址出土的兽面纹瓦当拓片（当径为 100~110 毫米）（拓片来自《陕西古砖瓦图典》）

这些瓦当中特别引人注目的是北魏的佛造像瓦当，做工细腻，纹饰精美；传神的兽面纹瓦当，精美绝伦；难得一见的忍冬纹瓦当；具有佛教色彩的十瓣、八瓣莲花纹瓦当等，可用美轮美奂来形容。

这一模制兽面砖饰，很有可能就是用来镇宅辟邪的镇宅瓦器。这样的习俗在唐代非常流行。但这种做法并不是在唐代才有，在北魏就已出现了。青掍瓦（宋代《营造法式》中始叫此名）和琉璃瓦是魏晋南北朝时期的一大发明，是屋面瓦发展中技术进步的重要标志。这一时期青掍瓦和琉璃瓦虽然已经出现并被用于铺设屋面，但使用范围非常有限，仅限于高等级宫室、祠庙、佛教和三公宅邸局部所用。

青掍瓦实际上就是秦汉时期青灰色泥质陶瓦的进一步发展，这种做法始于魏晋南北朝时期，流行于隋唐时期，一般高等级建筑才用青掍瓦。在出土的实物中，东魏邺城（今河南安阳县）发现有魏、齐时期的青掍瓦，瓦以素面居多，质地坚硬厚重，背面为布纹，表面呈黝黑色光泽，似涂有“核桃油”一般。这完全有可能是中国最早的“青掍瓦”。

自龙山文化时期到魏晋南北朝，屋面瓦的发展已近三千年。在这三千年里，从还原法烧制青砖青瓦，到瓦当、滴水、鸱尾等各种纹饰、图案精美的配件相继问世，再到琉璃瓦、青掍瓦的成功研发，“一砖一瓦一世界”都凸显出中华屋面瓦及中华建筑风貌逐步走向成熟和多元。这一阶段可视为中华屋面瓦的萌发期到鼎盛时期，几乎所有中华屋面瓦品类及配件都于这一阶段诞生，并深刻影响后世。

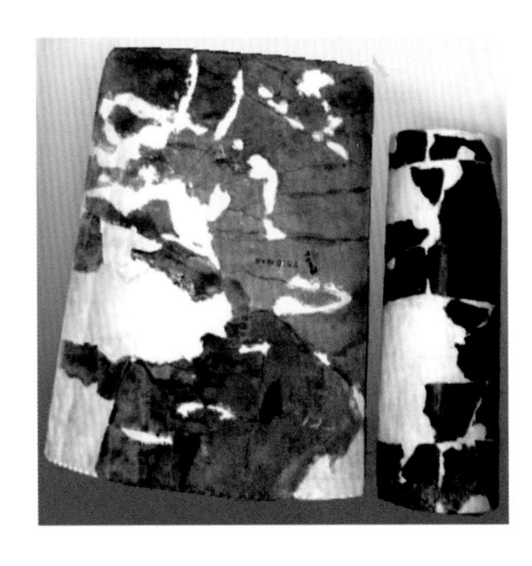

图 3-43 特大板瓦和筒瓦，出土于北魏平城操场城遗址，其中板瓦长 81 厘米，宽 50~60 厘米，厚 2.8 厘米，板瓦一端或两端有用手工捏制的波浪纹（摄于大同市博物馆）

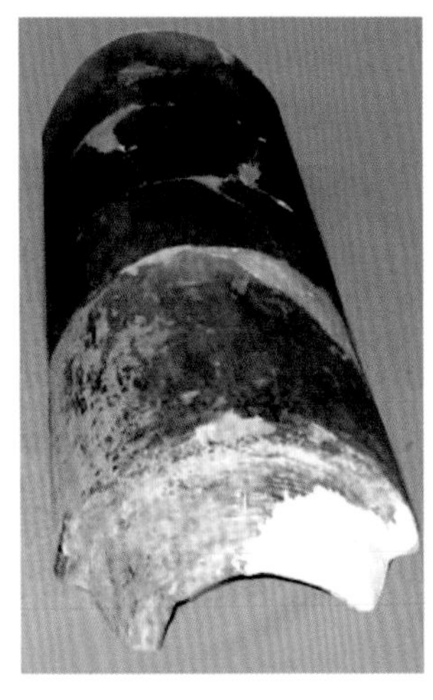

图 3-44 表面经处理过的筒瓦，出土于平城明堂（摄于大同市博物馆）

图 3-45 铺地方砖，出土于方山永固陵（摄于大同市博物馆）

图 3-46 汉魏洛阳城遗址出土部分瓦当（摄于洛阳博物馆）

图 3-47 汉魏洛阳城内城遗址出土的磨光面筒瓦及瓦钉（摄于洛阳博物馆）

图 3-48 汉魏洛阳城内城遗址出土的模制兽面砖饰构件（镇宅瓦器）（摄于洛阳博物馆）

【中篇】
金碧辉煌　璀璨华夏

熟泥
瓦坯脫桶

第四章　唐宋华彩

唐宋是中国文化的高峰，琉璃瓦、青掍瓦的普及，形成了中国传统建筑的独特风格，具有东方审美的艺术魅力，让神州大地风光如画，气象万千。北宋李诫的《营造法式》内容详尽，图样规范，系统地总结了历代建筑工匠的丰富经验，成为“中国古代建筑宝典”，促进了中国建筑的发展繁荣。

第一节 隋唐时期建筑瓦器的发展与提升

隋代结束了自西晋末年以来近三百年的分裂局面，使中华民族迎来了又一次复兴。隋文帝后期与隋炀帝前期，国家富足强盛，社会空前繁荣。隋享国三十七年中，凭借统一后的有利形势，进行了空前规模的建设。它创建了大兴（长安）和东都（洛阳）两座有完整规划、规模宏伟的都城。隋建东都，吸收南朝建康的优点，把南朝先进的规划和建筑技术引入北方，促进了建筑的发展。

唐代的各种法制法令、行政机构设置、军队编制等无一不承袭隋制，就连辉煌的唐长安城，也是承继了隋代的大兴城。隋唐是我国历史上的大一统时期，疆域广阔、经济繁荣、文化发达，采取开放多元的对外政策，周边诸国纷纷向中国朝贡、学习。唐代既广泛吸收国外的优秀文化，还将中国繁华发达的传统文化传播到世界各地。唐代，是中华民族值得自豪的朝代。唐文化博大精深，全面辉煌，泽被东西，独领风骚。唐都长安，那时是世界上最为繁华、最为富庶的文明城市，为当时各国人民所向往。它也是当时世界上规模最大的都市之一，在我国及周边国家中有广泛的和深远的影响。当时有位从西方来华学习的“梵僧”写诗道：“愿身长在中华国，生生得见五台山”。世界学者们公认的“中华文化圈”的总体格局，也是在隋唐时期完成的。唐文化对东亚各国，尤其是对日本的影响更为突出，例如今天在日本被尊为“正统”的“和样”建筑，便是唐代风格。唐代的建筑发展到了一个成熟的时期，形成了一个完整的建筑体系。它规模宏大，气势磅礴，形体俊美，庄重大方，整齐而不呆板，华美而不纤巧，舒展而不张扬，古朴却富有活力——这正是当时时代精神的完美体现！唐长安城的宫殿建筑以太极宫、兴庆宫和大明宫的规模最为宏伟。在长安城外的皇家离宫别馆则以华清宫、九成宫最为著名。庙宇寺院也颇具影响。但唐代的烧结砖瓦历来不被人们所重视。实际上隋唐时期的建筑风格、建筑用材及装饰图案因受外来文化的影响，有着很大的发展和创新。

正是这种“兼收并蓄”“有容乃大”的精神，将延续数百年的封建王朝传统文化带入了一个异彩纷呈、波澜迭起的全新辉煌时期。由于政策开明，文禁较少，使得这一时期的科学技术、文化艺术百花齐放、绚丽多彩，诗、词、散文、音乐、舞蹈、书法、绘画、雕刻、建筑等各行各业均取得了巨大的发展成就，影响着后世与世界各国。

隋、唐时期(公元 581~907 年)是我国砖瓦业发展的又一个重要时期。这个时期砖瓦的应用范围逐步扩大。隋开皇时，能以绿甃（音：zhòu）为琉璃，随后推广，施之屋面，代刷色、涂朱、髹（音：xiū，刷漆）漆、夹纻（音：zhù）诸法，应用到宫殿建筑上。灰瓦、黑瓦和琉璃瓦成了当时重要的屋面材料。灰瓦用于一般建筑上，黑瓦和琉璃瓦用于宫殿和寺庙建筑上。到了唐代，琉璃釉料的配方和工艺，又有了重大的进展，产生了闻名于世界的黄、青、绿“唐三彩”。大明宫遗址出土的琉璃瓦以绿色居多，蓝色次之；渤海上京宫殿的柱础用绿色琉璃构件镶砌。琉璃瓦质地坚实，色彩绚丽，造型古朴，富有传统的民族特色，当时虽为数不多，且仅用在宫殿建筑的屋脊和檐口部分，但已在古代建筑材料中放射出夺目的光辉。

唐朝（公元 618~907 年）是人们引以为豪的时代。唐代建筑规模宏大，规划严整，中国建筑群的整体规划在这一时期日趋成熟。唐都长安（今西安）和东都洛阳都修建了规模巨大的宫殿、苑囿（音：yòu）、官署，且建筑布局也更加规范合理。公元 662 年，唐高宗在长安东北方的高地上兴建新宫大明宫。长安城内的帝王宫殿大明宫极为雄伟，其遗址范围即相当于明清故宫紫禁城总面积的 4 倍多。大明宫含元殿遗址复原图见图 4-1、图 4-2。

据考古资料分析，唐代的瓦有灰瓦、黑瓦和琉璃瓦三种。多使用于宫殿和寺庙上。灰瓦质地较为粗松，用于一般民用建筑。黑瓦质地紧密，经过打磨，表面光滑，多用于宫殿

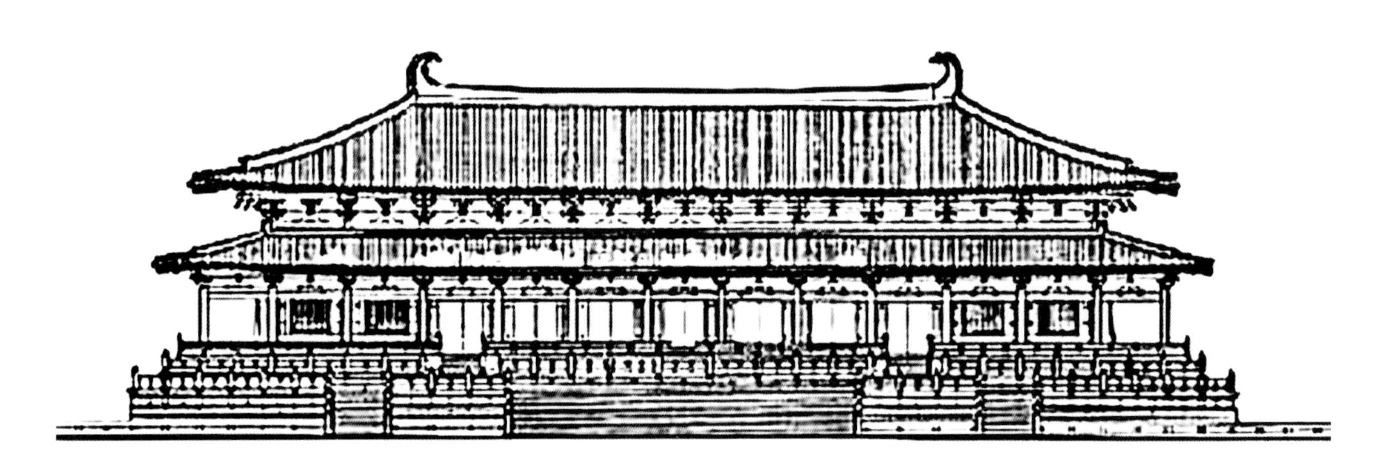

图 4-1 含元殿主建筑复原图（图片来自李少林《中国建筑史》）

图 4-2 大明宫含元殿外观复原图（图片来自李少林《中国建筑史》）

和寺庙上（很有可能就是《营造法式》中所讲之青掍瓦）。例如唐长安城大明宫含元殿遗址出土的黑色陶瓦，大的直径 23 厘米，大约用于殿顶；小的直径 15 厘米，大都给用于廊顶。还有少量的绿琉璃瓦片，大约用于檐脊。我国瓦当的发展，在东汉以后由于受佛教艺术的影响，有了寺庙佛造像瓦当和采用莲花纹饰的瓦当，因为莲花被佛教界认为是圣花。瓦当纹饰在南北朝以后由于受佛教艺术的影响，多为莲花纹。在唐长安城兴庆宫遗址，发现的莲花纹瓦当种类多达 73 种。唐时琉璃瓦也较北魏时增多了，长安宫殿出土的琉璃瓦以绿色居多，黄色、蓝色次之，并有绿琉璃砖。其他如隋唐东都洛阳和隋唐榆林城遗址也出现了不少琉璃瓦片。但此时出土的琉璃瓦数量较灰瓦、黑瓦为少，可能还多半用于屋脊和檐口部分。

下面仅以唐大明宫遗址为例说唐时建筑用烧结屋面瓦器的情况。自 1957 年开始，中科院考古所西安研究室以及陕西有关考古部门多次对大明宫遗址进行了考古发掘。在 1995~1996 年再次对含元殿遗址发掘时，在殿基台以东，翔鸾阁以北的范围内发现了 20 多座唐代烧砖瓦窑遗址。窑址内残存砖瓦的规格和印纹与含元殿遗址出土的相同，因此，推断这些砖瓦窑是为修建含元殿时专门烧制砖瓦的窑。在 2000 年后又对大明宫丹凤门遗址进行了考古发掘，又出土了很多烧结砖瓦建筑材料。现对发掘出土的烧结瓦材料和发现的窑炉分别简要介绍如下。

图 4-3 唐大明宫遗址出土的板瓦（摄于西安大明宫遗址博物馆）

图 4-4 唐大明宫遗址出土的大板瓦（宽度 36 厘米，厚度 3.1 厘米）（摄于西安大明宫遗址博物馆）

一、板瓦

板瓦大都破损，完整者极少，长度不详。板瓦宽 36 厘米，厚 2~4 厘米不等，瓦面磨光，瓦里为布纹，表面有灰色和漆黑色两种（图 4-3~ 图 4-5）。

图 4-5 花边重唇板瓦（摄于西安大明宫遗址博物馆）

二、筒瓦

筒瓦有大小两种规格。长度均不详。大型宽 23.5 厘米，3.1 厘米，搭接唇长 4 厘米；小型宽

15.2~13.4 厘米，厚 2.3 厘米（图 4-6）。除少数灰色未经磨光外，绝大多数经磨光呈漆黑色（青棍瓦）（图 4-7）。含元殿还发现有绿釉和蓝釉的板瓦及筒瓦数块（图 4-8）。

图 4-6 青棍筒瓦（摄于西安大明宫遗址博物馆）

图 4-7 黑者为青棍瓦（摄于西安大明宫遗址博物馆）

图 4-8 唐大明宫遗址出土的筒瓦及彩釉砖瓦（摄于西安大明宫遗址博物馆）

三、瓦当

瓦当当径 9~15 厘米，几乎都是莲花纹。一般为轮内饰连珠纹，当面为莲花纹。按其花瓣的繁、简、肥、瘦、花蕊和当径大小区分，约有十多种。一般唐初多单瓣，瓣瘦长而繁密；盛唐多双瓣，瓣肥厚而短壮。

图 4-9、图 4-10 为在唐大明宫含元殿遗址出土的部分莲花纹瓦当。

这座唐代顶级规格的宫廷建筑，其遗址内出土的瓦当代表了唐代瓦当制作的最高水平。唐代，佛教影响进一步扩大，与中国主流文化日益融合，受到皇室的尊崇。莲花是佛教的圣物，以莲花为原型的艺术被广泛采用，大明宫遗址历年来出土的瓦当以莲花纹瓦当为主，级别最高，有少量连珠纹瓦当。莲花纹瓦当最早出现于南北朝时期，到了唐代这种纹饰发展得相当成熟。其构图分为三层：内层象征花蕊，有莲蓬状、宝珠状、同心圆状、柿蒂状等；中层是莲瓣，为主题纹饰，可分为复瓣和单瓣；外层附饰，有突棱纹和连珠纹两种。大明宫遗址内出土的瓦当堪为唐代瓦当之典型。其莲瓣饱满、生动，与其他几枚相比，纹饰更精美，做工更细致，可以肯定是为建造含元殿而特别制作的。大明宫瓦当大致直径 9.4~18 厘米，边廓宽度 1.1~2.8 厘米，厚度 1.3~1.9 厘米。作为大明宫内的标志性建筑，含元殿修筑于政治相对稳定，经济和文化发展的上升时期，建筑材料有别于其他，规格等级更高，其遗址内出土的精美瓦当，当为唐代瓦当之极品。

唐大明宫遗址出土了不少有铭文的烧结砖瓦实物，以莲花纹方砖、四叶纹方砖、瑞兽葡萄纹方砖为主。瓦面经特殊处理、表面黑亮的“青棍砖瓦”为精品。有些砖瓦上还带有“使窑”、“天下太平”、

图 4-9　唐大明宫含元殿遗址出土的部分莲花纹瓦当 1(摄于西安大明宫遗址博物馆)

图 4-10　唐大明宫含元殿遗址出土的部分莲花纹瓦当 2（摄于西安大明宫遗址博物馆）

“官匠”、“左策辛巳”等标识，而且还有表面雕刻莲花的绿琉璃砖。方砖边长 32 厘米，厚 6 厘米，泥质灰陶，坚硬，正面方形边框内是缠枝花叶，而中部为动物纹。这类砖在长安城内唐遗址比比皆是，它们的装饰纹样相仿。上面的纹饰清晰可见，除莲瓣纹外，还有缠枝纹、葡萄纹、动物纹。纹饰的构思布局都是匀称巧妙的，一般是以枝干为主，弯曲盘绕，随意变化，配以茎、叶、花、果。纤细、繁缛、富丽堂皇。大明宫遗址出土的铭文砖瓦见图 4-11、图 4-12，出土的青掍砖瓦见图 4-13~ 图 4-15，出土的花纹方砖见图 4-16。

砖瓦经常是联袂出现的词汇，说到瓦，我们也仅举一例来看看唐大明宫遗址出土的花纹铺地砖，遥想一下当年这座宫殿的富丽堂皇。

图 4-11 大明宫遗址出土的铭文砖瓦 “天八安门宫瓦”的铭文板瓦（摄于西安大明宫遗址博物馆）

图 4-12 大明宫遗址出土的铭文砖瓦 “宫匠杨志”铭文砖（摄于西安大明宫遗址博物馆）

图 4-13 大型青掍方砖（摄于西安大明宫遗址博物馆）

图 4-14 小型青掍方砖（摄于西安大明宫遗址博物馆）

图 4-15 青棍瓦及铭文板瓦（摄于陕西历史博物馆）

图 4-16 大明宫遗址出土的部分铺地花砖（摄于西安大明宫遗址博物馆）

看到这些花纹砖，不由得记起唐白居易《长庆集》十九《待漏入阁书事奉赠元九学士阁老》诗："衙排宣政仗，门启紫辰关。彩笔停书命，花砖趁立班。"这些文献中所记载之花砖也就是考古发现的方形铺地花砖。据史料记载，唐代元和二年（公元 807 年）六月丁巳朔，始置百官待漏院于建福门外(据介绍，作为文武官员在上朝前的休整之所，等候期间官员们常在此互相商议国事)。据记载，"建福、望仙等门，昏而闭，五更而启。官员们需要在建福门开门之前赶到待漏院，等候入朝。" 在唐代，官员们为了上朝半夜就要起床，一路赶来，经人引导按官职等序列排队，依次进入大明宫。每逢此时，其队伍可谓壮观。近年来已经发现了待漏院遗址，证实了古籍的记载。唐李肇《国史补》(下)："御史故事，大朝会则监察押班……紫宸最近，用六品，殿中得立五花砖。"可见盛唐时期能够站立在皇宫的这五花砖上，是多少年轻学子的梦寐以求。

砖瓦纹饰图案与外来文化有直接或间接的关系，很多是传统汉文化吸收了外来文化、互相融合，成为中国特色的艺术。颇具观赏价值，也最能体现人们的审美情趣与思想观念、社会习俗，是精神面貌的反映。它记录着唐代的建筑面貌和艺术成就，对以后的工艺技术发展起着重大作用。

考古工作者曾在唐大明宫古建筑遗址中发掘出 23 座具有唐代结构的砖瓦窑址，年代可以肯定稍早于含元殿，砖窑里出的砖和殿址上用的砖和砖匠的名字都是一样的。唐玄宗开元年间，曾颁下敕令："（京洛两都）城内不得穿掘为窑，烧造砖瓦，其有公私修造，不得于街巷穿坑取土。"所以大明宫里的窑址肯定都是官窑。这批官窑烧制的产品，主要就用于含元殿的建造。在考古中还发现了一些没有烧的砖坯子，这说明殿前广场原来就是坯场。

含元殿遗址发现的烧砖瓦窑（图 4-17）在火焰行进和烟气排放的结构上比以前更趋合理，下部设排烟口有多个，火灶在进口低处，火头前有砖坯码成的拦火墙（图中可见已烧熔软化），焙烧中热气体或火焰先进入窑内坯垛高处，然后在下部排烟口的作用下，再向下运动，能够使窑内上下温度均匀。从 5 号窑的剖面图看，这是典型的马蹄形窑。这种类型的烧砖瓦窑在偏远的山区目前仍然存在。唐代砖瓦窑址在西安西郊任家口和二府庄南发现 34 座。窑的分布有单一窑，有两个相近的和三个窑连成品字形。三个单独窑用一个共用操作坑连在一起，可同时焙烧三个窑，节省人力。窑为马蹄窑，火膛低于窑床 0.3 米，长 2.3 米，宽 0.6 米，窑床 2.5~3.2 米 ×2.25 米。在窑后端砌一隔墙，与前窑室分开，隔墙与后窑壁间的空间形成集烟室，隔墙下部开设五个排烟孔，孔高 0.2~0.3 米，宽 0.2~0.35 米。使用的燃料是草和木柴。

公元 604 年，杨广弑父继位，于公元 605 年"迁都洛阳，以恺为营东都副监，寻迁将作大匠。恺揣帝心在宏侈，于是东京制度穷极壮丽"。在洛阳西郊筑西苑；南郊建显仁宫。实际上，大唐时期的烧结砖瓦及装饰构件丰富多彩，唐代的砖瓦在其他地方也有出土，以洛阳出土的最多。洛阳出土的唐代瓦当尺寸、大小大致如下：直径 9.1~18.5 厘米，边廓宽度 0.7~2.8 厘米，厚度 0.9~2.8 厘米。图 4-18 仅以西安其他地方和洛阳两地出土的部分瓦当为例，来展示盛唐时期建筑风貌的一个侧面。

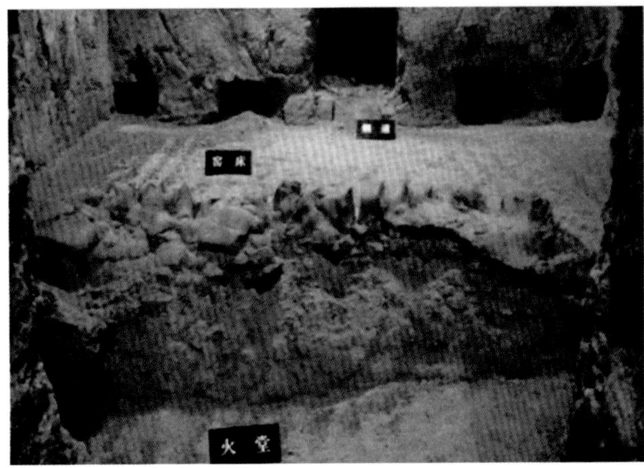

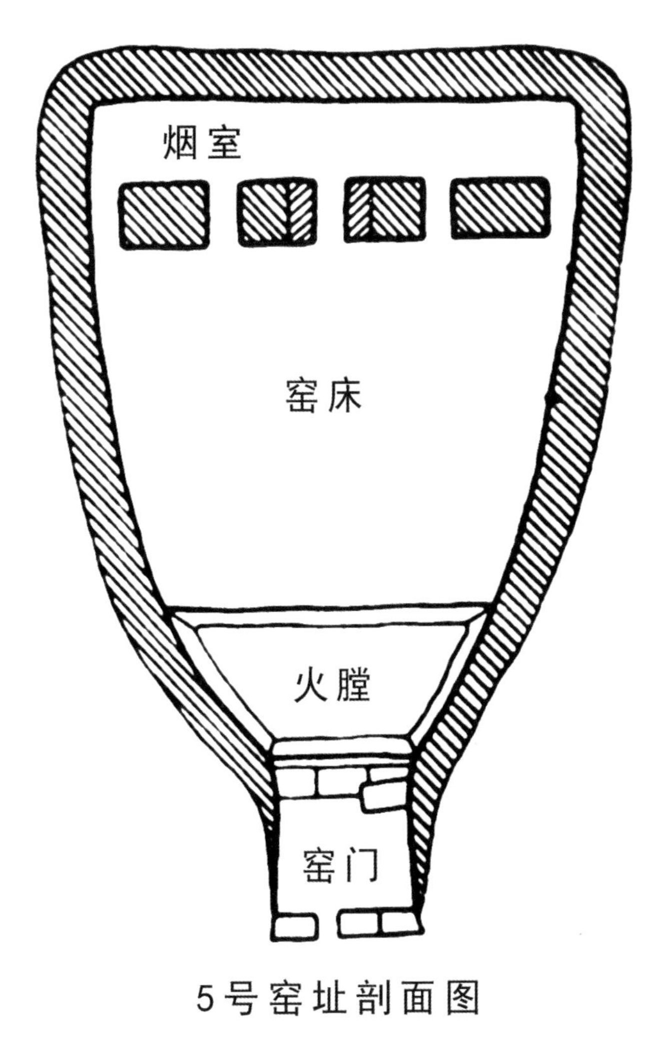

图 4-17　含元殿遗址发现的烧砖瓦窑（照片摄于含元殿砖瓦窑址）

隋唐时期在广泛的文化交流与融合下，外来文化亦传入东土，其中影响最为深远的当属佛教，一些来自印度、波斯甚至是希腊等国的文化均被有效吸收，成为建筑的纹饰素材。此间，中国传统的儒学文化得到了整理，道教文化在政府扶植下有了新的发展，从印度传入的佛教，受到中国传统文化礼俗的巨大影响而被中国化了。在隋唐时期，佛教发展达到兴盛的顶峰，佛学水平超过了印度，使中国取代了印度成为世界佛教的中心。期间建筑及建筑用瓦的佛教色彩浓厚，在瓦当装饰艺术上，继承和提高了魏晋南北朝时期的佛造像瓦当艺术。图 4-19 即为唐代的部分佛造像瓦当及滴水纹饰之例。

佛造像瓦当始于北魏，唐代的佛造像瓦当的布局形式主要在瓦当周围饰一圈连珠纹，或是莲花图案，内饰佛像，有些精美者在连珠纹外再饰一圈连续的小佛龛，隋统一全国后，开始了全国的佛教复兴运动，唐代有高僧玄奘取经宣扬佛教，各类佛教建筑迅速兴起。由于佛教得到统治阶级和贵族们的支持，尤其是经过魏晋南北朝时期的传播，民间佛教信仰逐渐兴盛，可以集中大量人力物力财力进行佛教设施建设，规格较高，并有等级上的区分，

图 4-18 西安其他地方和洛阳出土的唐时莲花瓦当（分别摄于西安墙体材料研究设计院样品室、河南博物院、陕西历史博物馆、西安历史博物馆、西安临潼博物馆、洛阳博物馆）

形成官式和民间佛教建筑两种类型。山西五台山南禅寺大殿、佛光寺、山西平顺天台庵大殿、山西平遥镇国寺大殿以及福建福州华林寺大殿都是现存唐代的佛教建筑（图 4–20）。

除上述的莲花纹、佛像纹饰外，开明的唐朝还出现继承了魏晋南北朝风格的兽面瓦当纹饰，如出土于陕西唐昭陵遗址以及洛阳宫城遗址中的兽面纹瓦当（图 4–21）。

在唐代也出现了龙纹瓦当和乳钉纹饰瓦当（图 4–22）。瓦当中的龙纹颇有汉代四神中的青龙风格。可见当时的瓦当纹饰有多种形式存在，并不是单一的莲花纹饰。

洛阳作为隋唐时期的陪都，也出土了大量的唐代屋面瓦、铭文瓦及其屋顶瓦器装饰构件(图 4–23、图 4–24)。

唐朝重要建筑的屋顶，常用叠瓦脊和鸱（音：chī）吻，其鸱吻的形制比之宋、元、明、清各代远为简洁秀拔，也很大气，如在陕西礼泉县昭陵献殿遗址出土的鸱吻高达 1.5 米，长 1.02 米，前端厚 34 厘米，后端厚 77 厘米，重 150 千克。该鸱吻现存西安大明宫遗址博物馆，已经被国家认定为一级文物。图 4–25 这尊瓦器名曰鸱尾，又名鸱吻，是屋宇正脊两端的装潢构件。古代传说，海中有鱼，尾似鸱鸺（猫头鹰，《庄子・秋水》：“鸱鸺夜撮蚤，察毫末，昼出瞠目而不见山丘。言殊性也”）。古人认为鸱尾乃水精，能避火灾，故以为饰。《晋书・五行志》载：“孝武帝大元十六年六月鹊巢太极东头鸱尾。”说明魏晋以前就有了鸱尾立屋脊两端的做法，从现在发掘出土的实物看，从西汉初已经有了鸱尾

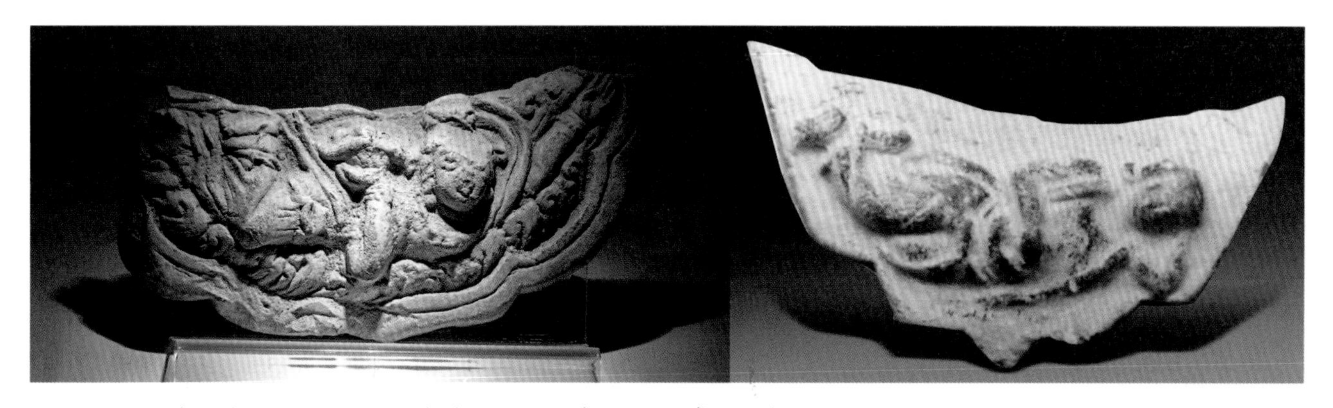

图 4–19　唐佛造像瓦当及滴水纹饰（摄于西安秦砖汉瓦博物馆）

图 4-20 山西五台山唐代建筑——南禅寺大殿（摄于现场）

图 4-21 唐代的兽面纹瓦当（摄于西安大明宫遗址博物馆及洛阳博物馆）

图 4-22 唐代的龙纹瓦当和乳钉纹饰瓦当（照片摄于洛阳博物馆）

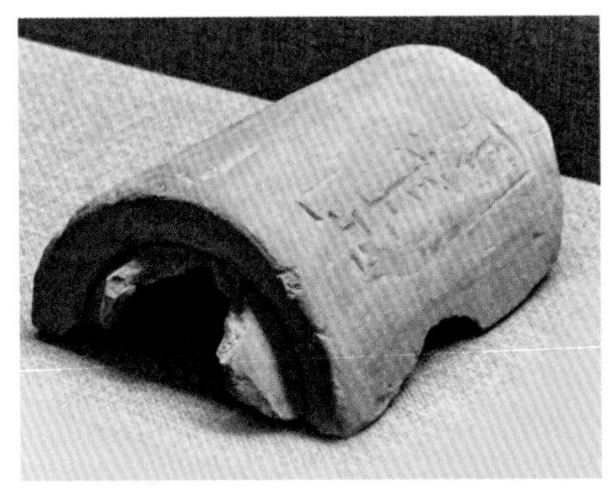

铭文筒瓦

表面处理的筒瓦（类似青棍）

带当筒瓦

图 4-23 洛阳宫城出土的唐代筒瓦（摄于洛阳博物馆）

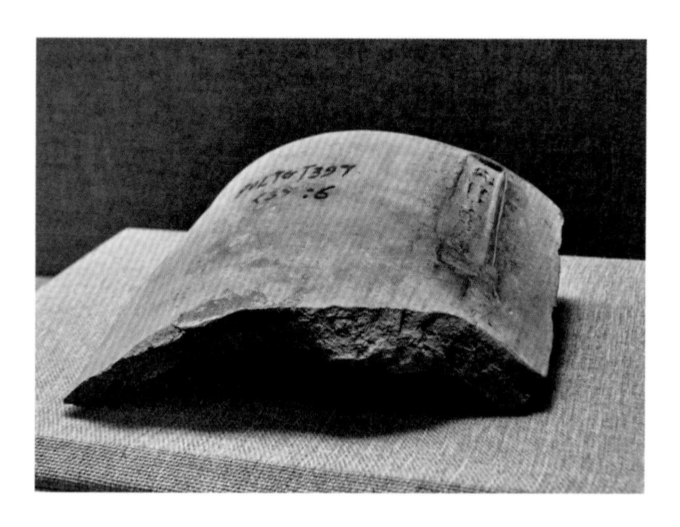

铭文板瓦

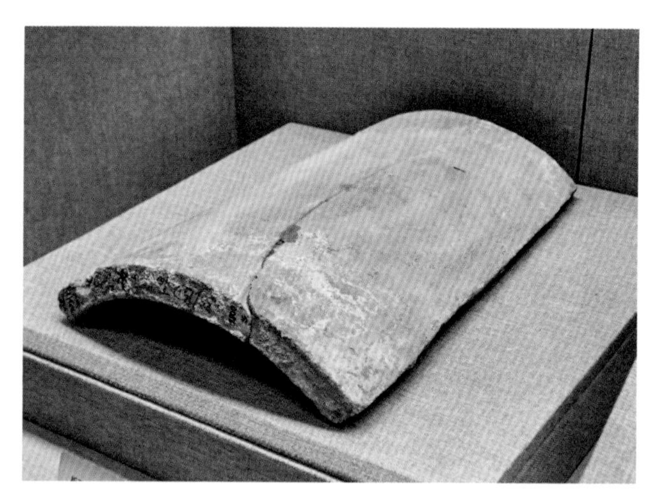

陶板瓦

铭文“匠唐子嵩”陶板瓦

铭文“匠张保贵”陶板瓦

图 4-24 洛阳宫城出土的唐代屋面瓦（摄于洛阳博物馆）

图 4-25 唐代鸱吻（摄于西安大明宫遗址博物馆）

的雏形。先是作鸥尾，后来式样改变，折而向上似张口吞脊，因称鸱吻。唐·刘餗《隋唐嘉话·下》："王右军告誓文，今之所传，即其藁草……开元初年，闰州江宁县瓦官寺修讲堂，匠人于鸱吻内竹筒中得之。"唐朝在重要建筑物上，对于脊顶瓦作的叠瓦、鸱吻的形制，影响到宋、元、明、清千余年，成为中国汉族建筑的定制。不过，它比以后各代更为简洁挺拔，表现盛唐黄金时代的大气。

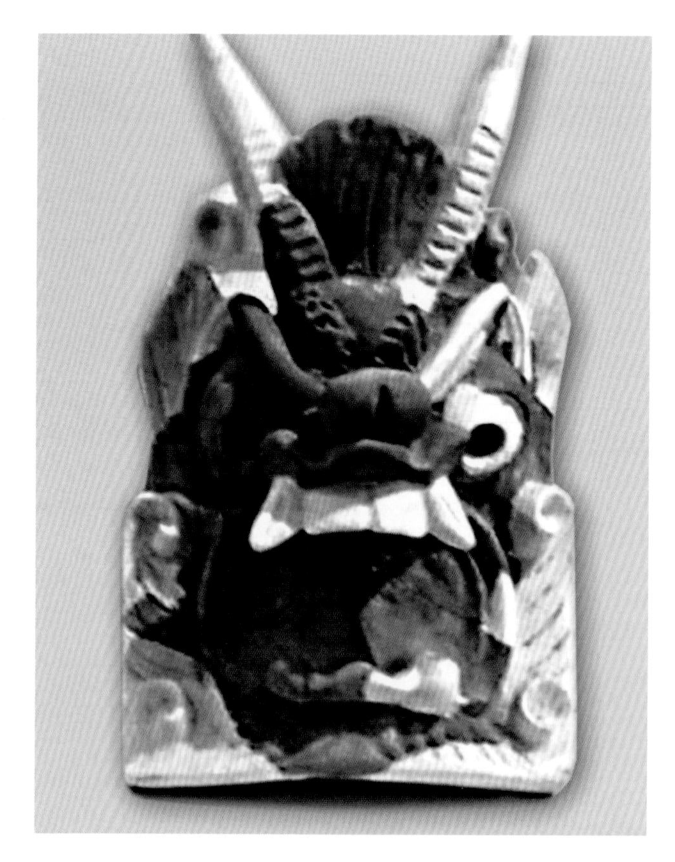

图 4-26 唐代的屋脊垂兽（摄于洛阳博物馆）

唐时屋脊垂兽也非常讲究。所谓之垂兽是瓦屋顶垂脊前端的装饰构件，南北朝时期开始出现，但仅雕一兽面。唐时已发展到雕刻出一个完整的兽头，如龙头。2003 年洛阳市洛龙区温柔坊遗址出土的垂兽就是一完整的龙头（图 4-26），龙有角、须。另，1985 年，在陕西省铜川市黄堡镇耀州窑址发掘出土了唐代三彩釉陶龙头套兽一件（图 4-27），首次见到唐三彩应用到了建筑构件上（耀州窑博物馆藏）。

图 4-27 唐代的三彩釉陶龙头套兽（摄于陕西历史博物馆）

从上述的鸱吻和垂兽分析唐代的屋面装饰瓦器时，实际上还应该将出土的、唐代雕塑而成的、被很多文博部门称之为"兽面方砖"的瓦器归为屋顶装饰瓦器，因为这种雕塑而成的兽面造型，在实际使用中只能是处于屋顶或是贴砌在墙面上。被称之为"砖"，只是形状上像是方砖或是在方砖上雕塑。如出土于唐大明宫太液池遗址的这种瓦器被称为"浮雕的鬼脸瓦"。实质上古人费那样大的精力去塑造这种构件或称器物，无非祈福消灾、镇宅辟邪，所以应该称为镇宅瓦器（图 4-28）。

唐代屋面瓦就已经能够做到按需定制了，依照房屋设计的形式，可按特殊部位来专门加工制造屋面瓦。例如图 4-29 所示的大寸尺马鞍形带乳钉的屋面瓦构件。

唐时还有用木做瓦，外涂油漆，以及"镂铜为瓦"的。此外，唐代建筑的屋顶坡度较缓，屋顶曲线恰到好处，歇山顶的房屋收山很深，并配有精美的悬鱼；较重要的建筑都用线条鲜明的筒瓦，在屋脊上还常用不同颜色的瓦件"剪边"，更加突出了屋顶的轮廓。其风格奔放，但又不失典雅，再加上唐式建筑斗栱与柱比例甚大，更使它的结构之美显现得淋漓尽致。

图 4-28　唐，镇宅瓦器（摄于陕西历史博物馆、西安历史博物馆、洛阳博物馆、河南博物院）

图 4-29 大寸尺鞍形带乳钉的屋面瓦构件（摄于西安历史博物馆）

纵观自魏晋南北朝至隋唐的整个烧结砖瓦的转变过程，可得到如下几点：

隋唐时期建筑用瓦特点：

1. 严格的等级制度

隋唐时期建筑有统一规划，归属三省六部的“礼部”管理，有严格的等级制度划分，建筑上的色彩成了等级和身份的象征。但不同于明清，作为皇家专用尊贵至上的黄色，并不是宫殿建筑屋面的主要颜色。从大明宫遗址出土的琉璃瓦实物来看，宫殿的屋面以绿色琉璃瓦为主，蓝色次之。从唐代诗人杜甫诗句“碧瓦朱甍照城郭”中也可印证这一点。

为何出现偏差？一说是琉璃烧制工艺所限，隋代以前琉璃工艺几经失传，后来用绿瓷尝试才复制出琉璃的样子。另一说是审美倾向，黄色使建筑整体视觉效果显得浮华，而蓝绿色视觉效果深沉，庄重大气。隋唐审美一改前朝的过于重形式和奢靡，强调风骨和内在。

2. 屋面瓦的装饰风格融入了佛教文化意识

自东汉晚期佛教传入中国后，经魏晋南北朝动乱社会的纷争，人们的精神世界往往寄托于佛教。到了隋唐时期，可以说发展到了顶峰。皇家权贵礼佛、敬佛，老百姓哪有不尊不敬之理。因而佛教的意识形态也无时无刻不影响着屋面瓦的装饰以及表达的主题意识。屋面瓦乃至砖的装饰图案也深深地打上了那个时代的烙印。

3. 瓦制作技术和屋面铺瓦工程技术由北向南扩展

隋唐时期，建筑屋面南北方处理的方式有所区别，北方多为夯土墙，木构屋顶，富有者屋面覆瓦，穷者使用茅草覆盖屋顶，南方多数地区采用茅草竹苇形式构筑墙体和屋顶。

《旧唐书·宋璟传》记载："广州旧俗，皆以竹茅为屋，屡有火灾。璟教人烧瓦，改造店肆，自是无复延烧之患。"意思是，唐朝名相宋璟在任广州都督期间，发现人们用茅草盖屋，火灾不断，连片烧毁房屋，于是他开始领导建筑材料的革命，亲自教人烧瓦技术，进行了旧城改造，修建瓦屋，从此再也没有发生连片烧毁房屋的火患。

《新唐书·循吏列传｜韦丹传》中记载了江西地区的一般建筑状况："始，洪州民不知为瓦屋，草茨竹椽，久燥则嘎而焚。丹召工教为陶，聚财于场……不能为屋者，受材瓦于官。"意思是，当初南昌的百姓不懂得建造瓦屋，都是用草盖屋顶，用竹子做屋椽，如遇长期干燥则容易突然爆毁。韦丹召来工匠教他们烧制砖瓦，把这些建筑用的材料聚放在场上，根据制造它们的费用定出价格，不要赢利。有能力建造瓦屋的百姓，从官府领取木材勉励和监督。

由此可见，北方地区屋面稍富者皆已经采用屋面铺瓦的形式，南方地区由于自然条件的特点，并处于当时政治经济发展的边缘地区，处于屋面由茅草到瓦的转变过程，"召工教为陶"也说明了当时屋面用瓦和制瓦技术由北方向南方地区传播的过程。

中国唐代南诏国前期都城遗址，位于云南省大理市（下关）北 7 公里太和村西。南诏曾多次派遣子弟到四川成都学习，请汉人到南诏传授学业，大量汉族农民和工匠进入南诏，南诏境内"城池郭邑（音：yì，城也）皆如汉制"，不少建筑都是在汉族工匠参与下建成的。在南诏国前期都城遗址出土的莲花纹瓦当和中原的瓦当纹饰一致，证实了汉族与云南少数民族文化技术的相互融合与交流。其中莲花纹瓦当与唐长安城兴庆宫遗址出土的完全相同。

虽说唐时瓦的使用范围更加扩大，一些城市的富民已经开始在住宅屋面覆瓦，但受限于民众的经济实力，瓦这种"奢侈品"到了唐朝也还未能完全普及。诗圣杜甫在《茅屋为秋风所破歌》中写道："八月秋高风怒号，卷我屋上三重茅……安得广厦千万间，大庇天下寒士俱欢颜。"从中可见，即便是杜甫这样曾居庙堂的大诗人，晚年的住所也只能是茅草屋，高大宽敞、能够抵风御雨的瓦房成为广大贫寒的读书人及穷苦大众的憧憬。

第二节 隋唐时期的建筑琉璃制品

陶瓷业于此间得到了飞速发展，著名的唐三彩即是这一时期陶瓷的代表作，胎体细腻偏重，釉色炫丽斑斓，釉质清纯明亮（图 4-30）。

从现代的陶瓷史上认为，唐三彩在唐代陶瓷史上是一个划时代的里程碑，这种多彩的釉色在陶瓷器物上同时得到了运用。

这一时期中国宫殿建筑的巅峰之作——大明宫（图 4-31），吸纳天下各国最精华的艺术文化，在长安城腹地拔地而起。根据后世推算，这座象征皇权的耀世宫殿占地 350 公顷，为明清北京紫荆城的 4.5 倍，被誉为千宫之宫、丝绸之路的东方圣殿，其建筑形制一度影响了当时东亚地区多个国家的宫殿建设。

随着建筑水平的提升，琉璃技术也开始在建筑上广泛使用。唐都城长安是当时国内最大、最繁华的城市，从唐大明宫、渤海上京宫殿遗址出土的建筑琉璃反映了大唐建筑艺术的进步。在大明宫含元殿遗址出土了浅绿色的莲花纹砖及绿釉、蓝釉的板瓦、筒瓦数块，大明宫麟德殿出土了兽面纹的琉璃砖和鸱尾；在唐代行宫玉华宫出土了琉璃构件五块，施绿色、黄色釉。20 世纪 90 年代，中国社科院考古所的考古人员在洛阳唐代皇家园林遗址发现酱色、绿色琉璃瓦及鸱尾、垂兽；另外，在黑龙江宁安市发现唐代渤海上京宫殿的柱础用绿色琉璃构件镶砌。唐代的琉璃瓦质地坚硬、色彩绚丽、造型古朴，极具民族特色。

图 4-30 唐三彩（摄于河南博物院）

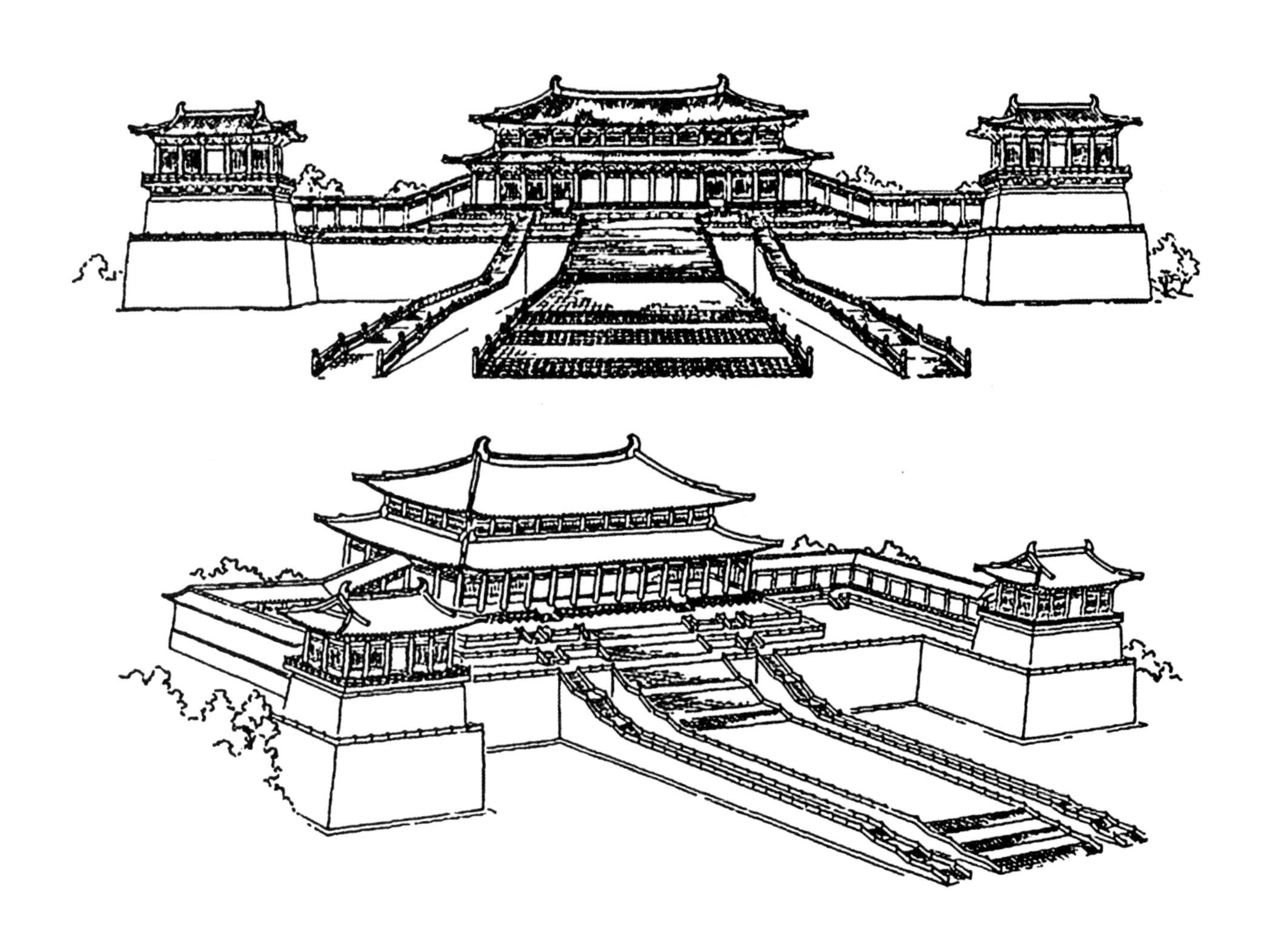

图 4-31　大明宫——含元殿

图 4–32 出土的唐代琉璃建筑构件（照片摄于西安历史博物馆、陕西历史博物馆）

对比南北朝时期，隋唐时期的建筑琉璃，无论在种类、纹饰、色彩、制造质量与造型等方面，都有很大的发展，且应用范围广泛，特别是唐代，建筑琉璃的应用达到了一个高峰，宫殿和重要的建筑中都使用了琉璃瓦及构件，呈现了“碧瓦朱甍照城郭”的景象。

实际上，施釉瓦出现于西汉初年的南越国（或通过海上丝绸之路，亦可能从古希腊引进），在内陆地区直至魏晋南北朝时期才发明琉璃瓦作为装饰物，釉料的原料为：黄丹、洛河石和铜末。但这一技艺，因为长期的战乱一度失传。直到公元 581 年，隋文帝杨坚统一中国，结束了 300 多年的分裂、战乱局面，注意恢复生产，发展经济，才促使被淹没多年的琉璃技艺重新得到恢复和发展。隋朝建筑师何稠对琉璃技术的恢复和发展做出了重要贡献，“时中国久绝琉璃之作，匠人无敢展意，稠以绿磁为之，与真无异。”其后流传渐广，施之屋面，代替以往的刷色、涂漆等诸法。在隋代的宫殿、寺庙等建筑，琉璃瓦、灰瓦、黑瓦已成为屋面的重要材料，琉璃瓦的颜色已出现多种色彩。图 4–19 为佛像瓦当，图 4–27、图 4–32 为出土的唐代琉璃构件。

第三节 边陲之城 宫殿巍峨

五代十国是中国历史上的大动荡、大分裂时期，始于唐朝灭亡时的公元907年，终于赵匡胤陈桥兵变、篡周立宋时的公元960年，前后存在的时间跨度仅为53年。在这短暂的半个世纪里，中国的商业与经济版图发生了重大变化——南方完全取代北方成为中国新的经济中心。

唐朝中后期因为安史之乱、藩镇割据与黄巢之乱等因素，北方地区常年战乱凋敝、田园荒芜，大量人口自北方迁移至南方。到了五代十国时期，政权交迭频繁，北方战火愈盛，并始终未能平息，长期的动乱及人口的持续流出，使得北方经济逐步开始走向衰落，而南方地区则持续吸收北方流民，替南方带来大批的劳动力及先进的耕织技术，加速了南方经济的发展。

五代十国时期，南方国家君王重视生产发展，农业、工商业发达兴盛，仓库充盈，特别是吴越、闽国、南汉的商业贸易尤为发达。这一时期的南方，早已不是过去的“南蛮之地”，其在人口、经济、文化与科技等方面全面赶超北方，后来居上。

虽然五代十国时期王朝更迭频繁，但建筑文化与建筑装饰艺术却颇具异彩。特别是南汉国王宫气势恢宏，殿宇装饰丰富多彩、豪华富丽。

南汉，曾称大越国，建都广州，强盛时拥有今广东、广西、海南和湖南南部等地。南汉国是个短命的王朝，存在时间仅55年，但其间对宫殿的大规模修缮却达三四次之多。据史料和文献记载，南汉历三世五主，皇帝穷奢极欲，残忍无情。《南汉书·高祖纪二》云：“暴政之外，惟治土木，皆极环丽。作昭阳、秀华诸宫殿，以金为仰阳，银为地面，榱桷皆饰以银；下设水渠，浸以真珠；琢水晶、琥珀为日月，分列东西楼上。造玉堂珠殿，饰以金碧翠羽。”可见南汉国宫殿装饰之奢华，皇帝生活之奢靡。

当代对南汉国的考古挖掘，发现了南汉时期的大型宫殿、廊庑、走道、水井和八角形塔等建筑遗迹，同时还出土了各种上釉瓦、青棍瓦及瓦当、大型上釉鸱吻等(图4-33)，并且表现出浓厚的“大唐遗风”，足可见无论是建筑风格，还是建筑装饰艺术，五代十国时期都处于“上承李唐，下启赵宋”的过渡阶段。

随着考古挖掘的深入，越来越多的地下文物开始重见天日。2004年12月考古人员在对南汉国宫署1号宫殿的清理中发现了大量南汉国的青釉板瓦、筒瓦、兽面，青釉和黄釉莲花纹瓦当、滴水，黄釉花纹方砖等高火候带釉建筑材料（图4-34）。考古专家据此认为南汉国时期的建筑外观是富丽奢华的。

南汉国宫署遗址出土的建筑构件还有其他施釉的脊兽和瓦当、凤凰纹瓦当等，整体大气、奢华、精美，尤其是出土的大型黄釉鸱吻更是非常精美。

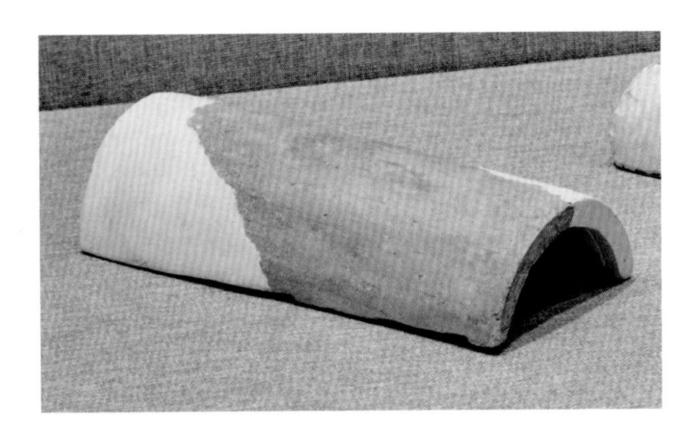

绿釉筒瓦 1

绿釉筒瓦 2

绿釉板瓦

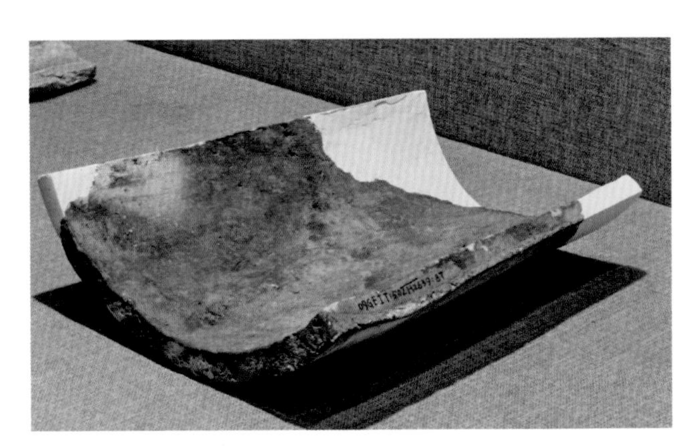

板瓦

图 4–33 南汉时期（公元 917~971 年）的屋面瓦（摄于广州南越王宫博物馆）

2008 年，在广州南越国宫署遗址考古挖掘中出土了一件高达 75 厘米、造型优美的南汉国宫殿建筑构件——鸱吻。这件出土的鸱吻残件全身黄釉，刻鱼鳞纹，背部刻羽翼，龙爪凤尾，身下刻云气纹，头部残缺。该螭吻为南汉国宫殿上的遗物，它延续了唐代鸱吻的敦实风格，线条流畅。该南汉国宫殿遗址还出土了黄色的釉陶宝顶（图 4–35）。

不惟南汉国宫署遗址，近些年考古人员在位于佛山南海里水的千年古刹西华寺大殿，也发现三块南汉时期刻有汉字“王”的龙头瓦当，其直径约 10 厘米，逼真的龙头形状以浮雕的形式凸显出来，在龙头上方，镌刻的汉字“王”清晰可见。

南汉国，这个仅存在 50 余年的岭南小国出现如此之多的奢华建筑构件，主要与统治者性格暴戾、广聚珍宝、将奢靡生活演绎到登峰造极有关。由此也可见，五代十国时期，岭南地区的物质文化生活已经相当丰富。

在广州南越国宫署遗址考古挖掘中出土了一批南汉国宫殿的青釉瓦当、绿釉屋顶装饰构件以及绿釉兽面砖（图 4–36~ 图 4–38）。

青釉莲花纹瓦当，当径 10~17 厘米

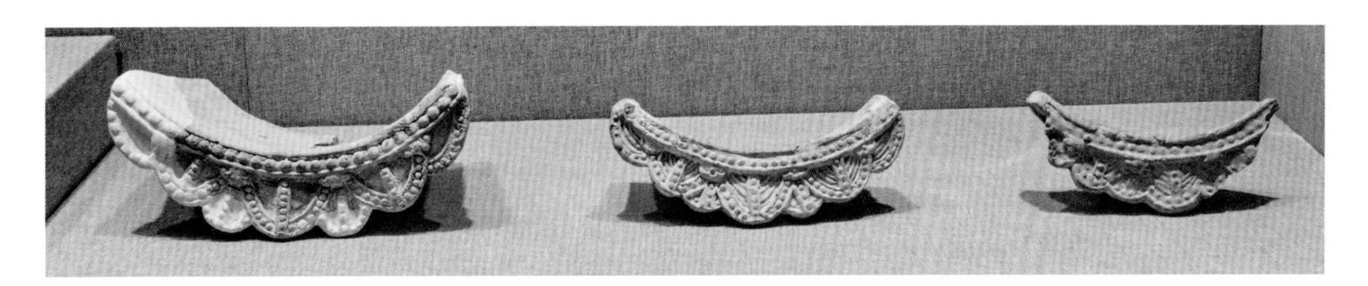

青釉滴水，宽 22~31 厘米

青釉连当筒瓦，通长 35 厘米

绿釉建筑饰件，边长 70 厘米

图 4-34　南汉时期（公元 917~971 年）的瓦器（摄于广州南越王宫博物馆）

青釉双凤纹瓦当

五代时期的黄釉鸱吻，残高 75 厘米

黄釉莲花宝顶，残高 36 厘米

图 4-35 摄于广州南越王宫博物馆

图 4-36 南汉国宫殿遗址出土的青釉瓦当（摄于广州南越王宫博物馆）

图 4-37 南汉国宫殿遗址出土的绿釉屋顶装饰构件（摄于广州南越王宫博物馆）

图 4-38 南汉国宫殿遗址出土的绿釉兽面砖（镇宅瓦器）（摄于广州南越王宫博物馆）

第四节 宋元——屋面瓦的规范期

华夏文化，历数千载之演进，造极于赵宋之世。在长达300多年的两宋时期，虽然处于多民族政权对峙的历史时期，但是在政治、经济、文化、艺术、建筑等方面都达到了中国封建社会的最高阶段，这使得宋代的手工业、工商业、科学技术都达到了历史的新高度，同样宋代的建筑也体现了其高超的技术水平，对后世及至当代的建筑界都产生了深远的影响。

这一时期市民阶层不断壮大，宋代的建筑也一改唐代雄浑的特点，变得纤巧秀丽、注重装饰，建筑物的屋脊、屋角有起翘之势，不像唐代浑厚的风格，给人一种轻柔的感觉（图4-39）。建筑艺术，体现出了自己的历史特点和新的发展方向。随着城市经济的发展、市民阶层的产生，城市规划和建筑发生了很大的变化，不再仅仅是服务于统治阶级的政治中心，开始沿着城市自身发展的轨道前进。

图4-39 安徽黄山黟县西递镇，始建于北宋

虽然宋朝的国土面积远不及唐朝广袤，但宋朝的经济活动、文化、农业、城市化和人口数量等均胜于唐朝。盛唐时期中国人口最高达5288万，而宋代人口却由初期的约4640万增加到北宋末年的1.25亿。宋代的建筑方式突破了以往的里坊制，转变为坊巷制——容许商店直接面向街道，形成了临街设店、按行成街的布局，城市消防、交通运输、商店、桥梁等建筑都有了新发展，商业活动不再受到时间约束，各地遍布驿站、商店。尤其是北宋都城汴梁（今河南开封）完全呈现出一座商业城市的面貌。这一时期，中国各地也已不再兴建规模巨大的建筑了，只在建筑组合方面加强了进深方向的空间层次，以衬托主体建筑，并大力发展建筑装修与色彩。

在经济、科技和手工业发展的助推下，宋代的斗栱体系、建筑构造与造型技术达到了很高的水平。建筑方式也日渐趋向系统化与模块化，建筑物慢慢出现了自由多变的组合，并且绽放出更成熟的风格和更专业的外形。另一方面，宋廷还设立了专门负责建筑营造及相关的官职与机构，以掌管宫室建筑，使建筑技术的传承更加系统。

中国建筑数千年来积累的经验、理论也在此间得到了全面而系统化的梳理。过去，建筑智慧依靠口耳相传，子承父业传承下来，虽也有关于建筑的文献记载，但大多不够全面和详细，而诞生于宋朝的建筑文献——《营造法式》对施工和度量的描述非常深入，比以前的文献更精确，为后世朝代的建筑提供了可靠的规范和依据。

为满足新的城市经济和市民生活所需，宋朝涌现出许多新的建筑类型，如群体建筑组合和各具特点的单体建筑，充分体现了建筑艺术的特点。同时，在隋唐强盛基础上积累下来的建筑及材料加工使用技术，在宋元更加发扬光大。这些都为屋面瓦的生产、使用以及艺术化走向规范化、多样性提供了经济、技术和理论支持。

公元10世纪到13世纪中叶，中国处于宋、辽、西夏、金等多个民族政权并存的历史时代。五代53年的动乱，中原汉民族为避战乱，南迁北徙，同时传播着汉族文化，促进民族文化的交流与融合。由于中国本土战火不息，沿边一带汉人大批流入安定的辽国国境。其首都临潢（内蒙古巴林左旗）被称为上京，汉人几乎占三分之一。其他地区也都有专居住汉人的城堡和街市，称为“汉城”，越往南这种汉城越多。契丹人学到了先进的工农业技术和国家管理技术，促进了社会经济繁荣与进步。以方块汉字为文化载体和传媒工具的神奇力量致使辽帝国开国皇帝耶律保机制造契丹文字的梦想终归破灭。足见汉文化是缝合国家分裂和紧扣民族团结、维护中华民族精神思想大一统的金针银线。此时，建筑上北方四合院式建筑的兴盛和南方客家围楼的发明南北辉映，极大地丰富了中国砖瓦土木建筑形体艺术的内容。当时，西方探险家眼里的中国，是一个高度物质文明的黄金国土。现摘录欧洲威尼斯王国商人马可波罗1275～1292年在中国见闻口述撰成的《马可波罗游记》中关于当时拥有120万人口的杭州城的记述，或许会唤起我们对杭州凤凰山下那鳞次栉比砖瓦窑群、陶瓷窑群的重新回忆。

《马可波罗游记》说：“杭州的街道和运河，都相当宽阔，船舶和马车载着生活日用品，不停地来往在街道和运河上。估计杭州所有的桥，有一万二千座之多。连接运河两岸主要街道所架的桥，都有高级的建筑技术，使桥身高拱，以便竖有很高桅杆的船只可以从下面顺利通过。高拱的桥身并不妨碍马车通行，因为桥面在很远的地方，就开始垫高。它的坡度逐渐上升，一直升到拱桥的顶点。

杭州城内有十个巨大的广场，街道两旁的商店，不计其数。每一个广场的长度都在一公里左右，广场对面则是主要街道，宽约四十步，从城的这一端直通到城的那一端。运河跟一条主要街道平行，河岸上有庞大的用巨石建筑的货栈，存放着从印度或其他地方来的商人们所带的货物。这些外国商人，可以很方便地到就近的市场上交易。一星期中有三天是交易的日子，每一个市场在这三天交易的日子里，总有四万到五万人参加。

杭州街道全铺石板或方砖，主要道路两侧各有十步宽的距离，用石板或方砖铺成，但中间却铺小鹅卵石。阴沟纵横，使雨水得以流入运河。街道上始终非常清洁干燥，在这些小鹅卵石的道路上，车洳流水马如龙一样地，不停奔驰。马车是方形的，上面有篷盖，更有丝织的窗帘和丝织的坐垫，可以容纳六个人。

从二十六公里外的内海所捕获的鱼虾，每天被送到杭州。当你看到那庞大的鱼虾数量，你会想到怎么能卖完。可是，不到几个小时光景，就被抢购一空，因为杭州的居民实在太多。

通往市场的街道都很繁华，有些市场还设有相当多的冷水浴室，有男女侍者分别担任招待……另外还有艺妓区……另外一个区域，则住着医生和卜卦算命的星象家。

杭州主要街道的两旁，矗立着高楼大厦。男人跟女人一样，皮肤很细，外貌很潇洒。不过女人尤其漂亮，眉目清秀，弱不胜衣。她们的服装很讲究，除了衣服是绸缎做的外，还佩戴着珠宝，这些珠宝价值连城。”

一、宋元时期屋面瓦使用特点

1. 为防火患，规定城市毋得以茅覆屋，皆改用瓦。

在宋代，城市内各类建筑普遍使用瓦覆盖屋面，已经成为一种常见做法，形成这一局面的主要原因在于城市人口的增长、建筑类型的增加和市民生活的丰富，使市内手工业、商业等各类活动频繁，如《清明上河图》所绘，沿街商铺鳞次栉比，城市商业与居住空间紧密相连、拥挤异常，出现了临安城郊“南北相距三十里，人烟繁盛，各比一邑”之局面。其次，宋代民居多为木竹结构，砖瓦结构较少，木竹结构房屋易引火，并迅速蔓延。这给城市的防火带来了困难。

特别是人口最为稠密的南宋临安城，火灾发生特别频繁，损失也更为严重。如宋宁宗嘉泰元年（1201年）三月，临安发生特大火灾，烧至四月，这场大火几乎烧毁全城，使得几十万百姓受灾，城内庐舍十毁其七，其损失在我国火灾史上是罕见而惨重。为解决火患难题，皇帝下诏：“临安民居皆改造席屋，毋得以茅覆屋，皆改用瓦覆盖屋面。”针对民居建筑结构，以瓦房替代竹木、草屋，并使道路畅通，保持房屋之间留有一定距离。

在生产技术与政策的双重推动下，宋代屋面瓦的烧制和使用达到了新的高度。从《清明上河图》中可以看到城市建筑大量使用屋面瓦的盛况，宋代的屋面瓦产量也进一步增加。另外，宋元时期还出现了专业名词“瓦市”，又名“瓦子”、“瓦舍”、“瓦肆”，实为大都市的娱乐场所，即妓院、茶楼、酒肆，以及表演诸色伎艺的地方，而这些娱乐场所一般在城市的旷场（一般为残破砖瓦、石头散落的瓦砾场）上形成，故名“瓦市”。由此可见，宋元时期屋面瓦使用的广泛性。

2. 宫殿建筑普遍使用屋脊装饰

金上京（现黑龙江省宁安市）是金太祖、太宗、熹宗、海陵王四帝的都城，金太祖时期开始营造，金宋史记载了当时上京营造之规模，其中对尚未完工的乾元殿这样描述：“殿七间，甚壮。未结盖，以仰瓦铺及泥补之，以木为鸱吻，及屋脊用墨，下铺帷幕，榜额曰乾元殿。”2002年黑龙江省考古所对金上京城遗址进行了发掘，出土了大量的青灰色瓦件和青灰色琉璃瓦件以及各种陶质屋面、屋脊构件。说明当时以游牧民族为主的边疆地区也开始使用屋面瓦。

宋代宫殿个体建筑之楷模——宣德楼，据《东京梦华录》记载："大内正门宣德门列五门，门皆金钉朱漆，壁皆砖石间甃，镌镂龙凤飞云之状，莫非雕甍画栋，峻角层榱，覆以琉璃瓦，曲尺朵楼……"可见宣德楼这一隶属东京宫城建筑之一的个体建筑，使用了满铺琉璃瓦的做法。宣德楼的屋脊使用了鸱尾，戗脊使用了琉璃装饰。

屋脊装饰的使用应该始于汉代，盛行于明清时期，尤其是宫殿建筑中使用比较广泛。与此类似，文献中还有对临安宫殿形制的描述，宫门"其门有三，皆金顶朱户，画栋雕甍，覆以铜瓦……"此外，还有金中都（燕京，今北京）的应天门楼两边的阙都使用了琉璃瓦覆盖屋面。整个金中都的宫城概貌还可以从岩山寺壁画中得到印证，壁画中宫殿区建筑屋面皆覆瓦，屋脊置鸱吻，重要建筑戗脊使用走兽，所用瓦件皆琉璃瓦。

3. 琉璃瓦件得到更广泛的使用

宋代匠师全面继承了唐代的琉璃技术，并充分利用唐代的经验，创造了宋代琉璃建筑的辉煌，琉璃瓦及琉璃配件在宋代高等级建筑物上得到了更广泛的使用。

1972 年在西夏（1038 ~ 1227 年）王陵六号陵台基址（今银川市附近）和碑塔遗址内出土大量瓦、瓦当、兽头等琉璃构件，其中最引人注目的是琉璃脊兽和一件巨大的鸱吻，鸱吻高达 1.5 米，宽 0.6 米，厚 0.3 米，施绿色釉，通体光亮，形态逼真（图 4-40~图 4-46）。

西夏是 11 世纪初以党项羌族为主体建立的封建王朝。自 1038 年李元昊在兴庆府（银川市）称帝建国，于 1227 年被蒙古所灭，在历史上存在了 189 年，经历 10 代皇帝。其疆域"东尽黄河，西界玉门，南接萧关，北控大漠，地方万余里"，最鼎盛时期面积约 83 万平方公里，包括今宁夏、甘肃大部，内蒙古西部、陕西北部、青海东部、新疆东部及蒙古国南部的广大地区。前期与北宋、辽平分秋色，中后期与南宋、金鼎足而立，被人形容是"三分天下居

图 4-40 从上往下分别是：琉璃滴水、灰陶瓦当、筒瓦，西夏陵区出土（摄于宁夏银川西夏博物馆）

图 4-41 琉璃套兽，西夏陵区出土（摄于宁夏银川西夏博物馆）

图 4-42 琉璃海狮，西夏陵区出土（摄于宁夏银川西夏博物馆）

图 4-43 琉璃摩羯，西夏陵区出土（摄于宁夏银川西夏博物馆）

图 4-44 “妙音鸟”红陶迦陵频伽，西夏陵区出土（摄于宁夏银川西夏博物馆）

图 4-45 “妙音鸟”琉璃迦陵频伽，西夏陵区出土（摄于宁夏银川西夏博物馆）

从左往右：白瓷板瓦、条形瓦、槽心瓦

从左往右：灰陶花卉纹瓦当、琉璃兽面纹瓦当、琉璃莲纹瓦当、灰陶兽面纹瓦当

左：灰陶鸱吻，右：灰陶脊兽

图 4-46 西夏陵区出土（摄于宁夏银川西夏博物馆）

其一”，雄踞西北两百年。考古发现西夏王陵不仅吸收了秦汉以来，特别是唐宋皇陵之所长，同时又受到佛教建筑的影响，使汉族文化、佛教文化与党项民族文化有机地结合在一起，构成了我国陵园建筑中别具一格的形式，在中国陵寝发展史上占有重要地位。西夏陵规模宏伟，布局严整，每座帝陵由阙台、神墙、碑亭、角楼、月城、内城、献殿、灵台等部分组成。西夏王陵每座陵园均是一个完整的建筑群体，占地面积在10万平方米以上，坐北朝南，平地起建。高大的阙台犹如威严的门卫，耸立于陵园最南端。考古最初发现一些形状较为规则的方砖。方砖的上面竟刻有一行行的方块文字及花纹！而出土的方块字正是今天被人们看作如天书一般的西夏文！

琉璃建筑材料，这些造型美观的琉璃残件，虽经历近千年风雨，仍然色彩艳丽。莲花方砖构图新颖，富于变化，这些图案显然与佛教文化有着密切的联系。西夏陵多用素面方砖和长条砖，其明显特征是多数砖背面有手掌印纹。出土的大量砖、瓦，以及饰以兽面纹的滴水瓦当，还有形象逼真的套兽、脊兽等。其中，以在陵城南门、献殿出土的用于建筑装饰的绿琉璃“妙音鸟”（佛经上称为迦陵嫔伽）最为重要，其数量之大，外形之完美，实属罕见，神态更是栩栩如生。迦陵嫔伽是梵语的音译，汉语译作妙音鸟，是喜马拉雅山中的一种鸟，能发妙音，是佛教“极乐世界”之鸟，它们应是佛教建筑上的装饰物。西夏建筑在使用砖瓦方面有严格的等级制度，“夏俗皆土屋，或织牦牛尾及口口毛为盖，惟有命者得以瓦覆”。所以，砖瓦多出土于佛殿、离宫、陵园等具有较高建筑等级的遗址中，其中西夏陵园内出土的砖瓦数量最多，最为精美，可以说代表了西夏建筑的表面装饰艺术。西夏砖瓦等陶质雕塑有灰陶和琉璃两种，是对屋顶、屋檐、墙面、地面等处砖、瓦、瓦当、滴水、脊饰的艺术处理。

屋顶在古代建筑中为重点装饰的部位。西夏陵园出土了大量琉璃脊饰，主要有鸱吻、鸽、龙首鱼、四足兽等祥瑞之物，其色彩艳丽，造型美观。屋檐端头一般用瓦当和滴水来装饰。出土的西夏瓦当和滴水装饰较为简单，当面为一简化之兽头，龇牙咧嘴，两腮圆鼓，双目圆睁，眉毛怒竖，额发卷曲，兽面外围饰圆点纹。滴水呈三角形，饰兽面或模印莲花或石榴果等，图案清晰，构图疏密得当，线条活泼生动。

除了宫殿建筑、帝王陵墓，在一些宗教建筑上，琉璃瓦件也得到了较多的使用。由于宋代统治者对佛教建筑采取了限制和利用相结合的政策，佛教建筑在宋代出现了官建和私建的情况。一方面由于佛教在民间的广泛传播和发展，僧尼人数增多，需要更多的寺院来满足需要；另一方面由于官方的限制，社会上开始出现了私建佛教建筑的现象，虽然官方做了一定的限制和管理，但是寺院在宋代仍大量出现。

始建于辽代的华严寺，其建筑、塑像、壁画、壁藏、藻井等，都是我国辽代艺术的典范。华严寺大雄宝殿屋面经过多次重修，瓦饰都曾经过多次更换，但仍然保留了少量原物。其中正脊鸱吻为金代原物，南端一件高4.5米，宽2.8米，厚0.68米，由8块琉璃构件组成；北端一件高4.55米，宽2.76米，厚0.5米，由25块琉璃构件组成。屋顶筒瓦直径23厘米，最长的达到80厘米，厚3厘米；板瓦前端宽32厘米，后端宽26厘米，厚2.5厘米；瓦当均为兽面纹，滴水瓦有锯齿纹，花边根据其形制来看，为辽代遗物。

山西五台山文殊殿，河南少林寺初祖庵，天津蓟县独乐寺，浙江宁波报国寺大殿，大同善化寺大雄宝殿之朵殿和配殿，河北正定隆兴寺内大悲阁、御书楼、集庆阁、摩尼殿、储经柜、转轮藏、涞源阁院寺文殊殿等，皆为宋金辽时期的佛教建筑。由于官建和私建同时存在，所以规模不一，档次不等，官建的宗教建筑规模宏大，气势雄伟，屋面皆铺瓦，主体建筑全部用琉璃瓦，屋脊施鸱吻、蹲兽，屋脊中间施宝珠（顶）。有的是青瓦、琉璃瓦混铺，有些附属建筑满铺青瓦。从这些现存的宗教建筑来看，结构多有不同，屋面铺瓦呈现形式多样的特点。

4. 高等级建筑多装饰鸱尾

宋代的宫殿建筑及宗教建筑屋脊均装饰有鸱尾。其他的高等级建筑，如帝王陵墓、书院建筑等正脊处亦多置有鸱尾。

宋代是中国四大发明中指南针、火药和印刷术三大发明的时期，各类学者达1000多人，各类学术著作，如《齐民要术》、《梦溪笔谈》、《营造法式》都反映了两宋时期教育事业的发达。不仅国家各级官署所办官学发达，“远山深谷，居民之处，皆不有师有学……虽穷乡僻壤，亦闻读书声。”各类乡学、私塾、舍馆、书会相继发展起来。由于官方和非官方学校的广泛兴办，也带动了教育建筑的发展。书院作为专门的教育机构始于唐代，但其获得较大的发展则是在宋代，其中宋代六大书院闻名于世，且书院的建设往往不受官方限制，因此，宋代的教育建筑呈现出了各自不同的特色，遗憾的是两宋时期书院建筑极少现存。但文献记载这些书院建筑皆用瓦铺设屋面，屋脊安置鸱吻。

近几年考古调查，在宋皇陵永熙陵附近发现了鸱尾及垂脊兽残件，据《思陵录》记载：南宋皇陵内地面建筑之“上宫”“里篱砖墙系中城砖，绕檐垒砌，周迴长八十七丈，只用筒瓦板瓦结瓦行陇”，又载寝陵殿门建筑“头顶铺钉竹笆，筒板瓦结瓦行陇，安鸱尾”。

宋代建筑具有承前启后的地位，它影响了元、明、清建筑的发展。各宫殿及官吏、地主宅院、市井和偏远乡村建筑，相互辉映，充分体现了宋代建筑的多层次和多样性。宋代建筑柔美细腻，轻灵秀逸，挑檐翘空，屋顶坡度加大，极具艺术性。房屋组合十分丰富，瓦饰形式各式各样。瓦的制作水平很高。高档建筑大多采用琉璃瓦和青瓦组成剪边屋顶，充分体现了宋代建筑的风格（图4-47）。

至此可见：4000多年来，中国人都非常注意和讲究烧结砖瓦的装饰功能。最初出现的瓦上皆有纹饰，使用还原法烧制青砖青瓦、瓦当、滴水的各种饰纹、图案、花样；从画像砖所表现的世界，到烧制琉璃瓦、青掍瓦，无一不是向人们传述着烧结屋面瓦的文化和表现力。

绿釉陶鸱吻

灰陶套兽

菊花纹筒瓦当

宝相莲花纹瓦当

兽面纹瓦当

深绿釉琉璃筒瓦

图 4-47　洛阳宋代宫城遗址出土（摄于洛阳博物馆）

二、宋元时期屋面瓦的发展

宋代的制瓦技术也在隋唐的基础有了长足的发展。这与宋时的文学艺术等的发展密切相关。瓦当的装饰方法更有其特点，如兽面、花卉纹等。宋以后，瓦当继续呈现衰退之势，瓦当中的纹样题材大量采取了与佛教有关的纹饰，兽面瓦当和限制使用的龙纹瓦当占居了整个瓦当装饰纹样的主流。

目前发现宋（金）元瓦当的地区主要集中在北京、内蒙古和东北三省，另外，河南洛阳、巩义、登封，陕西西安、华阴，山西大同，甘肃武威，河北邯郸、曲阳、磁县，福建泉州、漳州，浙江杭州、宁波，四川成都，湖北赤壁，宁夏银川、灵武、贺兰等地都出土了大量宋元时期的瓦当。内蒙是辽代统治的中心区域，是这一时期辽瓦当出土最集中的地区，通过对赤峰辽中京遗址、高州遗址、辽太祖陵遗址、永州故城遗址、饶州故城遗址、罕山辽代祭祀遗址、辽代佛教等遗址的发掘，发现了大量金代（1115~1234年）时期的瓦当。尤其是在上都遗址中发现了大型宫殿建筑遗址，出土了大量的瓦当和琉璃建筑构件。东北三省是宋元时期金统治区域，迄今发现几百处古城遗址，通过对肇东八里城遗址、克东蒲裕路金代故城遗址的发掘，出土了大量辽金时期的瓦当，此外还在齐齐哈尔发现金代砖瓦窑遗址。北京地区是辽代五京之一，在元代是世界上著名的大都市之一。这一地区在金中都遗址、房山金陵遗址和丰台大葆台金代遗址中发现了大量的金代瓦当，但辽代瓦当很少出土。

宋（金）元时期的瓦当纹饰主要有兽面纹、莲花纹、花卉纹、龙纹、人面纹和凤鸟纹几种，并且各地区之间的差别不大，北方地区以兽面瓦当为主，南方地区以花卉纹瓦当为主。这一时期，瓦当的发展具有以下特点：（1）琉璃瓦当使用范围扩大，在内蒙古、北京、河南、河北等地的宫殿遗址和寺庙遗址中都有发现，甚至扩展到了边疆地区，如宁夏贺兰西夏佛塔遗址中还出土了绿釉兽面纹瓦当。（2）汉代开始出现的滴水瓦当在宋元时期大量使用，并形成了与瓦当配套使用的基本规范。如在陕西华阴西岳庙遗址、北京后英房元代居住遗址、辽怀州怀陵等遗址中都出土了滴水瓦当，且滴水瓦当的纹饰与瓦当纹饰一致，可能是为了滴水瓦当与瓦当配套使用专门设计制作。（3）从宋代开始，花卉纹瓦当大行其道，成为宋代瓦当纹饰的主流。宋代建筑学的伟业丰功，不仅完成了建筑的形体结构、建造工艺、建筑美学的全面规范，起到了承上启下的作用，还为中国烧结砖瓦的制造工艺、门类与标准的规制，提供了先决条件。促进了继秦汉后砖瓦的又一次鼎新，进入了五光十色的发展道路。如宋辽金元时期的瓦当纹饰也与唐时的有了较大的变化，除保留有莲花纹瓦当外，也较多地采用了兽面纹、花卉纹、龙纹、凤鸟纹等；也偶见有人面纹，南方地区还有飞燕纹等。从出土的实物看来，长江以北的广大地区，兽面纹瓦当非常盛行，南方地区则以花卉纹为主。瓦当基本上都是圆形，都有纹饰，也有文字瓦当。宋瓦当以兽面纹和莲花纹为主，花卉纹也较多，莲花纹与唐代的相差不多，北宋兽面纹瓦当也与唐代相近。北宋龙纹瓦当龙身周围一般没有云纹或水纹等装饰。花卉纹瓦当一般为莲花纹和菊花纹，也发现有牡丹纹的。福建出土的宋代瓦当轮边装饰纹变化非常丰富多彩，如轮边上饰以短线纹、回纹、折线纹、曲折线纹等，极具地域特色。辽瓦当以兽面纹为主，其次为莲花纹、花卉纹和龙纹。辽兽面纹瓦当一般为三角形鼻，大约在辽中期后兽面纹有衔环的纹饰。金代瓦当亦以兽面纹为主，但兽面一般有角，鼻子较长，鬓须常呈绺卷曲为团状，兽面额头上有“王”字的较多。元代瓦当纹饰有简化的趋势，如轮边与主体纹饰之间一般作弦线或不作纹饰。兽面纹瓦当多有双角，鬓须多为绺卷曲团状，有的无鬓须，口内衔环的纹饰增多。元代龙纹瓦当增多，大部分在龙身周围饰有云纹或水纹。发现的琉璃瓦当较唐时，宋辽金元时期的发现范围扩大到了许多地区，在内蒙古、北京、河南、河北、陕西等地宫殿遗址及寺庙遗址中均有出土的。此外，在宁夏西夏佛塔和西夏王陵中也出土有绿釉兽面纹瓦当。这一时期汉式的建筑风格也影响到了边疆地区，如在西藏日喀则夏鲁寺就有元代的琉璃瓦当。从出土的瓦当、滴水等建筑材料看，宋辽金元时期的建筑物非常重视建筑构件装饰效果的统一，如许多地方发现的瓦当和滴水的纹饰都是一样的，可能是配套使用的。在陕西华阴西岳庙遗址就出土有宋代牡丹纹瓦当和牡丹纹滴水，在北京、辽怀陵、辽中京等都有同样的情况。宋代，值得一提的是最具时代特征的瓦当纹饰是花卉纹，以花卉纹作为瓦当的主体纹饰也是起始于宋代。其盛行花卉纹瓦当的原因，很可能是受到这一时期陶瓷纹饰的影响（图 4-48、图 4-49）。

江苏昆山市锦溪镇古砖瓦博物馆收藏的宋代虎面纹瓦当、凤纹瓦当等从另一方面说明了宋时烧结瓦的规范化和普遍应用的程度（图 4-50）。

在洛阳的东城遗址还出土了形象逼真的宋代灰陶套兽（图 4-47 灰陶套兽）。这一灰陶套兽的出现，让人们能够想象宋代的屋顶装饰的状况了。

图 4-48 宋辽金元时期的部分瓦当、滴水纹饰（摄于河南博物院、洛阳博物馆、江苏昆山锦溪中国古砖瓦博物馆）

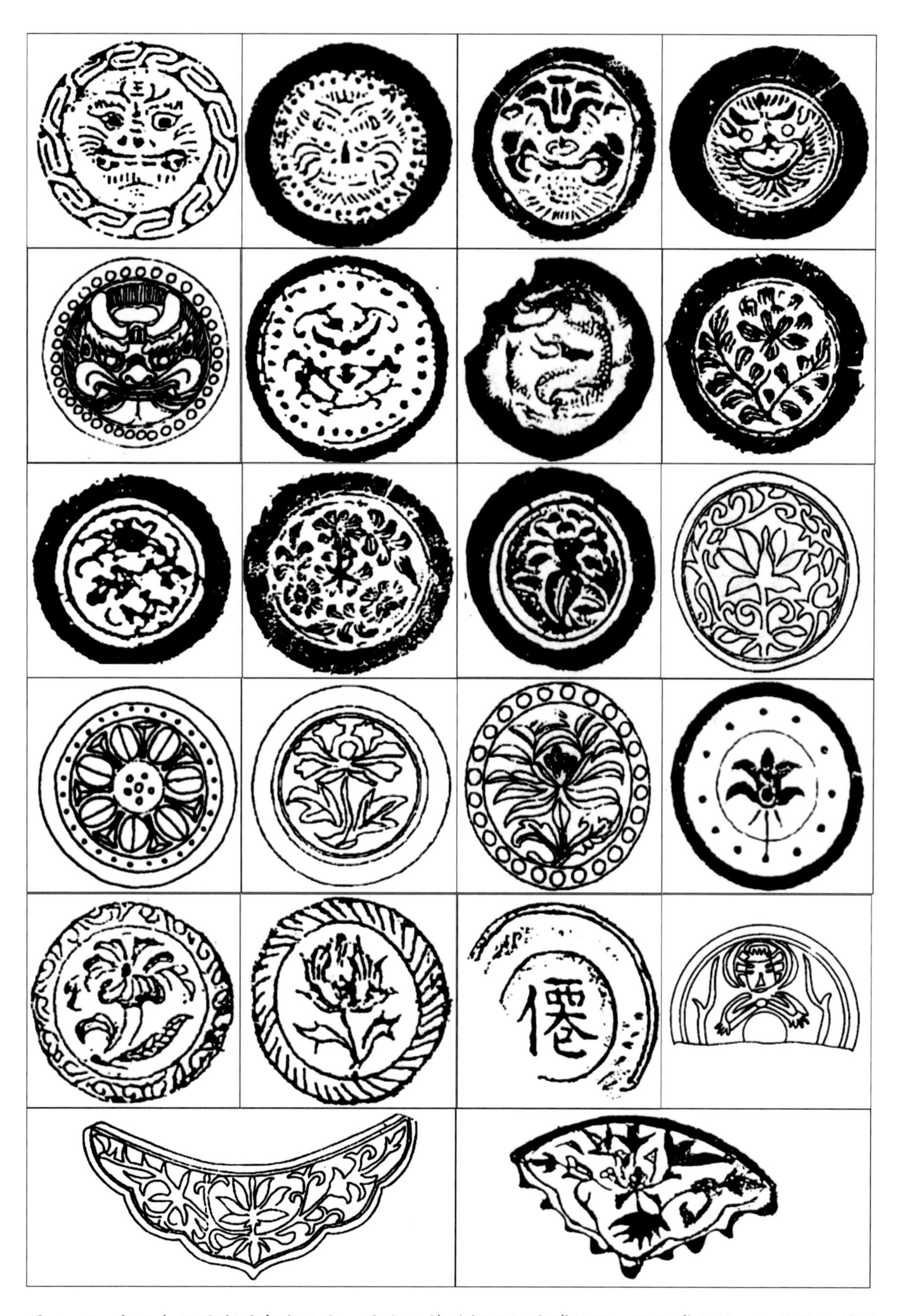

图 4-49　宋辽金元时期的部分瓦当、滴水纹饰（摄于河南博物院、洛阳博物馆、江苏昆山锦溪中国古砖瓦博物馆，拓片来自申云艳《中国古代瓦当研究》）

西夏王陵出土的西夏瓦当和滴水装饰较为简单，当面为一简化之兽头，龇牙咧嘴，两腮圆鼓，双目圆睁，眉毛怒竖，额发卷曲，兽面外围饰圆点纹。滴水呈三角形，饰兽面或模印莲花或石榴果等，图案清晰，构图疏密得当，线条活泼生动。

陕西省城固县五郎庙发现三座宋代砖瓦窑址。窑室呈椭圆形，上大下小，有两座设三个排烟孔。另一座设四个排烟孔。四个排烟孔的窑其结构由火膛、窑床、烟道及排烟孔（烟囱）组成。火膛前是窑门，火膛呈圆形，直径 1 米，底略小，低于窑床 46 厘米。窑床在火膛后，窑床面前高后低，呈半圆形，长 0.9 米，宽 1.9 米。排烟道在窑床周围，宽 6~8 厘米、深 8 厘米，与火膛和烟道相通。排烟孔 4 个，对称分布，长 48~56 厘米，宽 52~64 厘米。排烟孔由底向高逐渐外斜，到 1.3 米高处，上口通到窑室外，口为方形，长 30 厘米，宽 28 厘米。从窑床周围设烟道、窑床前高后低说明：宋时已由横焰窑向倒焰窑形式过渡。

三、李诫的《营造法式》

北宋中晚期，随着宫殿衙署园林的大量兴建，许多官史乘机贪污舞弊，建筑业乱象丛生，为了规范建筑制度，防止公帑浪费，宋哲宗下令将作监李诫重现修编“徒为空文，难以行用”的《元祐法式》。李诫深入调查研究，勤勉著述，《营造法式》元符三年（1100 年）成书，崇宁二年（1103 年）刊行全国。

《营造法式》全书共三十六卷，其中图样六卷，后合并为三十四卷，三百五十七篇，三千五百五十五条，囊括了当时建筑工程的标准规范，并提供了详细图样，被誉为“中国古代建筑宝典”、“中国古建筑科学技术的百科全书”。

卷十三“瓦作制度”，有“结瓦（铺瓦）屋宇之制”、“用瓦之制”、“垒屋脊之制”、“用鸱尾之制”和“用兽头之制”共五项。对每一种瓦件：筒瓦、板瓦、屋脊、鸱尾、兽头、嫔伽（佛教中人首鸟身和“妙音鸟”）、蹲兽、滴当火珠等的尺寸与房屋类型、开间、进深的对应关系有明确的阐述，对古建筑的设计施工具有指导性。

“结瓦屋宇之制”指出了筒瓦和板瓦在屋面的铺砌方法，规定板瓦“上压四分，下流六分”，还特别提到施工前对筒瓦以“解桥”（修整其不平部位，“令四角平稳”）以及“撺窠”（在平板上安一半圈，检验淘汰不合格）的方法保证铺砌质量，体现了严谨的工匠精神。

“用瓦之制”规范了殿阁厅堂、散屋、小亭榭等不同建筑筒瓦和板瓦的不同规格。

“垒屋脊之制”列出了殿阁、堂屋、厅屋、门楼屋、廊屋、常行散居和营房屋正脊和垂脊用脊瓦的层数。又排列了殿阁合脊筒瓦，上走兽的九品：“一曰行龙，二曰飞凤，三曰行狮，四曰天马，五曰海马，六曰飞鱼，七曰牙鱼，八曰狻猊，九曰獬豸。相间用之。”

“用鸱尾之制”列出了殿室、楼阁、殿挟屋、廊屋、小亭殿使用鸱尾的尺寸，介绍了抢铁支撑的方法。

“用兽头等之制”列出了殿阁、堂屋、廊屋、散屋正脊使用兽头的规格。殿、阁、厅、

图 4-50 宋代的虎面纹、凤纹瓦当（图片来自《中华砖瓦史话》）

堂、亭、榭转角上下用套兽、嫔伽、蹲兽、滴当火珠等的要求。

卷十五“窑作制度”有瓦、砖、琉璃瓦、青掍瓦等六项。详细介绍了其生产工艺流程。

“瓦”一节为“造瓦坯：用细胶土不含砂，前一日和泥造坯（鸱、兽事件同）。先于轮上安定扎圈，次套布筒，以水搭泥拨圈，打搭收光，取扎并布筒𣋠曝（鸱、兽事件捏造，火珠之类用轮床收托）。”“凡造瓦之制，候曝微干，用刀剺画，每桶作四片（筒瓦作二片，线道瓦于每片中心画一道，条子十字 画）。线道条子瓦，仍以水饰露明处一边。”并列出了筒瓦从“长一尺四寸，口径六寸，厚八分”，到“长四寸，口径二寸五分，厚二分五厘”的六个规格。板瓦从“长一尺六寸，大头广九寸五分，厚一寸，小头广八寸五分，厚八分”到“长六寸，大头广四寸，厚四分，小头广三寸五分，厚三分”的七个规格。

“凡造琉璃瓦等之制”：“药以黄丹，洛河石和铜末，用水调匀（冬月用汤）。筒瓦于背面，鸱兽之类于安卓露明处（青掍同），并遍浇刷。板瓦于仰面内中心（重唇板瓦仍于背上浇大头，其线道，条子瓦，浇唇一壁）”。

“凡合琉璃药所用黄丹阙炒造之制”：“以黑锡，盆硝等入镬，煎一日为粗釉，出候冷，捣罗作末，次日再炒，煿盖罨，第三日炒成。”（注：黑锡为铅的矿物制品）

“青掍瓦等之制”：“以干坯用瓦石磨擦（筒瓦于背，板瓦于仰面，磨去布文），次用水湿布揩拭，候干，次以洛河石掍砑，次掺滑石末令匀（用茶土掍者，准先掺茶土，次以石掍砑）。”（注：掍砑，意为用卵石等硬物碾压摩擦物体，使其表面光滑。）

这些具体详细的记载，使后人对近千年前屋面瓦的制作和施工规范有了系统的认识。

四、宋元时期的建筑琉璃

宋代的建筑艺术对比前朝发生了很大变化，宋代统治者要求宫廷殿宇的建筑风格精湛、秀丽、纤巧、清雅、飘逸，所以宋代建筑的外形挑檐翘空飞扬，轻灵秀逸、柔美细腻，极具艺术感。因此，琉璃制品必须适应这些要求，趋向于形式多种多样，制作更加精致、华美、玲珑剔透，色彩更加绚丽斑斓，而且还出现了雕琢精细的琉璃贴面砖。如北宋时期开封佑国寺的八角密檐琉璃塔，塔外全都镶嵌铁褐色的琉璃砖，疑似铁铸，故又称“铁塔”(图 4-51、图 4-52)。

该塔贴面砖的种类达 80 多种，每块琉璃砖都是按设计构造的要求特制，砖面上雕塑着各种花纹、图案 30 多种，充分体现了宋代建筑绘画的风格。琉璃构件的种类、数量、质量、造型艺术，都充分显示出宋代琉璃制造水平的提高、镶嵌方法和构件标准化的成就。

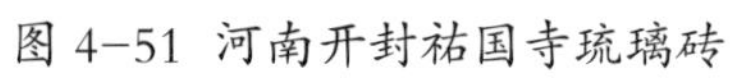

图 4-51 河南开封祐国寺琉璃砖

图 4-52 河南开封祐国寺琉璃砖塔

北宋时期的琉璃构件小巧玲珑，但辽金时期（南宋）的琉璃构件反倒由小变大。

在古代琉璃的发展过程中，北京占有极重要的地位，从辽金时期到元朝，北京曾是当时的政治中心，为了建设金中都、燕京、元大都等皇家建筑，需要大量的琉璃构件。从而促进了琉璃的大规模生产，先后在北京地区建造了琉璃窑，如辽代的龙泉务窑，元代的琉璃厂窑、琉璃渠村窑、公主坟窑，直到后来的明清时期，都是皇家用琉璃件的生产基地（官窑）。

1275 年，意大利旅行家马可波罗来到元大都，并拜见了忽必烈，游览了皇城。他在其旅游记中描述："大殿宽广，足容六千人聚食而有余，房顶之多可谓奇观，此宫壮丽富瞻，世人布置之良诚无逾此者，顶上之瓦皆红黄绿蓝及其他颜色，上涂以釉，光辉灿烂。白色犹如水晶，蓝绿则如各种宝石，致使远处亦见此宫之光辉。"说明元大都宫殿的修建是北京皇家建筑超大规模地使用了质量上乘、色彩富丽的琉璃瓦件。

辽金元时期的重要建筑使用琉璃更加广泛，如山西大同华严寺和五台山建于 1137 年的佛光寺文殊殿，单檐悬山式屋顶，形制特殊，结构轻巧，殿顶施青色琉璃瓦，脊端置鸱尾（图 4-53），脊正中的塔形琉璃饰件，色泽于浑厚中透出华丽，为琉璃饰件的精品。

图 4-53 大同华严寺大雄宝殿正脊鸱吻（图片来自《中国建筑卫生陶瓷史》）

宋元时期是中国古代建筑琉璃较为辉煌的时期，其特点是：一、琉璃件的制作技艺水平有较大提高，产量增加，质量更好；二、色彩更加丰富，釉色光泽绚丽饱满；三、构件种类增加，不仅有琉璃瓦、琉璃瓦当、鸱尾、垂兽，还出现了琉璃面砖等；四、使用范围明显扩大，除皇宫建筑外，其他重点建筑也使用了琉璃件；五、琉璃砖瓦的制造技术已经完全成熟，对琉璃制品的生产、砌筑方法等，初步形成了规范，琉璃瓦的规格开始标准化。

“琉璃”的产生，当源于商周时期出现的玻璃工艺和后来的釉陶技术。战国时期就出现了陶胎琉璃制品。汉代琉璃主要是用来制作随葬明器，也称为“釉陶”。早在西汉初的南越国（今广州）琉璃就始用于建筑物屋顶构件的装饰，既美观又防水耐用。其后就广泛用于历代的建筑。由于年代久远，早期建筑琉璃构件难睹真容。但已出土的历代墓葬冥器，却有许多揭示，从侧面可见早期建筑琉璃制品的风貌，如在山西运城市候村出土的西汉时期的绿釉陶楼（图 4-54）。

宋（金）元时代建筑琉璃构件已普遍得到应用，并且其制造工艺水平也达到了很高的程度。在山西省博物院藏的宋代晋祠的琉璃筒瓦（图 4-55），其釉色光润，晶莹透亮。在山西省博物院藏的元代大型琉璃鸱吻（图 4-56），高度也在 160 厘米左右，而且其雕塑、制作水平明显提高。

图 4-54 西汉绿釉陶楼冥器，山西运城市候村出土，样品藏山西博物院（摄于山西博物院）

图 4-55 宋代太原晋祠圣母殿的琉璃筒瓦（摄于山西博物院）

图 4-56 宋（金）元时代的琉璃鸱吻（摄于山西博物院）

图 4-57　西夏大型琉璃鸱吻（图片来自《中华砖瓦史话》）

屋顶在古代建筑中为重点装饰的部位。西夏陵园出土了大量琉璃脊饰，主要有鸱吻、鸽、龙首鱼、四足兽等祥瑞之物，其色彩艳丽，造型美观。特别是鸱吻，绿釉光亮，形体高大，龙口大张，獠牙外露，鼓眼前视，舌贴上颚，牙齿清楚，腹鳞整齐，背、尾鳍饰线勾勒清晰，形象生动，神态凶猛，可谓为建筑材料的上乘之作。如在西夏王陵六号陵出土的大型琉璃鸱吻，通体绿釉，釉色光亮，高 150 厘米，宽 60 厘米，厚 30 厘米（图 4-40~ 图 4-43、图 4-45、图 4-57）。它们置于殿宇屋脊之上，象征着避灾禳祸，纳瑞呈祥之意，又有明显的艺术效果。

宋代屋面瓦的焙烧技术是集前朝各代的大成。由《营造法式·窑作制度》规定看，当时焙烧屋面瓦的主要燃料是低质杂草，不同于南北朝时期的“伐木烧砖”。倒焰窑已普遍使用。在具体烧法上充分掌握瓦坯焙烧的变化过程。对“烧变次序”有着严密而合理的规定，准确地运用了氧化、还原、窨水等技法。按烧法不同，分为烧制青灰色瓦的“素白窑”和烧制油黑色砖瓦的“青掍窑”。

第五章 盛极明清

中国的传统建筑在明清时期达到了鼎盛，紫禁城规模宏大，气势恢宏，装饰精巧，金碧辉煌，集中国传统建筑艺术之大成，成为世界建筑史上的瑰宝，至今仍令中外游人陶醉。清代的传统建筑规范，由梁思成先生系统整理成《清式营造则例》，成为中国建筑史学界和建筑修缮单位重要的“文法课本”。

明清是中国传统建筑的最后一个高峰期，瓦的品种大大增加，生产的数量和质量空前提高，特别是瓦的装饰功能发挥到了极致。小青瓦、筒瓦、板瓦在清代广泛应用于民间建筑。事实上，早在宋元时期，屋面瓦就在民间得到了较为广泛的普及和使用，有诗为证——元代词作家李孝光在《清明郊行》一诗中写道："清明处处麦风斜，诗老得闲长在家。远树小村千瓦雪，不知落日上梨花。"从中可见，元代的广大乡村已经遍地瓦房。而到了明清时期，由于生产力的进步，人口的快速增长，屋面瓦的使用较元代更为广泛。另外，从明清开始，瓦的尺寸变小，在唐宋时期颇具特色的"青掍瓦"，此时已经不再生产（也许制作方法失传）。

图 5-1　明代绿釉鸱吻（摄于西安历史博物馆）

屋面瓦的进一步发展与使用，与明清时期的政治、经济及社会背景有着密切关联。朱元璋建立明朝后，为了尽快恢复经济，在发展农业、兴修水利及手工业方面采取了许多宽松措施。郑和下西洋促进了中西方的交流，新兴商业中心的兴起和城市的繁荣都促进了明代建筑的发展，并开始出现资本主义萌芽。而到了清代，人口爆发式增长，至清末全国人口已突破 4 亿，再加之民族融合与技术进步，民用建筑普遍使用青砖青瓦砌筑，因而促进了砖瓦工业的发展。

图 5-2　清代灰陶鸱吻（摄于西安历史博物馆）

屋面瓦发展到明清，无论是质量、品种，还是艺术雕刻水平，抑或是琉璃瓦器，均发展到了极致，在世界上也是独一无二。明清时期在陕西关中地区生产的琉璃鸱吻（图 5-1）、灰陶鸱吻（图 5-2）、黄色琉璃带滴水板瓦（图 5-3）及灰陶带滴水板瓦（图 5-4），就可见一斑。

然而，当西方列强快速推进工业化之时，中华屋面瓦四千年发展也难逃"盛极而衰"的厄运。清王朝两百多年间，由于统治者政治上的尊大排外、经济上的闭关锁国、科技上的愚昧无知，奉行不可一世的"马背文化"，科技发展停顿了，先进文化沉沦了，社会历史发展处于滚滚大江的旋流之中。当我们沉浸在风水先生罗经中不能自拔时，外国列强便在工业革命中运用中国"罗经理论"制造出了航海仪器，装备了他们漂洋过海的坚艇巨舰；当我们还在运用先人发明的火药摆弄花炮的时候，外国人却用它制造出了快枪利炮。一场鸦片战争，国门洞开，列强入室，国土沦丧，最终造成我国砖瓦发展水平在近现代落后于发达国家数十年。

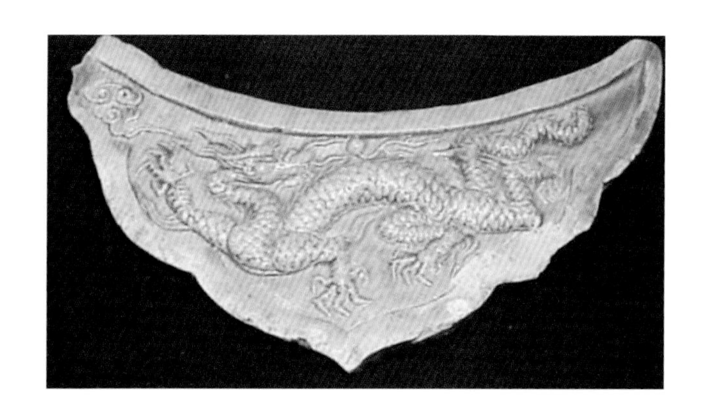

图 5-3 明代秦王府的黄釉带滴水板瓦（摄于西安长安博物馆）

图 5-4 明代灰陶带滴水板瓦（摄于西安历史博物馆）

第一节 《天工开物》对屋面瓦制作的记述

明清时期，对屋面瓦的原料、成形、干燥和焙烧等技术进行了更为全面而科学的总结。初刊于明崇祯十年（1637 年）宋应星编著的《天工开物》，是世界上第一部关于农业和手工业的综合性著作，有外国学者称它为“中国 17 世纪的工艺百科全书。”全书共三卷十八篇，其中“陶埏”篇对陶瓷原料、坯体制作的工序、窑的构造和烧制方法，都有详细的记述（图 5-5）。

“陶埏”篇开宗明义给陶器下了一个科学的定义，并赞扬了建筑陶和日用陶在民众生活中的广泛用途。

【原文】宋子曰：水火既济而土合。万室之国，日勤千人而不足，民用亦繁矣哉。上栋下室以避风雨，而瓴建焉。

【译文】宋子说：水和火恰当地相互作用，使泥土转化成陶器。在上万户的城邦里，每天成千人辛劳也供应不够，民间日用陶器也够多了。房屋安避风雨，都用瓦盖顶。

“瓦”一节的【原文】：

凡埏泥造瓦，掘地二尺余，择取无沙黏土而为之。百里之内必产合用土色，供人居室之用。凡民居瓦形皆四合分片。先以圆桶为模骨，外画四条界。调践熟泥，叠成高长方条。然后用铁线弦弓，线上空三分，以尺

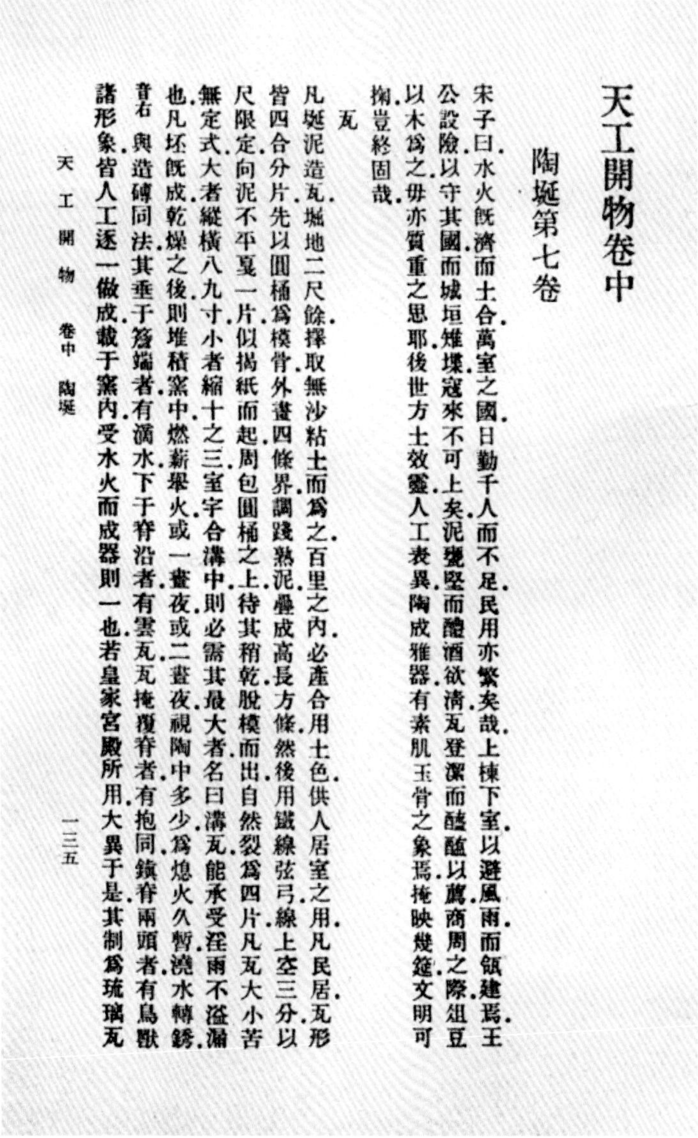

天工開物卷中

陶埏第七卷

宋子曰．水火既濟而土合．萬室之國．日勤千人而不足．民用亦繁矣哉．上棟下室．以避風雨．而瓴建焉．王公設險．以守其國．而城垣雉堞．寇來不可上矣．泥甕堅而醴酒欲清．瓦登潔而醯醢以薦．商周之際．俎豆以木爲之．毋亦質重之思耶．後世方土效靈．人工表異．陶成雅器．有素肌玉骨之象焉．掩映幾筵．文明可掬．豈終固哉．

瓦

凡埏泥造瓦．堀地二尺餘．擇取無沙粘土而爲之．百里之內．必產合用土色．供人居室之用．凡民居．瓦形皆四合分片．先以圓桶爲模骨．外畫四條界．調踐熟泥．疊成高長方條．然後用鐵線弦弓．線上空三分．以尺限定．向泥不平戛一片．似揭紙而起．周包圓桶之上．待其稍乾．脫模而出．自然裂爲四片．凡瓦大小苦無定式．大者縱橫八九寸．小者縮十之三．室宇合溝中．則必需其最大者．名曰溝瓦．能承受淫雨不溢漏也．凡坯既成．乾燥之後．則堆積窯中．燃薪舉火．或一晝夜．或二晝夜．視陶中多少．爲熄火久暫．澆水轉銹．音右．與造磚同法．其垂于簷端者．有滴水．下于脊沿者．有雲瓦．瓦掩覆脊者．有抱同．鎮脊兩頭者．有鳥獸諸形象．皆人工逐一做成．載于窯內．受水火而成器則一也．若皇家宮殿所用．大異于是．其制爲琉璃瓦

天工開物 卷中 陶埏 一三五

图 5-5 《天工开物》之片段（图片来自《中华砖瓦史话》）

限定，向泥不平戛一片，似揭纸而起，周包圆桶之上。待其稍干，脱模而出，自然裂为四片。凡瓦大小古无定式，大者纵横八九寸，小者缩十之三。室宇合沟中，则必需其最大者，名曰沟瓦，能承受淫雨不溢漏也。

凡坯既成，干燥之后，则堆积窑中燃薪举火。或一昼夜或二昼夜，视窑中多少为熄火久暂。浇水转泑，与造砖同法。其垂于檐端者有滴水，下于脊沿者有云瓦，瓦掩覆脊者有抱同，镇脊两头者有鸟兽诸形象。皆人工逐一做成，载于窑内受水火而成器则一也。

若皇家宫殿所用，大异于是。其制为琉璃瓦者，或为板片，或为宛筒。以圆竹与斫木为模逐片成造，其土必取于太平府（舟运三千里方达京师，掺沙之伪，雇役、掳船之扰，害不可极。即承天皇陵亦取于此，无人议正）造成，先装入琉璃窑内，每柴五千斤烧瓦百片。取出，成色以无名异、棕榈毛等煎汁涂染成绿黛，赭石、松香、蒲草等涂染成黄。再入别窑，减杀薪火，逼成琉璃宝色。外省亲王殿与仙佛宫观间亦为之，但色料各有配合，采取不必尽同，民居则有禁也。

【译文】

凡是和泥制造瓦，需要掘地两尺多深，从中选择不含沙子的黏土来造。方圆百里之中，一定会有适合制造瓦所用的黏土。民房所用的瓦是四片合在一起而成型的。先用圆桶做一个模型，圆桶外壁划出四条界，把黏土踩和成熟泥，将它堆成一定厚度的长方形泥墩。然后用一个铁线制成的弦弓向泥墩平拉，割出一片三分厚的陶泥，像揭纸张那样把它揭起来，将这块泥片包紧在圆桶的外壁上。等它稍干一些以后，将模子脱离出来，就会自然裂成四片瓦坯了。瓦的大小并没有一定的规格，大的长宽达八九寸，小的则缩小十分之三。屋顶上的水槽，必须要用被称为“沟瓦”的那种最大的瓦片，才能承受连续持久的大雨而不会溢漏。

瓦坯造成并干燥之后，堆砌在窑内，就用柴火烧。有的烧一昼夜，也有的烧两昼夜，这要看瓦窑里瓦坯的具体数量来定。停火后，马上在窑顶浇水使瓦片呈现出蓝黑色的光泽，方法跟烧青砖是一样的。垂在檐端的瓦叫做“滴水”，用在屋脊两边的瓦叫做“云瓦”，覆盖屋脊的瓦叫做“抱同”，装饰屋脊两头的各种陶鸟陶兽，都是人工逐一做成后放进窑里烧成，受水火的作用变成陶器，原理是一样的。

至于皇家宫殿所用的瓦的制作方法，就大不相同了。例如琉璃瓦，有的是板片形的，也有的是半圆筒形的，都是用圆竹筒或木块做模型而逐片制成的。所用的黏土指定要从安徽太平府运来（用船运三千里才到达京都，有掺沙作弊的，也有强雇民工、抢船承运的，害处非常大。甚至承天皇陵也要用这种土，但是没有人敢提议来纠正）。瓦坯造成后，装入琉璃窑内，每烧一百片瓦要用五千斤柴。烧成功后取出来涂上釉色，用无名异和棕榈毛汁涂成绿色或青黑色，或者用赭石、松香及蒲草等涂成黄色。然后再装入另一窑中，用较低窑温烧成带有琉璃光泽的漂亮色彩。京都以外的亲王宫殿和寺观庙宇，也有用琉璃瓦的，各地都有自己的色釉配方，制作方法不一定都相同，一般的民房则禁止用琉璃瓦。

图 5-6 《天工开物》中烧制砖瓦的插图(图片来自《中华砖瓦史话》)

值得注意的是，“陶埏”卷在“砖”一节的最后，特别介绍了陶工以浇水法把红砖红瓦转变为青砖青瓦的独特工艺。

【原文】凡转锈之法，窑颠作一平田样，四周稍弦起、灌水其上，砖瓦百钧，用水四十石。水神透入土膜之下，与火意相感而成，水火既济，其质千秋矣。

【译文】转釉的方法，在窑顶砌一个平台，四边稍高一点，在上面灌水。每三千斤砖瓦用水四十担。水神渗透到坯体的土膜内，与水的精灵成功地相互作用。水火配合得当，砖瓦质量坚固可存千秋万代。

“浇水转坯色”的技术关键是：当砖瓦坯在高温的氧化焰中烧结时，减少入窑空气，使燃烧不完全，转为还原焰。坯体中红色的三氧化二铁（Fe_2O_3）被还原为青灰色的氧化亚铁（FeO），并与黏土中的二氧化硅（SiO_2）作用生成低温共熔物，火焰中大量的游离碳（C）通过坯体的气孔渗进坯体内。当烧结完成时，在密封的窑顶烧水，水遇高温变成蒸汽，吸收大量热力，砖瓦被迅速冷却，而外部空气不能进入窑内，保持还原气氛，防止坯体中低价铁重新氧化，从而制成坚固耐用的青砖青瓦（图 5-6）。

第二节 琉璃屋面遍神州

在烧结砖瓦上施加釉料的起源可以追溯到战国时代。战国时期的王公、诸侯在宫殿的屋面瓦上就有涂刷朱色颜料的做法。据目前考古发掘出土的实物表明，最早在砖瓦上施加釉料始于2100多年前的西汉时期（广州南越王宫遗址，绿釉砖瓦，其中单块砖重150公斤，碱性釉）。琉璃瓦是中国传统的上釉陶制品。在北魏平城发现的琉璃瓦，传说来自大月氏。琉璃瓦以其吸水量小、色彩绚丽多姿的特点，出现后一直用于宫廷建筑，以黄色和绿色居多。隋开皇时期，能以绿甃为琉璃，施加之屋面，代替刷色、涂朱、髹漆、夹纻等法，应用到宫殿建筑上。其时，灰瓦、黑瓦、琉璃瓦都是重要的屋面材料。灰瓦用于一般建筑，黑瓦和琉璃瓦用于宫殿和寺庙建筑上。到了唐代，琉璃釉料的配方和制作工艺，又有了重大的进展，产生了闻名于世的“唐三彩”，生产的琉璃瓦质地坚实，色彩绚丽，造型古朴，富有传统民族特色。唐代开始，琉璃瓦的使用逐渐增多，除了被用于屋顶铺设外，还出现了少量装饰用的琉璃瓦件，有的地方还将琉璃构件用于宫殿建筑中柱础的装饰。唐代大明宫遗址中出土了表面可能施加了化妆土的铺地砖以及屋面瓦，考古界称之为青掍砖瓦。

宋代琉璃砖瓦的制造技术已经完全成熟，琉璃瓦的规格开始标准化。琉璃砖瓦的应用范围明显扩大，如保存至今的北宋庆历四年（1044年）重建的开封祐国寺八角多层檐的琉璃塔（俗称铁塔），充分显示了琉璃砖瓦制造水平的提高、构件的标准化以及镶嵌施工技术所取得的成就。宋代的《营造法式》中也对琉璃砖瓦的釉料以及生产技术给出了描述。

明清两代，皇家使用的琉璃砖瓦，则由“官窑”专门承制，对质量的要求非常严格。这一时期，琉璃砖瓦的生产，无论是数量还是质量，都达到了历史上的高峰，只是其颜色和装饰题材仍然受到限制，皇家宫殿专用的黄色琉璃砖瓦，民间不能私自制造和使用，“违者罪死”。琉璃瓦的生产开始采用坩子土做坯料，提高了琉璃瓦的硬度，无论是数量还是质量都超过了以往。

明清是中国传统建筑的最后一个高峰期，尤为出彩的是其中的宫殿建筑，明清两代匠师们继承了唐、宋以来的艺术风格，并融汇各地优秀的文化、技艺，形成一套成熟和极具代表性的做法。

明初，朱元璋在都城南京大修宫殿，后朱棣迁都北京，永乐五年（1407年）在元大都的基础上扩建北京城，动工兴建北京宫殿，促进了南北方建筑的快速发展，远远超过以往的历朝历代。建筑琉璃也在各类建筑上广泛应用，大到吨重的正吻，小到盈寸的兽件，都是精湛的艺术品。琉璃的使用已从宫殿、寺庙扩大到其附属建筑和纪念性建筑。如陕西三原县明洪武年间的城隍庙（图5-7），山西大同明早期的五龙壁、九龙壁（图5-8~图5-10），明永乐至宣德年间建造的南京大报恩寺的九层琉璃塔，明万历十四年（1586年）

图 5-7　明代琉璃建筑，陕西三原城隍庙

图 5-8 明代九龙壁（摄于山西大同）

图 5-9 明代九龙壁局部（摄于山西大同）

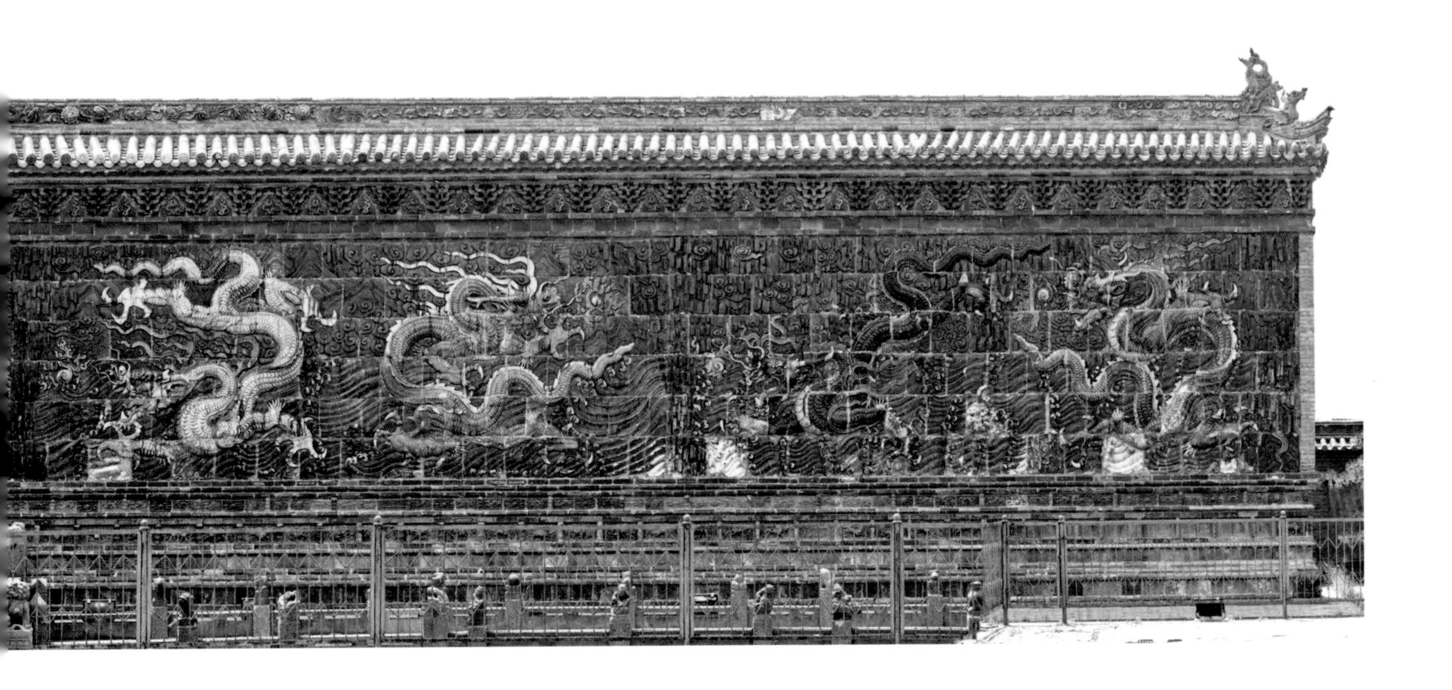

图 5-10　明代九龙壁局部（摄于山西大同）

在山西五台山文殊寺建造的十三级琉璃塔等，式样繁多，各具特色，规模宏大，结构复杂，都是空前的，有的仍保存至今，供人欣赏。

明清时代的宏伟建筑要数巍峨在北京中轴线上的紫禁城（即今故宫）（图 5-11~ 图 5-12），紫禁城建于明永乐五年（1407 年），历经 13 年，参与工匠 10 万。它是我国现存规模最大的古代宫殿建筑群，集中国古代建筑之大成的结晶，反映了明清建筑技术的最高水平。紫禁城内的大小宫殿，内廷各区的墙门、院门、照壁、影壁、墙面以及花园里的花坛等都广泛使用琉璃件和琉璃装饰，流光溢彩，争奇斗艳，装饰图案丰富多彩，有龙纹、禽鸟、花卉等。紫禁城可称为中国古代琉璃艺术的博物馆。

紫禁城的营建，产生了大量高端建筑材料的需求，对琉璃建筑制品的生产和使用也达到了历史的巅峰。紫禁城作为明清两代的皇宫，拥有 15 万平方米的宫廷建筑，这些建筑以黄色、绿色、蓝色等不同颜色的琉璃瓦铺盖屋顶，显现出金碧辉煌的皇家气势。在紫禁城内，琉璃建筑最集中，各种颜色、各种类型的构件最丰富，反映了明清两代建筑琉璃烧造的最高水平。

在需求的刺激下，明初兴建了多座琉璃窑，琉璃瓦在艺术造型、釉色配制和烧造技术上都已纯熟，其工艺质量、花色品种为前世所难以比拟，特别是明初熔块釉的广泛使用，提高了琉璃质量。其中的典型代表就是故宫九龙壁，由上等琉璃砖瓦拼砌而成，绚烂夺目。但不足的是由于多采用一次素烧、二次釉烧的方法，烧结欠致密，气孔多、吸水率大，在后期容易形成开裂、剥釉等缺陷。

为了展现皇家威严与尊贵，琉璃瓦的等级划分也在明朝时期形成，并延续至清代。琉璃瓦在使用上的严格要求主要表现在两个方面：

第一，明代时，官员和老百姓家里严禁使用琉璃瓦，只能是皇家的宫殿、园林、陵墓等建筑和亲王家里才能用，百姓房屋不得使用琉璃瓦。

第二，不同的等级阶层使用不同的颜色，屋顶颜色主要有黄色、绿色、蓝色三种，三种颜色中最尊贵的是黄色，只有皇帝之宫殿、陵墓及奉旨兴建的坛庙等才准使用黄琉璃瓦，其他建筑一概不得擅用，否则即是“犯上”，处极刑；排在第二位的是绿色，如亲王、郡王府邸，皇家园林、陵墓及坛庙的次要建筑乃至重要寺观的主殿均可用绿色琉璃瓦；蓝色是特例，最著名的是天坛，其建筑采用蓝色琉璃瓦顶，用来象征天空。贵族府第、寺观祠堂以及平民百姓家的建筑只能用普通的无釉土瓦。

清代沿袭明制，但绿瓦的使用逐渐放松，陵寝建筑仍是等级森严，皇陵和皇后陵墓用黄色琉璃瓦，妃子则只能用绿色琉璃瓦。

琉璃瓦的大规模使用不仅极大改善了建筑屋面的物理特性与实用功能，同时兼具审美特质，在被赋予严格的封建宫廷礼制以及丰厚的文化内涵后，其已超越普通意义上的建筑装饰材料，更成为一种反映至高皇权与社会认知的文化符号！

图 5-11 故宫博物院（摄于北京）

明清建筑琉璃的特点：

（1）使用范围比以前更广泛，清代出现了表面全部用琉璃镶嵌的琉璃阁、琉璃牌楼、多宝琉璃塔等。

（2）造型艺术更加精湛，图案、纹饰题材更加丰富、繁多。如紫禁城中照壁内的浮雕及高浮雕的花形变化万千，紫禁城内乾清门前的影壁和承德普宁寺四大部洲内五颜六色的琉璃塔，这些琉璃雕饰巧夺天工，形象逼真。图案、纹饰除了明代为主的牡丹外，还有松竹梅菊、荷花水草等，动物纹饰突破了明代的龙凤狮虎为主的题材，出现了鸳鸯、仙鹤等飞禽。

（3）色彩繁多，明代琉璃件的颜色有黄、绿、蓝、白、孔雀蓝、葡萄紫等。清代在此基础上又增加了桃红、梅萼红、宝石蓝、翡翠绿、天青、娇黄、紫晶等色彩，使建筑琉璃的色彩更加丰富，为宫廷、寺庙、园林增色不少。

（4）琉璃的制造技艺有新的创造，出现了仿青瓷及冰裂纹的琉璃，使琉璃艺术效果更佳。

（5）将琉璃制作和使用的经验规范化。清代通过皇家和官方文件将琉璃工艺的主要环节制坯、配釉、焙烧等严格固定下来，如清《颜山杂记》，详细记载了琉璃釉料各种原料的色泽、形状及各种原料的作用和配合比；清工部会同内务府主编的官工营造规范《工程做法则例》则记载了使用琉璃的具体操作要求，这些都为当时的琉璃匠人掌握琉璃制造、铺贴技术提供了便利，也为后人研究、继承和发展琉璃技术打下了良好的基础。

据记载，已毁的南京报恩寺塔是一座九层的楼阁式砖塔，外表用了白色、浅黄色、深黄色、深红色、棕色、绿色、蓝色、黑色等琉璃面砖，产生了灿烂艳丽的效果。国内其他地区也有着非常精美的琉璃砖雕等建筑，如山西大同明早期的五龙壁、九龙壁；陕西三原县明洪武八年（1375 年）年建的城隍庙、陕西韩城明万历二十七年的文庙、陕西蒲城明万历四十四年的文庙六龙照壁、北京北海的清乾隆二十一年（1756 年）九龙壁等。位于山西省大同市城区大东街的九龙壁建于明洪武二十五年（1392 年）为明太祖朱元璋第十三子朱桂代王府前照壁。它比北京北海的九龙壁不仅规模要大，而且建的时间要早，是我国最大最早的九龙壁。壁高 8 米，厚 2.02 米，长 45.5 米。壁上均匀协调地分布着 9 条飞龙，两侧为日月图案。壁面由 426 块特制五彩琉璃构件拼砌而成。9 条飞龙气势磅礴，飞腾之势跃然壁上。龙的间隙由山石、水草图案填充，互相映照、烘托。壁顶覆盖琉璃瓦，顶下由琉璃斗栱支撑。壁底为须弥座，高 2.09 米，敦实富丽，上雕 41 组二龙戏珠图案。腰部由 75 块琉璃砖组成浮雕，有牛、马、羊、狗、鹿、兔等多种动物形象，生动活泼，多彩多姿。

“龙”是中华民族的图腾。中国“龙”的概念早在距今约 8000 年前就已形成（辽宁阜新前红山文化）。自此，“龙”的形象便成为一种善变化、能与云雨利万物庇佑人间的神异动物。黄帝成为中华第一真龙的象征。各部落的各种图腾统一为“龙”的图腾。自此，华夏的历史揭开了“龙文化”的崭新一页，中原各部落在这之前的漂泊生涯到此终结，进入了一个亘古英雄吟唱传奇史诗的文明时代。黄帝也被后世“炎黄子孙”奉为“人文始祖”。中国的龙文化牢固了大一统、不分裂的根基。龙文化的不断演绎和发展，丰富了中华文明

图 5-12　故宫（摄于北京）

的内涵。据资料载，我国目前保存下来的“龙壁”有：北京北海九龙壁、故宫皇极门前九龙壁、故宫保和殿九龙壁、山西五台山九龙壁、四龙壁、山西大同文庙五龙壁、大同代王府九龙壁、大同城西观音堂三龙壁、陕西蒲城文庙六龙壁、湖北襄樊市襄阳王府用绿石雕刻的九十九龙彩石壁等十二处，其中大同代王府“九龙壁”、大同文庙“五龙壁”、北京北海“九龙壁”、襄阳王“绿影壁”依次为我国四大名壁。“龙壁”是从西周庭院建筑前庭照壁（影壁）演化出来的一种特有的建筑形式。到了明代从代王朱桂建“九龙壁”开始，这种建说制式便成为皇宫、禁苑、文庙、佛寺建筑的一种身份的标志，多以砖砌壁体，由须弥座墙基、立面墙身和庑殿墙顶三部分组成，用泥塑彩绘琉璃砖雕一龙、二龙、三龙、四龙、五龙、九龙镶嵌。唯湖北襄阳由朱瞻墡于正统元年（1436 年）被改封襄王就藩襄阳时建设王府时采用青绿色石料砌成的“绿影壁”。绿影壁高约 7 米，长 25 米，厚 1.6 米。壁面中部雕刻了一排飞舞的巨龙，并于四周围雕数十条小龙组成活泼生动、陪衬融洽的彩壁。

龙的数量最多的影壁为北京北海清代的九龙壁，总共有大小蟠龙 635 条。北京北海清九龙壁是原大圆镜智宝殿前的影壁，建于清乾隆二十一年（1756 年）。壁高 5.96 米，厚 1.6 米，长 25.52 米。建在青白石基座上，壁身为青色大城砖所砌，四面用 424 块七彩琉璃砖瓦镶嵌而成，壁顶为庑殿式。两面各有九条彩色大蟠龙，飞腾戏珠于波涛云际之中。壁的正脊、岔脊、瓦当、滴水、线砖等地方都有龙的踪迹。九龙壁蕴藏着皇权和天子之尊的象征，因九是阳数的最高数，龙是封建帝王的象征。在国内现存的九龙壁中唯独北京北海清代的九龙壁是双面九龙壁，也是中国琉璃建筑艺术的精华之作（图 5-13）。

从以上片断资料可以看出，中国的龙文化经几千年的演绎发展，到了明清时期已经家喻户晓，“龙的传人”的思想成为中华民族的价值观，因此，龙的形象在民间建筑、家具装饰中也常变形装点，传统节日端午的龙舟，元宵的龙灯也是民间祈福庇佑的民俗习惯。

从宋元到明清，则出现了使用琉璃构件的整体建筑，如宋代的琉璃塔等，琉璃制作技术也有了相应的发展，明清时期在全国各地已建立很多琉璃窑厂。早期琉璃用黏土制胎，明代琉璃砖瓦用白泥（或称高岭土）、瓷土制胎，烧成后质地细密坚硬，强度较高，不易吸水。当时，琉璃砖广泛用于塔、门、照壁等建筑物，并制成表面有浮塑的带榫卯的预制构件来镶砌，组成五彩缤纷的各种图案和仿木建筑的构件。此外，还有山西洪洞县广胜寺飞虹塔，山西大同的九龙壁，北京的琉璃门、坊等，都表现了明代琉璃工艺水平的提高（图 5-14~ 图 5-17）。

建筑琉璃因有丰富多彩的颜色，使建筑富丽堂皇，光彩夺目，琉璃构件常见的颜色除有金黄、碧绿外，还有红、兰、黑、紫、白及少见的孔雀蓝、天青、紫晶等颜色。在中国传统文化中，不同的颜色代表不同的理念和象征，青、红、黄、白、黑是对应“五行说”中的五种颜色，所以在古代建筑中颜色的应用有严格的等级界定。如黄色象征中心和大地，黄为尊，只有皇家建筑才能使用黄色琉璃构件；红色属火，火代表光明正大，红墙黄瓦并用表示皇帝至高无上。在过去，黄色琉璃瓦件是皇家垄断的，民间建筑是不允许使用的，否则将引来杀身之祸（图 5-18）。

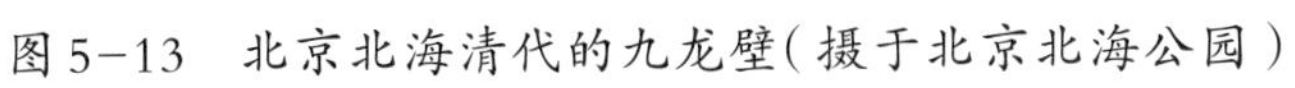

图 5-13　北京北海清代的九龙壁（摄于北京北海公园）

中国传统文化是以儒家思想为核心，兼容佛教、道教的思想，儒家是建立在宗法制度的社会秩序和天人合一的自然观之上，是封建等级制度和敬天法祖的道德规范。这些传统的文化贯穿渗透到社会的各个领域，建筑也不例外，建筑琉璃的造型和颜色也体现了君权神授、皇权至高无上、等级尊卑的观念，所以琉璃制品是中国传统文化的载体之一。

总之，建筑琉璃制品不仅包含建筑学的内容，也包括社会学、民俗学和工艺美术学的内容，集绘画、雕刻、工艺于一体，因此琉璃艺术具有敦厚、饱满、流畅的造型美，具有晶莹、斑斓、华丽的色泽美，具有典雅、别致、充实的纹饰美，具有吉祥寓意、传奇的神韵美以及匠师们精心制作、高超技艺的技术美。

图 5-14 陕西蒲城明万历四十四年（1616 年）建的文庙六龙照壁上的琉璃砖雕图案

图 5-15 陕西韩城明万历二十七年（1599 年）建的文庙大门侧墙上的琉璃砖雕龙凤

图 5-16　陕西三原县明洪武八年（1375 年）建的城隍庙墙壁上的琉璃砖雕龙凤

三彩卷尾凤鸱吻

琉璃垂兽

琉璃狮座

琉璃狮座

四狮负莲座

图 5-17 琉璃装饰构件（摄于山西博物院）

图 5-18　明清时期屋顶琉璃装饰构件（摄于安徽亳州山陕会馆——“花戏楼”）

第三节 屋脊上的神兽

从贵族府邸门前威严的石狮子到影壁墙上品类繁多的灵兽饰纹，在浩瀚的历史长河里，建筑与神兽的关联紧密而持久，它们精彩而广泛的运用，如点睛之笔，使东方传统建筑的外观表现更加雄壮、美观和生动。

这些从自然界走进人们家居生活的生灵，或真实存在，或根据真实存在进行神化处理，寄托着古人崇敬自然和美好生活的精神夙愿，经过漫长的演变与分化，逐步成为集装饰功能、实用功能、社会阶层标志于一体的文化符号。

吻兽，是东方古建筑屋面装饰的特有配件，它们不仅做工精细，排列井然有序，而且形象逼真传神、栩栩如生，宛如一件件精美的艺术品傲立于宫殿庙宇建筑的正脊和垂脊之上，饱经风霜雨露。其中正脊两端的龙头形吻兽，通常称为蚩尾，又称螭吻、鸱吻、脊吻、脊尾、正吻、大吻。（鸱，一种凶猛的形似猫头鹰的鸟，正脊两端吻兽的造型仿如鸱的尾部，故又被称为鸱尾。）尽管名称和叫法颇多，但延续千年至今，最广泛和常见的称谓是“鸱尾”，这一点从官方著述的常见记载和民间老百姓的普遍认可中可见一斑，这种叫法相比其他更加通俗易懂，更能够流传至今和大面积使用。

由于西汉以来火灾频频，早在太始元年（公元前96年）未央宫火灾烧毁了柏梁台，文人们想到了“虬龙为群龙之长，能进退群龙乘云注雨以济苍生”和“螭虎形似龙，好吞火”。方士说：“南海有鱼虬，尾似鸱，激浪降雨”。故宫庭匠作在建筑上烧造形象鸱尾的龙立于屋脊，以镇火灾。从此，神仙瑞兽，龙生九子天性各别的瓦器开始用于古建筑的各个部分，增加了它的文化内涵。因此，烧制更赋文化韵味的虬龙瓦器，起源于公元前96年的汉武帝时期是毋庸置疑的。

除了装饰和美化屋脊的功能，在使用之初，鸱尾更多地扮演着“镇火神兽”的角色——中国古建多为木质结构，易发生火灾，特别是宫殿建筑，制造费用高昂、建设周期长，且极具重要性，为防止火灾，鸱尾应运而生。唐代苏鹗写的《苏氏演义》中提到：“蚩者，海兽也。汉武帝作柏梁殿，有上疏者云：蚩尾，水之精，能辟火灾，可置之堂殿。今人多作鸱字。”从中可见，在古人的思想意识中，鸱尾作为一种海兽，可激浪降雨，消除火患。

古建屋顶的檐角通常还要装饰不同数量的神兽。唐宋时期，只有一枚脊兽，以后逐渐增加了数目不等的蹲兽，到了清代形成了今天常见的“仙人骑凤”领头的小动物队列形态。檐角最外侧的是一个骑着凤的小人，俗称“仙人骑凤”，其后是一排小神兽，俗称走兽，走兽后面是一个较大的兽头，叫做垂兽。一前一后的仙人骑凤和垂兽是固定的，走兽放置的数量，根据脊的长短和建筑的等级而定。

这些小兽，又称“戗兽”，安放于殿顶翘起的戗脊上，其数目与种类有着严格的等级

图 5-19 太和殿十戗兽（摄于北京故宫）

图 5-20 故宫脊兽（摄于北京故宫）

图 5-21 故宫五戗兽（摄于北京故宫）

图 5-22 三戗兽（摄于北京颐和园）

区别，小兽越多，建筑级别越高，常见为 9、7、5、3 不等，均为奇数。走兽的数目、名称、排列顺序都是固定的，最多 11 个，由上至下排列，依次是：(一) 龙 (二) 凤 (三) 狮子 (四) 麒麟 (五) 天马 (六) 海马 (七) 鱼 (八) 獬 (九) 吼 (十) 猴。龙和凤是皇帝和皇后的象征，至尊至贵。天马和海马象征皇帝威德通天入海。斗牛和押鱼可兴云作雨，镇火防灾。狮子是百兽之王，狻猊是能斗虎豹的异兽，獬豸善辨别是非曲直，象征着皇帝的正直和无私。

但也有特例。在等级制度森严的明清时期，紫禁城太和殿是唯一"小兽十样俱全"的建筑，十只小兽中排位最末的行什是太和殿的专用走兽，至高无上的皇权地位在整座建筑上表现得尽致淋漓（图 5-19）。而皇帝居住和处理日常政务的乾清宫，地位仅次于太和殿，小兽为 9 个（图 5-20）；坤宁宫原是皇后的寝宫，用七个；妃嫔居住的东西六宫，用五个（图 5-21）；某些配殿，用三个甚至一个（图 5-22）。

最大的特例是山东曲阜孔庙的大成殿，在普遍尊崇"孔孟之道"的中国封建王朝，由于孔子及儒学在统治者及读书人心目中地位至高，其建筑的核心部分也享受了帝王的礼遇，不仅走兽的使用达到了 9 只，而且还使用黄色琉璃瓦覆顶，甚至是顶部结构也采用了与天安门相同的重檐歇山式，成为与紫禁城乾清宫平级的高等级庙宇。此外，除宫殿庙宇，普通民宅如无皇帝特赦不得使用走兽。

在千百年的历史演变中，这些屋脊走兽形态日渐完善，被赋予的功能越加丰富，不仅给建筑外观平添了几份威严、神秘与美感，更深层次地象征着消灾灭祸、逢凶化吉、剪除邪恶，以保国泰民安、风调雨顺。不仅如此，走兽也有实用功能，因为古建屋檐有一定的斜度，在风吹雨打下，脊瓦便有下滑的可能，故在交梁上需用多个铁钉加以固定，为掩饰铁钉的不美观痕迹并保护其免受雨淋锈蚀，匠师们便在钉帽上加饰这些琉璃小兽。

第四节 鸱吻的演变

出土实物表明，鸱吻在屋顶上的应用始于西汉早期，制作方法是由黏土捏塑或模制，干燥后再烧制成装饰艺术品。历经近两千年的发展演变，这种装饰于屋顶的神兽，逐步由发明时的简单构造，经过魏晋、隋唐、宋元至明清时期，达到极盛，并形成统一固定的形象，成为中国古代建筑装饰中独特的装饰艺术风格（图 5-23、图 5-24）。

中国古建大都为土木结构，屋脊由木材上覆盖瓦片构成，而处于檐角最前端的瓦片，若没有保护措施容易被大风吹落，所以古代工匠用瓦钉来固定檐角最前端的瓦片，尔后在对钉帽的美化过程中，融入民俗和各种神兽，使之在最初单一的实用功能基础上，被赋予装饰、等级划分等多样化功能。

秦汉时期，随着建筑水平的提升及展示大一统国家的强大威严，宫殿建筑往往高大雄伟、气势如虹，但因为“木质结构”的建筑特性，这些大型宫殿通常又容易遭受雷击和引发火灾。在许多的古代文献中，都有提及汉代的“柏梁殿火灾事件”。这与鸱吻的产生有

山东高唐县
汉代陶模

麦积山 140 窟
北魏壁画

敦煌 220 窟
初唐壁画

四川邛崃
晚唐槃陀寺摩崖

敦煌 257 窟（北魏）

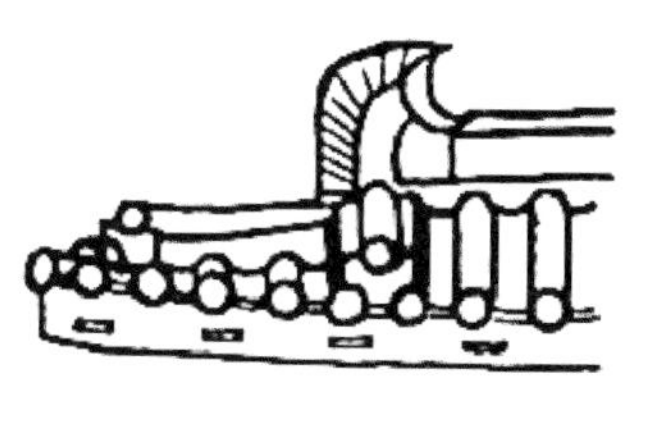

隋代李小孩石棺

渤海上京出土

历代大吻的演变（1）

图 5-23 历代大吻的演变 1（图片出自山西博物院）

河北蓟县独乐寺
辽代山门鸱吻

福建泰宁
宋代甘露岩吻

四川
后蜀（公元 934 年）
孟知祥墓门上的吻

山西大同市华严寺
辽代（公元 1038 年）
壁藏上的吻

敦煌 431 窟
宋代（公元 980 年）
窟檐上鸱吻

山西大同市华严寺
金代
薄迦教藏殿鸱吻

历代大吻的演变（2）

山西朔县崇福寺
金代
弥陀殿龙吻

山西永济县永乐宫
元代（公元 1262 年）
三清殿龙吻

山西永济县永乐宫
元代（公元 1262 年）
重阳殿大吻

河北曲阳县北岳庙
元代（公元 1270 年）
德宁殿大吻

北京智化寺
明代（公元 1443 年）
万佛阁大吻

北京故宫紫禁城
明代
角楼龙吻

历代大吻的演变（3）

图 5-24 历代大吻的演变 2（图片出自山西博物院）

着紧密关系。据《唐会要》上载："汉柏梁殿灾后，越巫言海中有鱼，虬尾似鸱，激浪即降雨，遂作其像于屋，以厌火祥。"大意是说，汉朝时柏梁殿发生火灾后，越巫上书说海中有神鱼，尾巴像鸱，卷起激浪就能降雨，所以建议汉武帝可塑鸱尾状的东西置放于殿脊上，以避火灾。

宋代高承所撰《事物纪原》卷八亦援引吴处厚《清箱杂记》曰："海有鱼，虬尾似鸱，用以喷浪则降雨。汉柏梁台灾，越巫上压胜之法。起建章宫，设鸱鱼之像与屋脊，以压火灾，即今世鸱吻是也。"

在汉代的画像砖纹饰中，也发现了建筑屋面正脊两端，呈上翘形的装饰构件。而据广州《南越国宫苑遗址 1995、1997 年考古发掘报告》显示，1997 年考古工作者在南越国宫苑的曲流石渠遗址废弃堆积层中发掘出土了三件鸱吻实物，为泥质灰陶，残长 12.8 厘米，残宽 12 厘米，厚 3.2 厘米，见图 3-38。鸱尾装饰下端断部较为平直，与汉代建筑正脊平直的做法连接非常切合。南越国宫苑的建造年代在西汉初年，综合多方信息史料，可以推断，鸱吻最早出现于西汉初年，当时的名称为"蚩尾"。

不过，从出土实物较少和鸱吻的外观、规格推测，汉代鸱吻的使用范围并不广泛，还处于一种初期的尝试阶段。同时，从汉代石阙、明器上的建筑形象可以看到，当时尊贵建筑的正脊处多装饰凤凰、朱雀或孔雀等饰物。对于鸱吻的防雷击效果，经过现代科学证明，古建筑正脊鸱吻的尖端部分会形成放电现象，其尖端与雷雨云所携带的电荷发生缓慢的"中和"，能够起到一定程度的消雷作用。

随后的近两千年时间里，"吻"经历了不断发展的演变过程，并且在工艺上越来越精美和生动。至晋代，典籍中开始大量出现关于鸱吻的文字记载，如《晋书·安帝纪》中有"义熙六年，雷震太庙鸱尾"，《晋书·五行志》中记载："孝武帝太元十六年六月鹊巢太极东头鸱尾"……根据文字所述，此时的鸱吻在晋人笔下已经由蚩尾变成鸱尾，由海兽变成猛禽，为何会出现这种变化？个中原因，我们已难以考证，只能加以猜测——或许晋代的蚩尾在外观上更像禽类的尾巴，因而命名为"鸱尾"。

另外，鸱吻源起于西汉的宫殿建筑，早期仅在皇家建筑上使用，而到了魏晋南北朝时期，作为权力的象征，逐步开始在寺庙、高级官署及贵族私邸中得到运用。如东晋孝武帝时建太庙，其大殿体量巨大，脊高八丈四尺，四阿屋顶，用鸱吻。到了北齐，甚至高级别的府宅屋顶也开始使用鸱尾。

隋唐时期，鸱吻的造型发生了局部改变，其形象得到进一步规范和固化。唐代是中国建筑史上的一个顶峰时期，此时的鸱尾形象更加雄浑简明，相比前代，与主体建筑的融合度、匹配度更加完美，使之与建筑浑然一体。同时，唐代已掌握高超的陶制屋顶装饰构件烧制技术，如唐昭陵遗址出土的大殿屋顶鸱吻高 1.5 米，长 1.02 米，前端厚 34 厘米，后端厚 77 厘米，重量高达 301.75 千克，足见大唐时期烧造陶质屋顶装饰构件的水平之高，见图 4-25。

中唐至晚唐时期，鸱尾的形象发生了显著变化，演变成带有鱼尾的兽头，兽头张嘴吞脊，形象夸张，鱼尾上翘而卷起，被称为鸱吻，又名蚩吻。有人认为正是因为这种夸张的造型，使得鸱尾的名字变成了鸱吻。值得注意的是，此时鸱吻的上方还出现了一个呈丁字形，名为“抢铁”的附属物。

进入宋代以后，鸱吻的造型仿效唐代，采用兽头鱼尾，张口吞脊的形象，并被逐步固定下来，周边辽、西夏等少数民族政权也多使用这种形象。同时，由于宋代建筑相比唐代少了雄浑的气魄，更显变化和绚丽，受此影响，宋代鸱吻尾部形象也更加柔韧，富有动感，同时鸱吻背部的抢铁十分显眼。

在宋代的文献史料中，对鸱吻也有着较多的记载。如北宋文学家欧阳修编撰的《新唐书・高宗纪》中写道：“八月已酉，大风落太庙鸱尾”；北宋山西人王溥在其所著的《唐会要》中也明确指出，鸱尾激浪降雨，因此放置在殿堂上“以厌之”。需要特别指出的是，唐中期以后，鸱吻的名称已由鸱尾变成鸱吻，但宋人笔下对鸱吻的称呼似乎又重归到鸱尾，据猜测，这种回归或许是受到程朱理学思想的束缚和影响，见图 4-47 绿釉陶鸱吻。

宋代以后龙形的吻兽增多，如金元时期，鸱吻距离鱼尾的形象越来越远，倒是更加接近于龙的形象，见图 4-56。位于山西朔州境内的金代建筑崇福寺，其弥陀殿正脊上的鸱吻干脆就都做成一整条龙的形象，龙首处增添了双角，舌头吐出，身体扭转，遒劲有力，此时再将之称为鸱尾已经不合适，故新命名为“螭吻”。

到了明清时期，封建王朝的中央集权进一步加强，鸱吻的造型最终演变成龙头型，且使用十分普遍，具体形象为表面饰龙纹，四爪腾空，尾部完全向后卷，龙首怒目，张口吞住正脊，脊上插有一柄宝剑，见图 5-1、图 5-2。

这柄宝剑由唐宋时期的抢铁（又名“拒鹊”）慢慢演化而成，一来相传螭吻背部插宝剑有驱魔辟邪之功用——在民间的封建传说里，这把宝剑为许逊（宋代封为“神功妙济真君”）所有，而妖魔鬼怪最惧怕这柄扇形宝剑，可使其望剑而逃。二来是怕螭吻擅离职守，跑回大海嬉戏，故在其背后残忍地插上一把仙人的“宝剑”，将它死死钉在屋脊上，使其不能腾飞。而从建筑构造及实用角度来看，由于龙嘴张口较大，插上“宝剑”有助于固定鸱吻，以保证建筑的稳固（图 5-25）。

自问世以来，各个朝代的鸱吻都有着鲜明的外观形象，而鸱吻名称的不同，实际上也凸显了不同历史时期，吻的演变过程，并与各个时代的建筑风貌、政治背景及民俗文化等紧密相连。至明清时期，包括鸱吻在内的建筑陶塑发展达到极盛，陶塑制品的形象更加丰富，从龙凤到飞禽走兽，从神佛仙道到凡夫俗子，从帝王将相到才子佳人，从日月星辰到山川河流，包罗万象，形成了中国古代建筑装饰中独特的装饰艺术风格（图 5-26）。

图 5–25 明清螭吻（摄于北京故宫）

图 5-26 清代螭吻（摄于河南开封山陕甘会馆）

第五节 屋顶装饰构件（瓦器）

清代的手工艺术品制作十分发达，在民居建筑上，引用工艺技法装饰内外檐、屋脊，形成清代建筑艺术上的装饰主义倾向。屋顶装饰构件（瓦器）由于地域差异，形成了各地极具地方风格的屋顶装饰艺术。此外，屋顶装饰构件的表现主题也往往与建筑物的特性或用途有关，一定程度上讲，屋顶装饰构件也代表着人们的身份和财富。屋顶装饰用陶制品也反映出了各个历史时期的不同社会背景。

屋顶装饰构件使用的陶制品（陶塑），除鸱尾外，还有垂兽、宝顶、走兽、瓦当、滴水、压脊装饰瓦器、陶塑、灰塑、嵌瓷等装饰方法。屋顶装饰构件由黏土捏塑或模制，干燥后烧制的崇拜偶像以及各种小型人物、动物等装饰艺术品。屋顶装饰构件由最初发明时的简单构造形式，经过魏晋、隋唐、宋元至明清时期，陶塑发展至极盛，陶塑制品的形象更加丰富。现以黄河中下游保留下来的明清民用建筑为例，来说明屋顶装饰构件的多样性以及地域性。陕西旬邑县保留下来的清代民居建筑——唐家大院的屋顶装饰（图 5-27）。陕西三原县明洪武年间建造的城隍庙，屋顶使用了琉璃瓦以及琉璃装饰构件（图 5-28）。陕西韩城党家村是保留较为完整的明清村落，直到现在村民还住在原有房屋内。该村落屋顶上的部分装饰构件见图 5-29。河南开封的“陕山甘会馆”为清中晚期建筑，其屋顶使用了琉璃瓦和琉璃装饰构件，该建筑的屋顶装饰见图 5-30。安徽亳州的陕西会馆，亦称“花戏楼”或大关帝庙，是清代早中期的建筑，其屋顶上的装饰构件见图 5-31。

建筑用陶塑也包括更为高级的琉璃制品。陶塑属于窑前雕。陶塑依靠坯体的柔软细腻特性，施以圆雕技法滴水润饰宛若木制，入窑前还对其进行修

图 5-27　陕西旬邑县保留下来的清代民居建筑——唐家大院的屋顶装饰（摄于旬邑唐家大院）

大门

钟楼

大殿一角

图 5-28 陕西三原县明代城隍庙的屋顶装饰构件

图 5-29 陕西韩城党家村明清村落房顶上的装饰构件（图片来自《中华砖瓦史话》）

饰。在焙烧过程中严格控制火候，防止坯体过大的收缩变形，从而有高超的烧成技巧。时至今日，这类陶塑的屋顶装饰构件在国内多地仍在生产，并广泛地应用在仿古建筑中。

明清时期旧房拆迁中的部分屋顶用装饰瓦器构件。从这些遗存的建筑瓦器构件，我们也可领略到当时屋面瓦产品的制造水平（图 5-32~ 图 5-34）。

在以往古砖瓦的研究文献或专著中一直对瓦的滴水没有给予足够的重视，有的甚至将滴水也称之为瓦当。自东汉出现垂尖式滴水后，滴水就一直伴随着瓦当共同装饰在古建筑

图 5-30　河南开封“山陕甘会馆”屋顶上的琉璃装饰构件

图 5-31 安徽亳州陕西会馆屋顶上的装饰构件

图 5-32 明清时期屋顶用的部分装饰瓦器构件（图片来自《中华砖瓦史话》）

的檐口，它同样有各种艺术水平很高的纹饰、图案，所以滴水也是古屋面瓦中不可缺失的一部分。瓦当和滴水艺术都是古代建筑美术设计与生产方法相结合的装饰艺术，是把美学观念用实用化的器物表现出来的一种手段。瓦当与滴水的外貌虽则古朴简拙，但是它们那独特的艺术品位与魅力，是久远历史的文化沉淀，它们的内涵深厚沉郁，外形质朴纯正。风雨千年，许多嵯峨富丽的宫阙楼台都伴随着社会变革而毁弃，幸存的瓦当与滴水，这些古代遗物却以其特有的文化附着体传递着那过去了的时代气息，引人遐想，摄人心神。更何况瓦当与滴水艺术原本就是集绘画、工艺、雕刻于一体的美妙艺术（图 5-35）。

中国古代建筑中的屋脊是屋面铺瓦形成的屋面转折接缝，起到防雨防水、保护屋面木结构的作用。随着屋面装饰艺术的发展，屋脊开始使用陶制品的装饰构件，至明清时期，

图 5-33 明清时期部分用雕塑（或模制）的压脊空心瓦器（图片来自《中华砖瓦史话》）

图 5-34 明清时期部分用雕塑（或模制）的压脊空心瓦器（图片来自《中华砖瓦史话》）

陶塑制品的形象更加丰富，如屋正脊两端的鸱吻、垂脊上的垂兽、戗脊上的套兽、屋脊装饰用窑前雕空心构件（花卉、人物）等。佛山石湾的屋脊陶塑艺术闻名海内外，素有“石湾瓦甲天下”之称。在马来西亚、越南的一些古建筑上至今仍是石湾的陶塑屋脊。

图 5-35 明清时期各种不同形状的滴水和特殊的瓦当（图片来自《中华砖瓦史话》）

广东佛山石湾窑始于唐宋，以生产日用陶瓷为主，明代开始生产琉璃瓦。艺术瓦脊早期为浮雕花鸟，清代中叶发展为以戏剧和民间传说作题材，在精巧的亭台楼阁背景下安置大量圆雕人物的人物脊。在十几米乃至几十米的瓦脊上展开故事情节，文官武将，仆童丫鬟，生旦净末俱全，煞是热闹，成为岭南传统建筑艺术的重要标志。

佛山祖庙三门的艺术瓦脊长31.7米，高1.78米。清光绪二十五年（1899年）由“文如璧”店制作。正背两面共有300多个人物。正面中段是“姜子牙封神”，东段为“诸葛亮舌战群儒”，西段为“甘露寺”。背面为“郭子仪祝寿”（图5-36、图5-37）。设计层次分明，主从有序，人物生动传神，互相呼应，整体宏伟壮观，被誉为“花脊之王”。

原安置于汾水铺关帝庙，现珍藏于佛山祖庙博物馆的“九龙谷”瓦脊，表现的是宋代穆桂英挂帅天门阵大战辽兵的故事，长10.19米，高1.8米。由文如璧店创作于光绪十七年（1891年），左段为“天官赐福”，右段为“牛郎织女”。无论人物、瑞兽、亭台、花草，每个细节都精致入微，形神毕肖，体现了石湾艺人精湛绝伦的才艺和一丝不苟的工匠精神，是石湾艺术瓦脊的经典力作（图5-38）。

图 5-36 广东佛山祖庙里的石湾陶塑屋脊

图 5-37 广东佛山祖庙里的石湾陶塑屋脊局部

图 5-38 石湾窑陶塑照壁瓦脊，左上：天官赐福，右上：牛郎织女，下图：穆桂英挂帅（摄于广东佛山祖庙）

文如璧店造

岭南地区（广东、福建）还流行有灰塑、嵌瓷方法的装饰屋脊。

灰塑亦称“灰批”，是岭南地区传统建筑装饰工艺。民间艺人以石灰为主要原料，拌上稻草或草纸，经发酵、锤炼，制成草筋灰或纸筋灰，然后根据建筑空间和装饰部位的需要设计图案，在现场进行创作。先以草筋灰堆塑成造型，再用纸筋灰细塑表面。待干到一定程度后，绘上各种色彩。完成后的灰塑坚韧结实，颜色鲜艳，经得起日晒雨淋不易褪色变形，非常适合南方炎热湿润的气候。由于灰塑工艺是现场构思制作，每一件作品都是独特的。根据史料记载，早在884年，唐朝灰塑就已经存在。广州灰塑工艺历史悠久。根据《广州市志》文物志介绍，始建于南宋庆元三年的增城证果寺就有灰塑工艺——灰塑龙船脊。明清两代则是广州灰塑的兴盛期，其主要运用于祠堂、庙庵、寺观和豪门大宅作建筑装饰。灰塑工艺精细，立体感强、色彩丰富；题材广泛，通俗易懂，多为人们喜闻乐见的人物、花鸟、

图 5-39　广东广州陈家祠陶塑与灰塑 1

图 5-40 广东广州陈家祠陶塑与灰塑 2

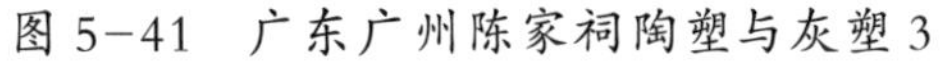

图 5-41 广东广州陈家祠陶塑与灰塑 3

图 5-42 广东广州陈家祠陶塑与灰塑 4

虫鱼、瑞兽、山水及书法等。灰塑经国务院批准列入第二批国家级非物质文化遗产名录。

广州灰塑具有显著的地域特征和传统的民间美术艺术价值。做工方面，广州灰塑精致细腻，色彩艳丽。用材方面，灰塑艺人因地制宜，采用适合广州炎热而潮湿的气候的雕塑材料石灰。它耐酸、耐碱，还耐温。制作流程方面，广州灰塑必须到待雕塑建筑的现场，于常温下制作，不需烧制。制作过程中，在景物之中或每组图案之间，巧妙地留出装饰性通风孔，从而减轻台风对脊饰的猛烈冲击。

在广州的陈家祠及佛山祖庙均可见清代灰塑作品。建于清朝的宗祠建筑陈家祠以其精湛的装饰艺术著称于世，其造型优美、雕塑精美、色彩丰富饱满的灰塑作品让人过目难忘，印象深刻（图 5-39~ 图 5-42）。

灰塑可以说是嵌瓷艺术的孪生兄弟，因为每一件嵌瓷作品的诞生，都是灰塑衬底。嵌瓷工艺先用铁丝扎成物象骨架，如人物、花鸟、走兽等，再以纸筋灰塑好雏形，然后将彩色瓷碗依据设计要求剪裁，在雏形上镶嵌成平贴、浮雕或圆雕。作品除室内摆设外，多装饰于庙宇、祠堂及大宅的屋脊、门楼和照壁。嵌瓷工艺色彩鲜艳，风格独特、雅俗共赏。起源于潮汕，清代后流行于闽南、台湾和东南亚。嵌瓷工艺历史悠久，据《广东工艺美术史料》记载，嵌瓷的出现可追溯至明代万历年间，盛于清代，迄今已有 300 多年历史。明代嵌瓷的图案、色彩比较简单。到了清末，瓷器生产作坊与工匠紧密配合，专门烧制各种色彩的低温瓷器作为专用材料，无论是工艺品或建筑装饰，大大地丰富了嵌瓷的色彩、构图。20 世纪 80 年代之后，人们对传统文化越发重视，嵌瓷工匠们有机会发挥其艺术才能。从这个时候开始，民间的祠堂、庙宇等重修，掀起了嵌瓷装饰的热潮。这个时期的作品色彩丰富，景物透视比较准确，人物面部等构件改用预烧制的陶塑，更经得起风雨炎日的洗礼。色彩斑斓、活龙活现的嵌瓷艺术是以绘画和雕塑等造型艺术为基础，运用经剪取的瓷片镶嵌来表现形象的工艺品和建筑装饰艺术。艺术风格较为写实，色彩鲜艳、形象生动、效果突出，有独特的生产技艺和欣赏价值。高超的技艺水平和不朽的艺术价值，充分体现了古代劳动人民的卓越才能和艺术创造力。嵌瓷工艺美术作品久经风雨、烈日曝晒而不褪色，在年降雨量大、夏季气温高且常有台风影响的湿润地区是其他

图 5-43　汕头市沟南世祐许公祠屋脊人物嵌瓷“刘、关、张”（图片来自《潮汕工艺美术》）

图 5-44　汕头市沟南世祐许公祠屋脊人物嵌瓷“打望天岭”（图片来自《潮汕工艺美术》）

工艺品无法代替的。嵌瓷艺术风格独特，布局构图气势雄伟、均称合理，线条粗犷有力，设色对比强烈、鲜艳明快，在对比中求统一。其题材广泛，或采用历史和民间传说中的英雄名臣、文人墨客，来反映人民群众扬正压邪、勇于进取的精神面貌，给人鞭策和启迪；或采用寓意吉祥、富贵的花虫鸟兽，营造吉祥、长寿、如意、富裕、和谐等富有文化朴素情感的艺术氛围。因其风格写实、质感坚实、雅俗共赏、表现对象栩栩如生。古代潮州的陶瓷产品“白如玉，薄如纸，明如镜，声如磬”，远销海外，令世人瞩目，宋代笔架山“百窑村”可证其昔日风采。明万历年间 (1573~1620 年)，一些精明的民间艺人，面对陶瓷生产过程中废弃的许多碎瓷片，特别是那些有釉彩与花卉图案的彩瓷片，慧眼独具，变废为宝，开始创造性地利用它们在屋脊上嵌贴成简单的花卉、龙凤之类图案来装饰美化建筑（图 5–43、图 5–44）。图 5–45、图 5–46 为广东潮州开元寺建筑屋面上的现代嵌瓷装饰。

图 5–45　广东潮州开元寺嵌瓷 1

图 5-46 广东潮州开元寺嵌瓷 2

第六节 《清式营造则例》中关于屋面瓦的记述

《清式营造则例》是著名建筑学家梁思成先生在20世纪30年代对清代建筑的营造方法及其则例研究学术专著，是梁思成先生最重要的学术成果之一。1934年由中国营造学社出版。书中详述了清代宫式建筑的平面布局、斗栱形制、大木构架、台基墙壁、屋顶、装修、彩画等的做法及其构件名称、权衡和功用，总结了清代官式建筑的做法，及其各部分的构件、名称、功能、位置和尺寸。

在“瓦石篇”中，梁思成对清代建筑屋顶的材料使用、铺贴方法及装饰构建作了较为详细的记述。

房顶的瓦作，在中国建筑中，尤其是宫殿建筑中，所占的位置最为重要（图5–47、图5–48）。

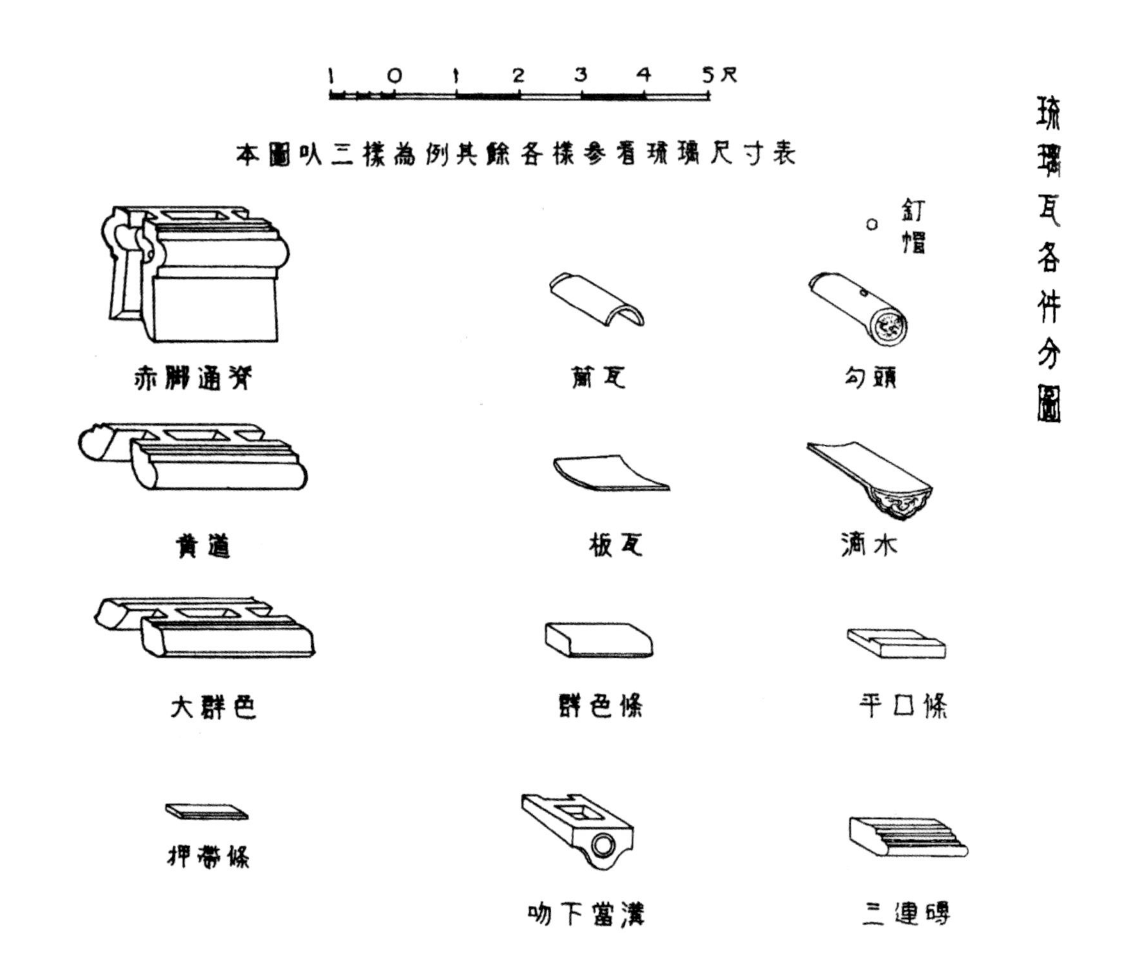

图5–47 琉璃瓦各件名称1（图片出自《清式营造则例》）

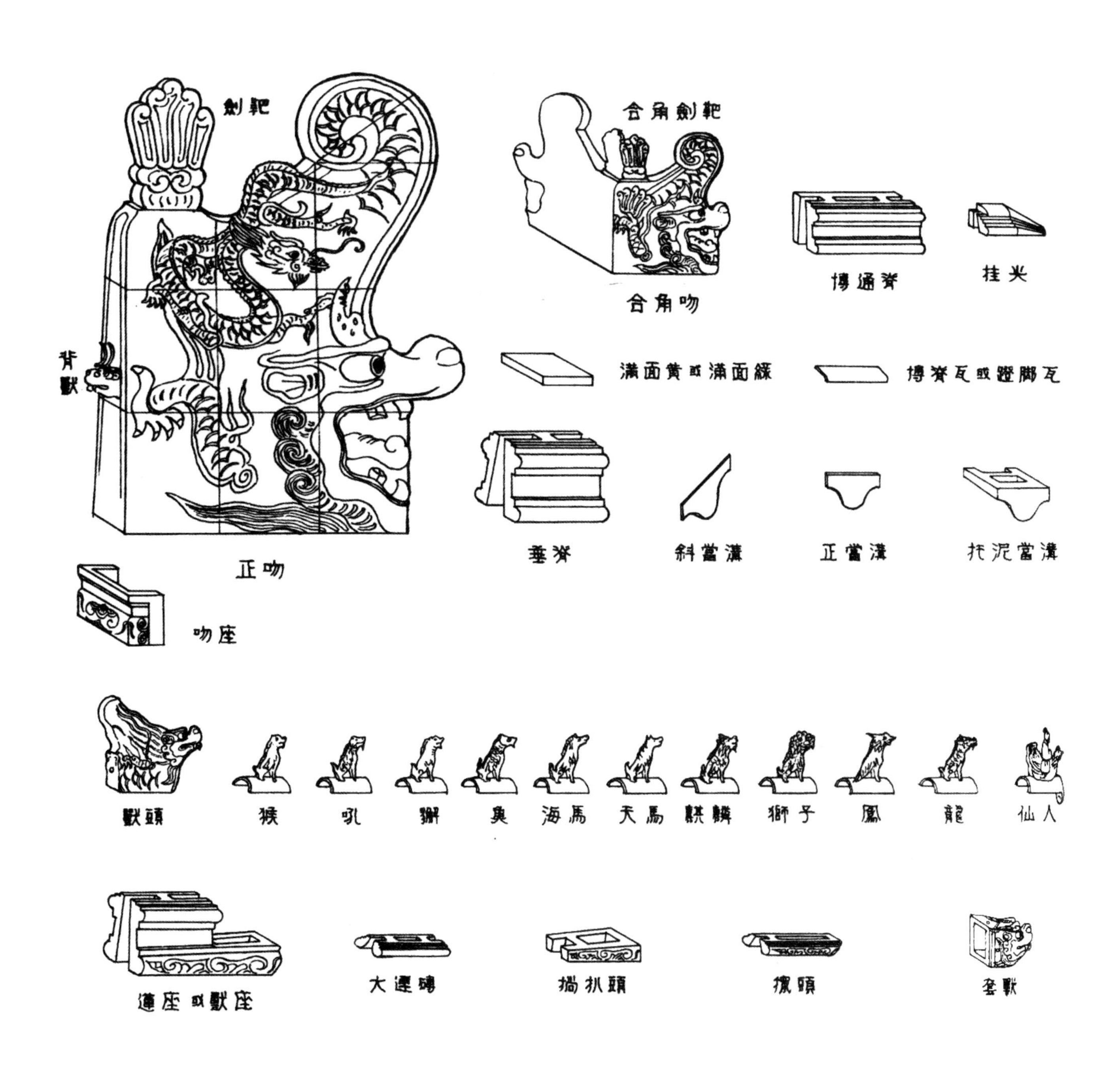

图 5-48　琉璃瓦各件名称 2（图片出自《清式营造则例》）

房顶的瓦作在形制上也可分为两大类——大式和小式。大式瓦作的特点是用筒瓦骑缝；脊上有特殊脊瓦，有吻兽等装饰。材料可用琉璃瓦或青瓦。小式没有吻兽，多用板瓦（间或也有用筒瓦的），材料只用青瓦。大式瓦多用于宫殿庙宇，虽然并不一定限于大式木作上，但是大式木作上却极少用小式瓦的先例（图 5-49、图 5-50）。

宫殿庙宇所用的瓦多为大式，材料则为琉璃瓦或青瓦，普通民房只能用小式青瓦。青瓦的质地松而且有孔，下雨的时候，水量要先把瓦浸饱了然后能泄下，所以干的时候与湿的时候重量很不相同。琉璃瓦表面有釉，完全不吸收水量，虽然平时重量较大，但雨后不增加，不仅是美丽，而且坚固耐久。

无论为大式，还是小式，为琉璃瓦，还是青瓦，用法差不多完全相同。基本的用法是将微弯的板瓦凹面向上，顺着屋顶的坡放上去，上一块压着下一块的十分之七，摆成一道沟。沟与沟并列着，沟与

图 5-49 明代小式瓦作（摄于江西上饶婺源理坑）

图 5-50 明清大式瓦作（摄于北京颐和园）

沟之间的缝子，或是小式，则用同样的板瓦覆盖；若是大式，则用半圆筒形的筒瓦，凹面向下覆盖，使雨水自板背或筒背上落到沟中，顺沟流下。每一列成沟的瓦叫做一陇。沟的最下一块是滴水，大式者曲下呈如意形，水由沟流下，顺着如意的尖就滴到地下；滴水是放在檐上瓦口之上，并且伸到檐外，以防雨水伤害檐部。覆在陇缝上的筒瓦，最下一块有圆形的头，称勾头或瓦当。若是小式板瓦覆缝，则滴水勾头都用微微卷起的花边瓦。

脊的做法因为屋顶形式之不同，略有几种：

庑殿共有四坡五脊(图 5-51)。正脊的骨架是脊桁和扶脊木，垂脊的骨架是由戗及角梁。正脊两端有正吻，一种龙头形的装饰，张开大口将正脊咬着；吻下山面有吻座，吻背上有扇形的剑把，背后有背兽。在较大的建筑物上，正吻常常有八九尺高，由若干块拼垒而成。两吻之间是正脊。正脊的构造法是先按前后坡上瓦陇的大小，在扶脊木的两旁安当沟，当沟上放几层线砖——押带条，群色条，连砖——上面放通脊，通脊上覆一陇筒瓦，正脊就算完备了。为使脊不致移动，有多数的脊桩穿过通脊，插在扶脊木上。瓦件里面还须灌满灰浆（图 5-52）。

图 5-51 庑殿顶

图 5-52 明清庑殿（摄于北京故宫）

垂脊是四角由戗和角梁上的结构，分为两大段——兽前和兽后。由最下端说起，仔角梁头上有套兽榫，榫上套一个套兽。梁上有扒头窜头，做仙人的座。仙人背后是一列走兽；按着次序是：(一)龙(二)凤(三)狮子(四)麒麟(五)天马(六)海马(七)鱼(八)獬(九)吼(十)猴。这些走兽的多寡，以坡身大小和柱子的高矮而定。大概每柱高二尺可以用一件。走兽的数目要单数，最后一兽的后面再放一块筒瓦，接着就是垂兽。由下端安上来，要将垂兽正正地安在正心桁中心线上，或正面及侧面正心桁相交点的上面。垂兽的后面就是垂脊，结构与正脊大略相同，沿着戗一直上到正吻的两旁。垂兽以前一段就是所谓兽前，后面就是兽后（图 5-53）。

硬山、悬山只有前后两坡，没有左右山坡。大式正脊的结构与庑殿同。垂脊结构法也略同庑殿，不同的只在位置方向；庑殿的垂脊是两面坡的接缝处，其主要功用在防雨水之浸入。硬山悬山垂脊的地位是房与山墙或博风板的接缝，而山墙却又盖在屋瓦之下，垂脊的功用因而减少多了（图 5-54、图 5-55）。

图 5-53 明清，庑殿顶垂脊（摄于北京故宫）

图 5-54 硬山顶

图 5-55 硬山顶（摄于陕西韩城党家村）

硬山、悬山垂脊上垂兽的位置是在檐桁之上，兽前照例安走兽，但最下一件仙人与脊作四十五度角；兽后还是一样安垂脊瓦。垂脊外面，将勾头和滴水，与垂脊成正角形，排列在博风之上，称排山勾滴。若有正脊，则山墙中线上，正中一块用勾头，若是卷棚式顶没有脊，正中就用滴水（图 5-56、图 5-58）。

歇山是悬山与庑殿合成（图 5-57）。垂脊的上半，由正吻到垂兽间的结构，与悬山完全相同。下半与庑殿完全相同，由博风至仙人，兽前兽后的分配同庑殿一样。下半自博风至套兽间的一段叫戗脊，与垂脊在平面上成四十五度角。在山花板与山面坡瓦相接缝处则用博脊。在山面当沟及压带条之上安承缝连砖，上覆博脊瓦或蹬脚瓦，再接上满面黄（绿色者称满面绿），倚在山花板上。两端的承缝连砖，做成尖形，隐入博风上勾滴之下者称挂尖（图 5-59）。

图 5-56 悬山顶

图 5-57 歇山顶

图 5-58 宋末元初悬山顶（摄于云南丽江）

图 5-59 明清歇山顶（摄于北京颐和园）

图 5-60　硬山顶，小式瓦作（摄于江苏昆山锦溪古镇）

图 5-61　悬山顶，小式瓦作（摄于广东梅州大埔桥溪村）

重檐建筑的上层屋顶是平常做法，下层狭窄的廊檐，往往只深一步架或两步架。在上檐金柱(或同地位的柱)间有承椽枋，枋上有博脊板，顺着博脊板安博脊瓦及满面黄，两端安合角吻，将角金柱绕过。

小式瓦作多半用在硬山或悬山。这两种的房顶都只有两坡一脊。正脊上或做简单的清水脊，两端用翘起的鼻子；或不用脊而用板瓦，将两坡上在脊处相衔接的陇盖上。小式的垂脊多用一陇的筒瓦，以表示与板瓦部分的区别（图 5-60、图 5-61）。

《清式营造则例》自 1934 年面世以来，成为中国建筑学界和古建筑修缮部门重要的“文法译本”，是深入认识中国古代建筑的必经门径。

第六章 神州民居 异彩纷呈

“安得广厦千万间，大庇天下寒士俱欢颜，风雨不动安如山。”唐朝诗人杜甫的理想，直到新中国成立才逐步变成现实。

中国幅员广阔，民族众多，民俗各异，民居各具特色，百花齐放，异彩纷呈，或粗犷厚实，或秀丽轻巧，或画栋雕梁，或清幽淡雅，装点神州大地，如同一幅万紫千红的山水长卷。

我国地域辽阔，自然环境复杂多样，地理风貌各具特色，材料资源及工艺手法各有不同，我国又是多民族国家，各民族、各地区生活习性、民俗文化、审美要求差别较大，在漫长的历史发展与文化交融过程中，形成了鲜明的民族特色和丰富的地方风格，呈现出百花齐放的多元化局面。

民居流派的形成，既有着深厚的历史渊源，也与各地区的地理气候、自然生态、社会文化、经济发展、对外交流等有着密切关系。譬如，在地理气候方面，屋顶的式样、屋面坡度与当地的降水量及气候直接相关。同时，民居的建造多讲究就地取材和与自然环境的和谐发展，森林资源丰富的地区较多地使用木材，石材主产地较多地使用石材，河流湖泊交错纵横的地区多讲究临河而居、滨水而筑；在文化层面上，因为地域文化的差异，工匠在建造民居过程中往往按照当地的传统习惯融入地域文化特色。

另外，当不同文化之间出现碰撞的时候，受外来文化、外来营造方式的影响，民居形式会在原来基础之上发生演变，在与外来文化交融过程中演化成新的形式。这种融合在江浙、闽粤等华侨较多的沿海省份及内陆多种文化交汇的地区较为常见。

总的来看，民居一般采用较为经济的手段，因地制宜，因材致用，以满足生活及生产上的需求，其用材、构造及外观与各地的自然环境、文化民俗巧妙结合。这些风格迥异、丰富多样的民居建筑已成为各地区标志性的人文景观。

屋面是民居流派的重要组成部分，在千年来的使用与演化过程中，我国各地方的屋面装饰也各具特色，形成了鲜明的地域特色。

屋面地域特色形成于宋代，至明清时期已经具有较为明显的区分。

两宋时期，屋面瓦的生产和使用技术达到了一个前所未有的高峰，普通富户的居所铺贴瓦片已经十分常见，这是民居屋面装饰差异化形成的基础。各地区屋面装饰风格之所以千差万别，主要表现在装饰瓦件、屋顶式样以及马头墙等房屋结构及屋面装饰的不同，而用于屋面铺贴的瓦片，数千年来均为小青瓦或筒瓦，南北方及各地区大同小异，没有明显的差别。

从我国古代建筑的整体外观看，屋顶是最富特色的部分。我国古代建筑的屋顶式样非常丰富，变化多端。等级低者有硬山顶、悬山顶，等级高者有庑殿顶、歇山顶。此外，还有攒尖顶、卷棚顶，以及扇形顶、盝顶、盔顶、勾连搭顶、平顶、穹隆顶、十字顶等特殊的形式。宋代以后，我国民居屋顶的式样基本齐全和定型，一般来说，北方及沿海多风地带，考虑到防风防火需要，多使用硬山顶，而南方雨水充沛、湿润的地区则多使用悬山顶，便于防雨、透风。也有极少数地区，如江西省中南部的遂川县，民居盛行采用歇山顶屋面。

马头墙是东方建筑的独有风韵，在中国传统民居中扮演着重要角色，特别是在南方地区广泛存在，由于地域文化、气候地理等差异，马头墙亦成为民居地域差异的主要表现（图 6-1）。

时至今日，对于马头墙的形成还没有权威说法，但有记载称，或始于明弘治年间，由徽州知府何歆创制。当时，徽州府房屋多为木结构，易引起火灾，加之徽州地少人稠，房屋住宅大多成片相连，发生火灾时往往出现“一家失火，殃及邻里”和“火烧连营”的惨状，何歆经过调查发现，可用砖砌成“火墙”抑制火势的办法，遂以政令的形式在全徽州推行之。

马头墙的墙头通常高出屋顶许多，随屋顶坡度层次跌落，墙顶上覆以小青瓦，因墙头处外观酷似马头，而命名为“马头墙”。除了防火功能，这种高大耸立的形状，还兼具防盗功能，增加了古时“梁上君子”出入偷盗的难度。明清时期，巧夺天工的古代工匠们，在墙头上融入美学设计和地方风俗、审美习惯，形成各种各样的形状。

至现代保留下来的传统民居中，马头墙在江浙、闽粤、苏皖、两湖、四川等地十分常见，但各地均有所差异，或重装饰，或偏功能，地域性极强。

令人唏嘘的是，在市场经济的冲刷下，随着岁月的流逝，反映地域特色的民居建筑越来越少，逐步被千篇一律的现代化商品房所替代。而那些曾经的粉墙黛瓦、小桥流水正离我们越来越远。

图 6-1 马头墙（摄于江西上饶婺源理坑）

第一节 岭南风韵

一、广东民居：瓦脊瑰丽 装饰精巧

地理环境和气候条件，对建筑有较大影响。从区域来看，广东民居建筑可分为广府民居、潮汕民居和客家民居三大派。珠三角地区地势平坦，河流纵横，气候炎热、潮湿，村镇布局和单体民居以解决通风隔热为主；潮汕地处沿海，台风影响较大，夏季气候炎热，建筑物既要有良好的通风隔热，又要防台风的侵蚀。客家地区多为丘陵山区，山多田少，村落多山丘布置，不占耕地，气候方面主要防东北寒风，同时也要防台风。

广东民居屋面上的装饰遵循实用与艺术相结合的原则，在满足功能的基础上进行艺术处理，使功能、结构、材料和艺术协调统一。如屋顶上用灰塑、陶塑等脊饰，可以防风、防雨；山墙增高，既能增加装饰，也能加强防火和防风……屋顶交脊除了一般的平脊外，常用的还有漏花纹饰脊、龙舟脊等，屋顶和墙面交接处常用砖雕、灰雕等装饰。潮汕民居还喜欢在屋脊上塑置各种神仙瑞兽和戏曲人物，形成一个凤舞龙翔、人神杂陈的“鸟革翚飞”的世界。

图 6-2 广州陈家祠花脊屋顶局部

图 6-3 广州陈家祠花脊屋顶

落成于清光绪二十年（1894 年）的广州陈氏书馆（陈家祠）是岭南地区现存最大和保存完整的古祠堂，集广东民间建筑装饰之大成。整体建筑以中路为主线，两边厅堂，厢房围合，六院六廊穿插。每座单体之间以青云巷相隔，长廊相连。大小 19 座建筑纵横规整，布局严谨对称，空间宽敞，主次分明，厅堂高大雄伟，廊庑秀美，庭院幽雅，是典型的广东民间宗祠式艺术建筑，被誉为“岭南建筑的明珠”。建筑装饰的妙处运用“三雕二塑”（木雕、砖雕、石雕、陶塑、灰塑）以及铜铁铸套色玻璃、塑画等工艺，才艺精湛，丰富多彩（图 6-2、图 6-3）。

清代中晚期岭南地区政治安定，经济繁荣，建筑兴旺，“顺德祠堂南海庙”成为珠三角乡镇的地标性建筑物。这些建筑最引人注目的亮点，是由石湾窑烧造的琉璃瓦脊（又称花脊）。

石湾花脊在清嘉庆至道光初期多为浮雕花卉雀鸟类图案纹饰，道光后期起发展为圆雕戏剧人物为主，背后衬有楼阁亭台，鸟兽花木（图 6-4），题材为戏剧故事和民间传说。在十几米乃至数十米的瓦脊上精心布置数十个瓦脊“公仔”，文官武将、仆童丫鬟、生旦净末俱全，宛如一出有声有色的粤剧大戏或立体连环画长卷。琉璃釉彩主要有黄、绿、蓝、褐、白五种，有些部分还贴有金箔，在丽日蓝天下金碧辉煌，雄伟壮观。

图 6-4 现存清中期花卉图案瓦脊（摄于佛山祖庙）

佛山祖庙三门的花脊长 31.7 米，高 1.78 米，正面题材为“姜子牙封神”，背面为“郭子仪祝寿”，正背两面共塑有各式人物约 300 个。清光绪二十五年（1899 年）由“文如璧”店制作。原汾水铺关帝庙花脊，中段为“穆桂英挂帅”，左右两段分别为“牛郎织女”和“天官赐福”。“文如璧”店制作于清光绪十七年（1891 年），人物生动传神，亭台花卉走兽细腻精致，是石湾艺术瓦脊的典型代表。

雷州半岛民居屋顶为硬山顶，具有良好的抗风、防火性能。南方多雨，对于屋面结合部的屋脊，防漏要求很高，所以屋脊做得特别粗大。屋脊做灰塑装饰，图案多样，特别是正脊，装饰繁密，有花鸟虫鱼、瓜果藤蔓等图案，屋顶檐口起翘的装饰造型尤为精美，通透玲珑。出于防风需要，雷州民居的山墙砌得较厚，同时增加泄风的洞孔和空隙。

围寨与围楼是潮汕民居的一种特殊的集居式住宅。筑寨的主要目的是防海盗、野兽。潮汕围寨多见于滨海的平原地带，围楼则分布在丘陵和山地，如饶平和潮安山区等地。滨海的地势辽阔平坦，可以建造规模巨大的“围寨”；而山区山岭多起伏，平坦的地少，只能向空中发展，因而建造面积较小而楼层较多的“围楼”。围寨和围楼分别是适应平原和山区不同地形地貌环境的防御性民居的最佳选择。

潮汕文化是岭南文化的一个分支，但由于潮汕地区无论地理位置还是语言方系，都与福建闽南有很大关系。潮汕人的生活习俗、审美爱好等与闽南地区更为接近。潮汕建筑装饰，不论是木雕、石雕，还是嵌瓷，在色彩上都喜欢用金漆粉刷，在暗黑梁架屋顶的衬托下更显金碧辉煌。石雕则开创性地采用色彩加工，使整个画面更有层次感，更有视觉冲击力。嵌瓷更是采用五颜六色璀璨夺目的彩瓷拼成，历久弥新的颜色和黝黑的屋面形成强烈对比。而且屋内的檀木漆成红色，椽子则漆成蓝色，称为“红楹蓝桷”，成为炫耀财富与地位的形式之一（图 6-5）。

广东对外通商与交往较早，外来建筑文化和先进技术传入也早，民居中反映出带有与外来建筑文化交流、融合的特点。如开平塘口镇的立园，为典型的受外来文化影响的侨乡民居建筑。其整体外观富丽堂皇，柱式采用希腊式圆柱和古罗马式的艺术雕刻支柱，窗户取材欧美式，具有浓厚的西洋风味；而屋顶则是中国宫殿式风格，绿色的琉璃瓦、壮观的龙脊、飘逸的檐角、栩栩如生的吻兽，中西风格和谐地糅合在一起。

清代中晚期岭南地区政治安定，经济繁荣，建筑兴旺，“顺德祠堂南海庙”成为珠三角乡镇的地标性建筑物。这些建筑最引人注目的亮点，是由石湾窑烧造的琉璃瓦脊（又称花脊）。

总的来说，广东民居平面类型丰富，组合形式灵活，为立面造型处理创造有利条件，装饰装修的运用，又为民居增加艺术效果。加上各地区的气候、地貌、材料、风俗习惯和审美爱好的不同，形成了民居简朴与精致相结合的多样风格。

图 6-5 潮汕建筑特色，嵌瓷（摄于广东潮州开元寺）

二、福建民居：土楼环套 气宇恢宏

建筑文化在特定的自然地理环境中，经过漫长的历史演变而形成，气候、地理、建筑材料、建筑工艺等因素对民居建筑影响极大。福建地处中国西南，素有“东南山国”和“八山一水一分田”之称，全省面积 12.14 万平方公里，陆地面积约占全省总面积的 82.39%，但其中山地占了 53.38%。

多山、多水、交通不便的地理环境，造成了福建独具特色、自成一体的文化、语言、风俗和建筑风格。由于福建境内多山脉、河流，使得文化的交流往来较少，往往仅限于河谷、平原地带，受此影响，福建境内的建筑类型多样，地区差别十分显著。

从地理环境角度而言，福建的另一特点是海岸线狭长，多深水良港，海洋运输业和对外贸易产业发达，对于培养福建人民顽强拼搏、善于开拓的性格具有决定意义。

发达繁荣的海上交通，促进了中外文化的融合渗透，中西合璧成为闽南民居的一大显著特点。据相关数据统计，福建有 800 万人旅居海外，这些遍及全球的华侨回归故里后，又促进了福建民居建筑的“国际化”。

侨乡民居建筑既保持了当地传统布局形式，在细部装饰方面又复制了国外民居建筑的某些特色，形成独具风格的建筑类型。如泉州一带的民居，用红砖砌成多种图案，创造出绚丽多彩的红砖文化，与古代伊斯兰建筑手法相通。

漫长的夏季、充分的降水量、多有台风侵袭……这是福建气候的主要特征，为了方便排水，福建民居房屋多为坡顶，坡度 30 度左右，房屋出檐较深。

福建各地区风速差异较大，每年夏秋之际，常有台风侵袭，沿海地区民居在迎风面多建单层，屋面不做出檐而为硬山压顶，屋面为四坡屋面，瓦上用石头压牢或用筒瓦压顶，屋顶周边用蛎壳粘住。福建民居主要针对夏季气候条件设计，注重遮阳防晒、排水、防风、防潮等功能。

福建居民大多为北方移民的后裔，因躲避战乱迁移至此。不同时期、不同地区的汉人南下，带来了不同的建筑风格和生活习惯，在与当地土著居民的融合过程中，相互影响，形成独特多样的建筑文化。根据地域文化、地理环境的不同，福建民居可大致分为闽南民居、闽东民居、莆仙民居、闽北民居、闽中民居和客家民居几大类。

闽南民居主要分布于泉州、厦门、漳州等地，外部材料多以红砖为封壁外墙，较多地使用红瓦屋顶、红筒瓦、红砖屋，达到别具一格的装饰效果和美感。屋顶多为硬山式或悬山式，屋顶正脊多呈弧形曲线，向两端吻头起翘成燕尾，一般屋脊的装饰为灰塑嵌花式，塑有人物、动物、花卉等精美彩瓷图案（图 6-6）。

莆仙民居分布在莆田市，屋顶主要为双坡悬山顶，出檐深远，屋面覆红瓦，瓦面上又遍压红砖块，既防台风掀瓦，又装饰了屋面；屋脊为燕尾脊，比闽南的“燕尾”细巧。

闽东民居分布在福州市，曲线封火山墙是闽东民居突出的外部特征，在外观上有弧形、弓形、马鞍形、牌坊形等形式，兼具实用功能和观赏性。因建筑民居为木构，特别注意防火，户与户之间设封火墙就是出于防火的考虑，有的墙头上还用瓦片覆盖两坡，别具风味；屋顶形式多为双坡硬山顶，也有悬山顶，屋面材料采用小青瓦。

图 6-6 明代红砖瓦民居（摄于福建漳州龙海埭美古村）

闽北民居集中于南平市和三明市，由于此地是福建重要的林区，盛产木材，因此民居大量地采用木制构件。也是出于防火的需要，闽北民居的山墙处通常做成硬山的“马头墙”，通常“马头墙”高出屋面和屋脊，随院落空间高低变化而错落有致，并有别于安徽等地呈阶梯形直上直下的马头墙，而是用流畅自如的曲线墙头。为了防火，闽北民居多为硬山两坡屋顶，山墙为跌落马头墙，屋面采用小青瓦装饰。

闽中民居分布在三明市、永安市、沙县等地。由于地处中心，呈现东西南北各种文化交融混合的局面，这样的地理位置，也深刻影响本地区建筑文化的多元复杂。福建客家民居主要分布在宁化县、清流县、上杭县、永定县、连城县、武平县等区域。这一地区常见的民居建筑是客家土楼（图 6-7、图 6-8）。

福建民居充分利用当地的材料、工艺和技术特长，因地制宜，就地取材，人们在建造住宅时特别注意结合当地的技艺特色，特别是灰塑、陶塑和嵌瓷等手法，在福建民居建筑装饰中具有一定地位。

图 6-7 福建客家土楼

图 6-8　福建龙岩永定承启楼

第二节 黄土情怀

一、山西民居：晋商故里 画栋雕梁

山西，因居太行山之西而得名，是典型的为黄土广泛覆盖的山地高原，地势东北高西南低，高原内部起伏不平，河谷纵横，地貌类型复杂多样，有山地、丘陵、台地、平原，山多川少，山地、丘陵面积占全省总面积的 80.1%。

受特殊地形地貌影响，山西民居在山地与平地风格迥异。在地势开阔的河沟地带，通常多有村落和民居分布其中；而在一些产煤地带，则多用青砖砌筑窑洞；到了较大的盆地地区，一般以砖木结构为主要构筑方式，形成壁垒森严、纵横交错的深宅大院。

山西民居是中国传统民居建筑的一个重要流派，和皖南民居齐名。一向有“北山西，南皖南”的说法。山西民居中，最富庶、最华丽的民居要数汾河一带的民居，而汾河流域的民居，最具代表性的又数祁县和平遥。山西民居与其他地区传统民居的共同特点都是聚族而居，坐北朝南，注重内采光；以木梁承重，以砖、石、土砌护墙；以堂屋为中心，以雕梁画栋作装饰（图 6-9、图 6-10）。

图 6-9 山西灵石王家大院

图 6-10 山西灵石王家大院

山西境内民居类型呈多样性分布，从东西看，太行山西麓的晋东南地区与河北文化类型相似；而黄河沿岸的晋西地区则含有陕西文化因素；从南北看，汾水中下游的晋南地区有河南文化因素，晋北地区的文化类型又与北方地区题材、结构、风格明显统一。

穴居之风，盛行于黄河流域，除了在陕西、甘肃等省较为常见，在晋西北与晋北地区亦有大量的分布。窑洞房又有几种类型。一种是在黄土高原的崖岸边挖进去的窑洞，在山区比较多。另一种是用砖石砌成的窑洞，山区、平川都有。当地人之所以要碹这种窑洞，主要原因是窑洞内"冬暖夏凉"。

虽然说晋西民居主要以窑洞形态为主，但也有为数不多却造型独特的砖木结构建筑，这主要体现在它们的屋面形态上。这些建筑体态自由、布局随意，没有固定的"制式"限制。屋顶以硬山、悬山最为多见，注重屋脊的装饰，山墙变化丰富，曲线舒展柔和。

地处黄河中游、汾河下游的晋南一带，平川人多住瓦房，山区人多为窑洞。民居以土木、砖木结构为主。大户人家的住宅大都为四合院，由楼房和平房围合而成，做工讲究，富丽堂皇。

晋南民居多为一至两进或多个四合院组成的群体院落。屋顶多为硬山坡顶，起隔热及排水作用。与晋中民居不同之处在于山墙较多采用五花山墙式样，既美观，又有防火功能。遗憾的是，晋南虽为山西省历史文化遗存最厚重的地区，但随着经济发展，众多非常有价值的古民居被人为拆除，完整保存的古村、古镇为数不多。

晋中是山西省的政治、经济和文化中心区域，农耕底蕴厚重，是黄河流域古老的农业发祥地之一。商业也很发达，是晋商故里，明清时期，晋中商业繁荣，富商巨贾云集。业成之后，商人荣归故里，在家乡倾尽全力、不吝钱财地修建宅邸，因此晋中民居不仅种类丰富，而且规模之大、质量之高在全省乃至全国都属上乘，具有较高的技术与艺术水平。

晋中民居屋顶一般采用双坡硬山顶，前檐柱多用通柱，后檐用砖墙代替木柱，且屋顶出檐较短，用叠梁墙封顶，与山墙和整个院墙形成统一封闭的形式。也有的屋顶采用单坡向院内硬山顶的形式，为了加大进深，屋面构造形成双曲形式（图 6-11）。

地处山西西北部的晋北地区，位于黄土高原东北边缘，历史悠久，境内山峦起伏，沟壑纵横，形成许多天然关塞，自古以来就是兵家必争之地。作为边关重地，晋北民居建筑无奢华之风，朴素实用。民居形式主要有窑洞、木构架平房、阁楼、瓦房、楼房、石板房等类型。

在晋北，有很多民居完全用土墙、土顶修筑，墙面用灰泥墁得整洁光平，一座一座的房屋毗邻排列着，非常整齐，形成朴素的建筑风格。屋顶以悬山顶居多，有别于山西其他地区，最明显的特点是筒瓦屋顶做成前坡长、后坡短的鹌鹑檐，铃铛排水脊，房屋出檐较大，台不高，正房五脊六兽，墙体较厚。

图 6-11　山西晋中常家庄园

二、河南民居：兼容南北 广纳东西

河南位于中国中部，呈承东启西、望北向南之势。居中的地理位置，使河南成为各族人民南来北往、东去西来的必经之地，从古至今皆有“得中原者得天下”之说，足见河南的地理与战略地位之优越。

河南是中华民族与华夏文明的主要发祥地之一，历史上先后有 20 多个朝代建都或迁都河南，中国八大古都河南独占其四。辉煌的历史文化传承至今，形成河南文物古迹众多的深厚底蕴和独特景观。得天时地利之便，河南的民居建筑类型丰富、形式多样，可圈可点。特别是在古代城市建设中，长期作为一国之中心的河南，对古代城市的建设有强烈的示范性作用。

河南地处亚热带和暖温带的过渡交接地带，气候兼有南北两方特征，降雨与湿润程度亦呈东西之别。受此影响，河南民居的区域性差异显著。河南传统民居建筑可分为院落、窑洞、石板房以及现代平顶房等极具特色的几大类，都是华夏民族智慧的结晶。

中国民居以土木为建筑材料，单体建筑一般不大，但将单体建筑通过有机组合，形成院落是传统建筑的普遍现象，目前发现最早的院落出现在河南偃师。河南民居院落变化较大，大致可归纳为四合院、三合院、窑房院和山区的前后排房院（图 6-12~ 图 6-14）。

图 6-12 清代洛阳康百万山庄

图 6-13　河南南阳社旗山陕会馆

图 6-14　河南开封山陕甘会馆

窑洞，是由于地理、地质、气候等多种因素而形成的一种独特的民居建筑形式。它不仅节省材料，而且冬暖夏凉，因所选土质稳定性好，一般亦很坚固。主要集中在河南西部地区，如巩义、洛阳和三门峡地带。

河南窑洞的形式可以分两种，一种是利用黄土原顶上向下挖成深坑作院落，四壁挖洞为居所，内部空间采用拱形结构。另一种是在黄土地顶向下挖掘出矩形的深坑，坑边有各式阶梯可以通到地面，再在坑壁四面开辟窑洞，称作地坑窑。这种植根于黄土地上的民居形式，具有亲切、朴素的性格，透露着北方农民对土地的眷恋之情。

地处河南西北部的太行山地区，以山高雄伟而出名，这里的石板建筑也是河南民居的一大特色，尤其是在太行山大峡谷的石板岩镇，这些地方土是金贵的，石头却取之不尽、用之不竭，成为主要的建筑材料。房子的墙体是石块，房子的“瓦”就是石板。在著名的石板岩乡，村庄绝大部分由石板房组成，清一色的石砌房子掩映在绿树红花之中，堪称河南民居中的一绝。

河南民居建筑的屋顶类型丰富多样，硬山顶和单坡屋顶在现存的河南民居实物中较为常见，另有少量的悬山屋顶和传统平顶屋顶。

在人们的印象中，单坡屋顶多出现于陕西，但在河南境内亦有较广的分布和使用，如豫西和豫西南一带的厢房皆通行单坡顶。单坡顶有两种形式：一种是后墙借助于其他墙体，屋顶贴在墙体上；另一种是墙体完全独立，正脊后有一小坡段后檐。主要是为了节省空间，特别是在狭窄紧凑的院落中，利于建筑的整体布局；单坡顶的后墙较高，也有利于院内的安全和防盗。在豫西一带的思想观念意识中，水为财，单坡屋顶可有效地聚拢财富。

平顶房分布于与河北接壤的豫北地区，如安阳等地。较好的平顶房设有女儿墙，有规律地排水，平顶房具有良好的耐久性和实用性，保存上百年至今依旧完好，且防水性能并不因岁月的侵蚀而减弱。

近些年随着瓦匠的减少，河南民居随之也开始出现越来越多的平顶房，特别是在一些新农村的趋势更加明显。平顶房顶一般采用楼板或采用钢筋沙石混交，施工都较为简单，但防潮、防水、隔热和抗震的性能都较差，外立面也远远不及瓦房美观。

在建筑外观方面，河南民居建筑较多地对屋脊进行装饰，并善于使用定型构件——陡板，装饰正脊和垂脊，陡板两面饰有各种花纹和文字纹，这种通过构件叠成装饰效果的屋脊在河南被称为“实脊”，是河南现存民居屋脊的主要形式，凡正脊为实脊的必配垂脊。

另一种平民化的正脊为花脊，特点是在陡板位置用筒瓦和板瓦，单用或两者搭配使用，叠成镂空花纹图案。花脊形象活泼多变，有效地减轻了屋脊重量，对建筑结构有利，建造成本低，深得大众喜爱，被广泛运用于中小型宅院。凡正脊为花脊的，一般不配垂脊，用两陇合瓦或一陇筒瓦简而代之。

三、西北民居：窑洞碉房 大气豪迈

西北地区深居内陆，行政区划包括新疆、甘肃、青海、宁夏、陕西等地，这一地区深居内陆，距海遥远，再加上地形对湿润气流的阻挡，仅东南部为温带季风气候，其他区域为温带大陆性气候，冬季严寒干燥，夏季高温，降水稀少，自东向西递减。气候干旱，气温的日较差和年较差都很大。

西北是中国少数民族聚居地区之一，少数民族人口约占总人口的1/3，主要有蒙古族、回族、维吾尔族、哈萨克族等，形成多元的民族文化格局。

西北处于中原农耕文化与北方草原游牧文化的交错地带，产生了诸如游牧与农耕、平原与山地、旱地与灌溉等聚落之间的重大分野，进而影响到农村聚落的分布结构及内部形态特征。如，以牧业为主的聚落通常房屋较少，院落宽大用以满足牲畜圈养与草料堆放，造成村落结构稀疏，形态松散；而以农耕为主的聚落，民居建筑复杂、形态紧凑。

西北地区民居主要存在窑洞、土坯式建筑、碉房、庄廓、帐房五种形式。窑洞集中于陕西、甘肃和宁夏三省区，是黄土高原特有的居住文化形态。这种隐藏于黄土层中，没有明显建筑外观的民居，最大限度地与大地融为一体，保持着原生态的环境风貌，是人与自然和谐相处的经典建筑范例。

介于陕北高原与秦岭山地之间的关中平原，由河流冲积而成，地势平坦，土地肥沃，是陕西自然条件最好的地区，素有“八百里秦川”之称。历史悠久、文化源远流长且积淀深厚，孕育了丰富多彩的建筑文化艺术，如陕西韩城市的党家村（图6-15）、旬邑县的唐家大院（图6-16）、西安市的高家大院等均为关中民居的典型代表，平面布局紧凑、空间逻辑清晰、选材与建筑质量严格，整体感觉沉稳内敛和装饰艺术水平较高。屋顶装饰较多使用砖雕工艺，注重脊饰、脊兽和瓦饰的运用。

陕南地处秦巴山区，与甘肃、四川、湖北、重庆交界，地缘结构以及南北文化的大交融，使得陕南呈现出巴蜀文化、荆楚文化、三秦文化等并存的多元文化特色。就民居具体形态而言，安康由于比邻荆楚，民居建筑主要彰显楚风遗韵，青瓦、石墙、硬山屋顶、马头墙等都成为安康民居典型的形态特征；而汉中接壤巴蜀，民居则表现巴蜀风情，木骨、白墙、青瓦成为汉中民居的典型特征。

作为回族分布最为密集的地区，宁夏大部分农村民居都以土坯建造房屋，可就地取材、经济实惠，这种土坯房主要有平屋顶和坡屋顶两大类型，平顶房屋主要分布在降雨量低于300毫米的地区，屋面坡度极小，无组织排水；瓦房顶主要分布在400 ~ 600毫米降雨量范围内。

地域狭长的甘肃省，是古丝绸之路的咽喉之地，面积跨越大，民居整体表现出多元化的格局。其中甘肃东部的天水民居呈现出浓郁的中原文化特色（图6-17），陇东民居又与陕北民居相似，甘南民居以藏族民居为主体，形态特征鲜明。

碉房是藏族最具代表性的民居，主要分布在青海玉树、果洛、黄南州的一些盛产石材的山峦河谷地带。藏族的居住建筑多为石砌二层或局部三层楼房。碉房底层布置牛、羊圈和杂用房，屋顶为平顶，屋面之上可用作打麦场、晾晒柴草和户外运动。

图 6-15 陕西韩城党家村

图 6-16 陕西旬邑唐家大院

图 6-17 甘肃天水黄土高坡民居

西北民居的屋面形态随降雨量变化较大，并有明显的分界线。无瓦平屋顶主要分布于300 毫米雨量线范围以内。地理范围，从北方干旱绿洲边缘带西段敦煌绵延至武威的河西走廊大部地区，农牧交错带中的北部区域，如宁南吴忠、同心、陕北定边、神木北部地区。该区域内多干旱少雨且蒸发量大、加之连续降雨时间短促且强度不大，因此屋顶处理基本不考虑降水因素影响，多为稍倾斜的无瓦平顶形式，坡度 2% ~ 3% 之间，甚至索性完全水平。

单坡式屋顶主要分布于 300 ~ 500 毫米之间等雨量线范围之内，分有瓦和无瓦（草泥抹灰）两种形式。从建筑外观上看，房顶一面高，一面低，不起脊，出檐明显。其中无瓦类型坡度 3% ~ 5% 之间，有瓦类型屋顶坡度 15% 左右。

有瓦硬山式屋顶则大多分布在 500 毫米等降水量线范围以上，如陕南的汉中盆地、安康盆地。

第三节 江南秀色

一、浙江民居：闲适淡雅 如诗如画

气候和地理是影响民居建筑风格的主要因素之一。浙江地处中国华东，属亚热带季风气候，季风显著、四季分明，雨量丰沛、空气湿润，雨热季节变化同步。这样的气候条件，使得浙江民居在设计建造过程中，通风、隔热、防水、防潮成为主要考虑的问题。

当地光雨资源丰富，日照与雨水充足，为了防雨遮阳，开放式的民居建筑通常出檐较深，达到遮阳挡雨的效果；而一些封闭式的大屋，则用天井结构来解决这一问题，一般房屋建筑面积越大，天井数量就越多，加速空气对流，达到散热的效果（图 6-18）。

从遗留的古建实物来看，浙江民居基本使用小青瓦覆盖屋面，仅有亭台楼榭和重要建筑才使用筒瓦。为了防止漏水，方便排水，采用小青瓦的屋顶坡度一般为 30° 左右，因地而异，雨水充沛的地方用三分水，雨水较少的地方用四分水。

图 6-18 浙江杭州胡雪岩故居局部

小青瓦规格多为 25 厘米 ×20 厘米左右，底瓦大头向上，盖瓦大头向下，瓦陇上部靠近正脊处和靠近檐口处瓦压七露三，以加强抗折效果。悬山靠边压二、三层瓦收头，这样既加强了瓦顶的抗风能力，又使两端结束处逐渐增高，调整和完善屋面弧度，加强升起效果。

苏杭地区自唐宋以来就是中国经济最发达、文化最繁荣的地区之一，建筑民居的屋顶装饰丰富多样，包括屋脊、翼角、宝顶、瓦将军、瓦当、滴水、悬鱼等，用瓦、砖、灰、木制作。浙江民居主要是人字顶，装饰构件主要是正脊当中和两端以及垂脊、戗脊、博脊，翼角装饰，装饰主要是在宗祠、庙宇、亭阁上（图 6-19）。

图 6-19 浙江杭州胡雪岩故居

浙江多台风天气，特别是沿海地区，很注重屋顶瓦片的牢固，中、大型民居多使用瓦当和滴水，比北方的瓦当宽大，瓦沟沟槽宽且深，并且出现较多长形瓦当。瓦当的图案与北方差别较大，北方瓦当以文字、蛇豹、虎等动物为主，浙江以花、云纹、回纹为主，尤其是浙南温州一带，出现了戏曲瓦当，即瓦头和滴水上刻戏曲人物故事，技艺接近浮雕。

马头墙是浙江民居的装饰特色之一，各地的差异也较大。浙中民居马头墙比浙西复杂，比浙东简单，有由浙西到浙东过渡型的特点。浙西民居的马头墙和徽州的基本相同，房屋四面围封，瓦不外伸，没有脊饰且立面上看不见屋脊。

用最简单的水平和垂直两种线条勾勒出来的马头墙，很好地解决了防水、雨水收集、排水等问题，并取得了极佳的美学效果。从高俯视，马头墙像阡陌，把屋顶划成一方方垅亩。

浙江民居的建筑外观颜色很讲究与自然的共处、与环境的融合。以淡雅清新为主，与朴素的建筑材料相协调。民居外装修颜色可归纳为两大类，山乡住宅是粉墙黛瓦或卵石墙、块石墙、木板墙原色。青砖、黑瓦是木头烧出来的青烟色，住宅内部木构件不施漆，可以说这类住宅是环境色，是无色之色。官邸豪宅是玄柱朱廊黑瓦，园林宅第等用暗红色、黑色，适应水环境的氛围。

借助于本地繁荣发达的雕刻技艺，雕刻装饰在浙江民居中被大量运用。厅堂、亭阁、庙堂都是雕刻的对象，建筑屋顶、屋面、内饰等都较多地运用雕刻手法。浙江民居砖雕应用广泛，也因各地住宅结构、文化特征、生活习性的不同而有所差别。如浙东的一些代表性建筑，砖雕主要分布在门楼和马头墙上，呈现面积大、层次多的特色（图6-20、图6-21）。

图 6-20　浙江义乌黄山八面厅

图 6-21 浙江杭州胡雪岩故居门楼

图 6-22 浙江杭州胡雪岩故居

浙江民居的建筑装饰风格地域性较强，尤其是屋脊的表现形式，有些地方风格简约，淡泊闲适，具有文士气质。有的地方却极具装饰性，构图强烈夸张，一般都有一道由砖瓦砌成的镂空图案曲线，在屋脊中部做出一个头冠一样的饰件（图 6-22）。

浙江民居秉承江南水乡细腻柔雅的特性，整体建造装饰讲求精致素雅，与北方建筑的雄浑奢华形成鲜明对比。整体特征正如中国文学所描述那般“江南春雨杏花，小桥流水人家”，宛若一副精美的山水水墨画，与自然环境高度融合。

二、江苏民居：小桥流水 秀丽庭园

江苏气候温和湿润，水域丰富，10 万平方公里的土地面积上，平原面积占比超过八成，城镇及乡村民居大都利用地形依山傍水而建或者跨溪而建，住房布局紧凑、自由灵活，一般为两层楼房、有楼阁，形成粉墙灰瓦、桃李丝竹的独特的水乡人家（图 6-23、图 6-24）。

江苏民居以苏州为代表。境内地势平坦，水网密布，大多数传统民居都与水有着千丝万缕的密切关联，人们临河而居、滨水建筑，既方便取水用水，亦能坐享发达水系造就的便捷交通。民居自然的融于水、路桥之间，青砖灰瓦、玲珑剔透的建筑风格，形成了江南地区纤细、温情的水乡建筑文化。

作为历史上七大古都之一江苏南京，曾在较长时间内扮演着政治中心的重要地位。尽管明朝建立后不久，明成祖迁都北京，但南京仍保留了都城地位，北京所在府为顺天府，南京所在府为应天府，合称二京府，保留了大量“国家级”政府机构，云集众多高级别官吏，兴建了不少豪宅御园。

明朝中期，南京及其周边的扬州、苏州等地，掀起了造园高潮，宅邸园林建筑快速发展。伴随着经济的发展以及都市、城镇人口的增长，建筑密度提升较大，促进了砖瓦结构民居比例的增加。

近代鸦片战争后，锁国已久的清王朝逐步打开门户，沿海地区受到西方文化的强烈冲击和影响。民居建筑开始突破传统建筑等级限制，融入欧式元素和建筑风格。尤其是江苏南部的一些城市，出现了青砖外墙、砖木结构的“洋房”，但细节处理和装饰上仍有中国传统建筑的痕迹。

新中国成立后，江苏的大中城市中，传统的民居建筑逐渐萎缩，取而代之的是千篇一律、无地域特征的现代建筑。

从地域来看，江苏民居可分为江南民居、宁镇民居、淮扬民居、苏北民居四大类。

江苏南部的苏州、常州等地经济发达，长期居于国内领先地位，活跃的经济与文化对推动建筑发展具有强力的促进作用，如周庄古镇，在清朝末年工商业和手工业高度发达，商贾云集、货如轮转，推动了当地的建筑发展和城镇规模扩大。在明清时期，苏南地区类似周庄的市镇较多，都曾有辉煌的商业和繁荣的经济，周庄举世闻名，是因为其传统民居建筑保存较为完好。

当地的气候地理条件决定了建筑采用与北方或岭南地区完全不同的构造形式。总体而言，由于地域接近、经济与文化交流频繁，苏南地区的建筑风格与徽派建筑、浙江建筑趋近，加之封建等级制度的严格约束，限制了城镇建筑尺度与规模的大小，而不同城镇之间各异的产业分工，又造成了民居、商铺、作坊等建筑间不同的排列组合，形成了城镇风貌的独特性。

长江南岸延绵的山脉，将南京、镇江与太湖平原天然隔开，使其文化习俗、生活方式、建筑风格甚至是语言口音皆与太湖平原有着较大差异。虽为同省，但宁镇民居的建筑形式及风格与苏南、江淮地区差别较大，反而与安徽徽州灰墙灰瓦的外观造型较为接近，搭配跌落式的封火山墙，朴素简约，给人美观、精致之感。

淮河与扬子江下游的扬州、淮安等地，自古以来虽然行政划分并不相同，但紧挨京杭大运河，是连接南北东西的重要交通枢纽，长期处于同一文化圈，彼此间联系密切、相互影响，在饮食、风俗、建筑形式等诸多方面都较为接近。秉承淮扬选料严谨的处事风格，民居建筑讲究以实用为主，建筑用料都比较纤细，追求装饰精细、风格雅丽。

以徐州、宿迁为代表的苏北地区，地处黄河故道，南接江淮，北扼齐鲁，与山东有着千丝万缕的联系，其语言亦非江淮方言，而属于中原官话。苏北民居与山东民居较接近，多为硬山顶，墙体为青砖砌筑，有的在屋顶装饰规格较高的透风脊，两侧防火山墙装饰有山花，融合了南北风格特色。

图 6-23　江苏苏州狮子林

图 6-24 江苏昆山锦溪古镇

三、江西民居：依山傍水　天井幽深

青瓦白墙的婺源古镇、沧桑精致的赣南围屋，江西作为一个拥有悠久历史和优秀传统文化的华东省份，时至今日，依旧保留着大量原生态的自然村落和传统民居。这些年代久远、规模宏大的民居精华，无论在建筑领域，还是在文化研究、游览观赏方面都闻名遐迩（图 6-25）。

江西山多水丰，环境幽丽，地形以江南丘陵、山地为主，盆地、谷地广布；北部为鄱阳湖平原，全境有大小河流 2400 余条。这样的自然地理概貌为民居的依山傍水而建创造了极佳的条件，使民居能够与自然融为一体，掩映在山峦叠翠的原野之中，异彩纷呈。

江西民居普遍采用天井式类型，并使用穿斗式、木构架的结构体系。长江以南地区气候炎热、多雨潮湿，山地丘陵遍布、人稠地窄，出于防晒通风、防火防潮以及紧凑布局的考虑，天井式民居较为常见，不仅数量可观，整体设计和外观表现得异常完美和精致。

江西的天井式民居平面组合简明而富有规律，一般屋顶结构并不复杂，基本为封火山墙的坡屋顶。由于推崇“四水归堂”的风水理念，屋顶大多为坡向天井的内排水形式。

屋面几乎都覆以小青瓦，极少使用筒瓦，小青瓦规格主要为 18 毫米 ×18 毫米和 16 毫米 ×16 毫米两种，为方便起见，都采用统一规格来作底盖瓦。有的大户人家住宅使用 22 毫米 ×18 毫米的缸瓦作底瓦，缸瓦是陶烧制品，亦有薄施釉者，但用缸瓦作底瓦的，还是得用小青瓦覆盖屋面。

图 6-25　江西上饶婺源李坑

江西民居甚少使用滴水、勾头等配件装饰屋面，多在檐口最外一排瓦面就地用石灰在两片盖瓦间垫出瓦头，作为檐口收头和压瓦之用。风大的地方还会在近檐口处的屋面散置一排压瓦砖。屋脊装饰较为简单，通常用小青瓦累叠，少数使用花砖瓦脊，或灰塑瓦脊（图6-26）。

小青瓦屋面坡度比较平缓，屋面坡度多为五分水或四分半水，正脊的节间为六分水或六分半水，檐口为四分水，甚至三分半水，瓦面曲线优美，平缓舒展。

江西文化有着非常明显的“边缘一腹心”特征。江西与浙、粤、闽、湘、鄂、皖六省接壤，虽然在东、南、西三面都有山脉和邻省阻隔，但这些周边省份与江西传统民居有着很深的相互交融和渗透。赣中民居尤为明显，赣州民居吸收糅合周边省份的文化特色，表现出显著的腹心文化特质。

遂川县地处江西中南部，连接赣中和赣南。民居盛行采用歇山顶屋面形式，明显区别于江西普遍采用的马头墙外形的天井式民居，舒缓活泼。这种风格的民居以草林乡最为典型，称“草林民居”。采用这种屋面类型的民居在江西分布范围较窄，仅为江西所特有，稀少的存在也让“草林民居”变得更加珍贵。

“草林民居”本质上属于天井式类型。但屋顶不采用马头墙作分割墙，采用歇山顶形式。“草林民居”的歇山式屋顶造型优美、富于变化、跌宕有致，给人以强烈的印象。

闽、粤、赣三省交接之处，是客家人聚居之地，保留着数百座客家围屋，是江西民居的一个另类。赣南围屋与粤北、闽西的客家围楼共同构建了这三地的客家聚落文化圈。但赣南围屋与广东、福建围屋的建筑结构和屋面结构存在一些差别。

赣东北与安徽的“血缘关系”尤为密切，皖南民居通过婺源的影响一直渗透到江西内陆，婺源在新中国成立前隶属于安徽省，就其历史背景应属于徽州文化圈范畴。婺源县传承了徽州文化的精华具有强烈的地方色彩，民居最能体现“天人合一”的古代人文生态观，雅、精、丽。一片片白墙青瓦、朴素淡雅，巧妙地融合在自然的山水之中（图6-27）。

这个自然质朴之地，借助于规模宏大的传统民居建筑和秀丽的自然风光，展现出深厚的文化底蕴和质朴的生活方式，被誉为“中国最美乡村”，成为人们向往的最具特色的旅游胜地之一。

图 6-26 江西上饶婺源理坑 1

图 6-27 江西上饶婺源理坑 2

第四节　多彩西南

一、云南民居：竹楼清隽 合院和谐

素有“彩云之南”美称的云南省，民居建筑经过数千年的发展，形成特色鲜明的风格，在我国建筑史上留下了浓墨重彩的璀璨篇章。云南是少数民居聚集区，境内 33% 的居民为少数民族，各民族不同的生活习性及喜好，创造了云南丰富多元的民居文化。

这些由少数民族创造的建筑民居，以其独特的风貌吸引着国内外众多游客慕名参观，如西双版纳傣族的干阑式民居、竹楼，怒江傈僳族的木楞房，澜沧地区的木撑房、挂墙房，彝族的重檐瓦房、合院等，凝聚着云南少数民族的聪明智慧和辛勤劳动。

云南民居在建筑形式和构造技术上体现了对地理、气候的适应。云南省气候环境复杂多样，兼备北热带、南亚热带、中亚热带、北亚热带、暖温带、中温带和高原气候区七种温度带气候类型，特别是在横断山区，气候的垂直变化差异明显，往往“一山有四季”，同一时间不同地域的气温悬殊。多样化的气候条件造就了云南民居样式和结构的纷繁多元。

云南民居可划分为干阑式、瓦板房、合院式等几大类，而同一类民居，在不同的地域又呈现诸多细节上的差异。干阑式民居主要分布在云南省西南部的西双版纳、普洱、临沧、德宏等地，这一带属亚热带湿热区，气温较高，雨量充沛，干阑式建筑很好地适应了当地的湿热气候，底层架空有利于建筑排水排涝和通风透气，大坡屋顶和深远的挑檐及重檐有利于遮阳。

由于气候的差异，云南省西南部各市（州）的干阑式民居形式又有所不同，大致可分为：版纳型、瑞丽型、孟连型和金平型。西双版纳高温多雨，无风或少风，干阑式建筑屋顶硕大且坡度较陡，多为重檐，建筑形式强调遮阳；德宏州瑞丽市相比西双版纳，降雨少风速大，干阑式建筑出檐短浅，建筑形式更强调通风。

干阑式民居是云南傣族、壮族、傈僳族、景颇族、白族、哈尼族、布朗族等少数民族居住的建筑形式之一。通常为双坡悬山顶，也有歇山顶，屋顶材料主要有青瓦、杉木皮、竹片和山草，为了方便排水，屋面坡度一般较陡，多在 45 度 ~ 50 度之间。

滇西北地区的气候条件与民居形式和滇西南截然相反。滇西北地处青藏高原东南部，包括迪庆、大理、丽江、怒江四个地州，这一带气候相对寒冷、干燥，特别是地处滇、川、藏三省（区）交界的迪庆州，全州 89.2% 的面积属高寒山区，首府香格里拉市年平均气温仅为 5.5℃。干冷气候下，滇西北民居屋顶结构突出防寒保暖，“闪片房”是这一区域的独特民居形式，通过厚实的土墙和屋顶来获得保温防寒效果。屋顶结构简单，为平缓的双坡屋面，坡度在 15° 左右，屋顶“劈杉为瓦”，覆木板片。这种木片瓦质量很轻、抗冻

图 6-28 云南丽江民居

图 6-29 云南大理民居 1

性强，为避免被风吹落，需要用石块压住，为保干燥和防止发霉，需要每年一翻（图 6-28~图 6-30）。

滇西北民居的另一种形式是碉房，又称为“土库房”，主要分布在迪庆州。因为迪庆州与西藏毗邻，受藏文化影响，故与西藏民居“碉房”相似，迪庆州的藏族碉房砌石为基底，夯土为墙，屋顶皆为平顶，保暖性能良好，冬季可以抵御寒风，夏季又可以带来阴凉。滇西北地区地势高寒，境内森林覆盖率较高，为适应当地自然环境，民居因地制宜，就近取材，屋顶多以劈开的薄木板盖顶，坡度以缓坡或平坡为主，注重防风、保暖和抗震。

合院式建筑是滇中和滇西等地区的主要建筑形式之一，源自中原汉族的文化和技术，又体现了对当地气温、降水等气候微差的适应。典型如昆明地区的“一颗印”合院，向内围合成院落，占地小、适应性强，很适合昆明的气候环境特点，因为昆明风大、日照强烈，房屋通常墙院高大、天井狭小，有利于保温、防风，屋面一般为硬山式或悬山式双坡瓦顶，上覆小青瓦（图 6-31、图 6-32）。

滇东北会泽古城合院式民居的类型和细节，饱含着丰富的地方文化特色。为改善室内通风在瓦屋面上架设小型窗洞，做法是将瓦片竖立、铺叠在瓦沟之间，形成一个高出屋面 20 厘米 ~ 40 厘米的圆弧形瓦屋洞。为防火隔墙、美化屋面，又在房屋两端饰有高出屋面的山墙，其形如狸猫拱腰，俗称“猫拱墙”，是该地区民居建筑的显著特征之一。

云南民居的地域差异化明显：西北的高寒山区植被茂密、气候酷寒，各民族就地取材，建造保暖御寒的木楞房、碉房和闪片房。重檐式瓦房和“一颗印”式房屋保暖和防风性能好，适宜温带地区人们居住并可防风和抗震，适合云南大理、丽江等地的自然条件。滇南山地建筑土掌房，所需泥土木材多，这种房冬暖夏凉，通风透光好，便于生产生活；高温多雨的西南地区炎热湿润，各民族以竹、木、草为材料，建造吊脚楼，避暑通风。

图 6-30 云南大理民居 2

图 6-31 云南保山民居 1

图 6-32 云南保山民居 2

二、贵州民居：自然生态 朴实无华

贵州气候温暖湿润，属亚热带高原季风气候，降水充沛、雨季明显，年平均降水量为1100 ~ 1300毫米的地区占80%，阴雨连绵的天气较多。受大气环流及地形影响，贵州气候呈现多样性，“一山分四季，十里不同天”。贵州气候不稳定，灾害性天气频发，干旱、秋风、冰雹等较为常见。为了适应本地的气候条件，贵州传统民居非常注重排水和防潮，屋面基本采用坡屋顶形式，结构多为干阑式木架建筑，通常分上下两层或两层以上，上层住人以有效避免湿气和蛇虫鼠蚁的侵袭（图6-33、图6-34）。

贵州民居大量使用石材、木材，这与当地丰富的森林资源及石材资源密切关联。贵州森林植被类型丰富，包含有各种亚热带常绿阔叶林、落叶阔叶林以及竹林等，为贵州构建木架结构的民居提供了丰富而便利的条件。贵州61.9%的国土面积为喀斯特地貌，构成一种特殊的岩溶生态系统，为贵州输送了大量的石材资源，尤其是黔中地区，蕴藏丰富的页岩、石灰岩、白云岩和砂岩等，质量好、易开采，成为当地建筑用材的首选。

贵州是多民族聚居的地区，境内有侗族、苗族、瑶族、水族等多个少数民族聚集区，民居具有鲜明的民族特色。其中黔北民居最具独特性，因为地域相近相连，黔北民居深受

图6-33 贵州黔西南西江千户苗寨1

图 6-34 贵州黔西南西江千户苗寨2

巴蜀文化影响，融合了巴蜀的建筑元素，随着外商的涌入，黔北民居又拥有江浙民居的风韵和中西交融的元素。

多山多水的天然阻隔，使得贵州一向较为闭塞，即便是科技与交通空前发达的当下，仍有许多原生态的村落和山区被屏蔽于时代之外，鲜为人知。许多民居依旧保持着原汁原味的传统风貌。

干阑式民居，是贵州地区较为常见的一种建筑形式，少数民族更愿意接受这种民居风格，由于各民族“大杂居、小聚居”的混居分布，不同民族的民居大体趋同，只是在细节方面会存在一定差异。如苗族的干阑民居依托山区陡坡、峭壁等地形复杂地段建造，侗族则依山傍水，筑于水边，既适应山地坡度的起伏变化，又要躲避河水涨潮的侵袭。但无论是那一民族，民居的屋面绝大部分为悬山式双坡屋顶，上覆小青瓦或者茅草、杉木皮。也有少数民族的干阑式屋面形制为歇山顶或圆形攒尖顶，譬如瑶族的粮仓，就采用这种形制，仓屋底部架空，屋顶覆盖小青瓦（图 6-35）。

另一种在贵州较为常见的民居是“生土民居”，主要集中于黔西北和六盘水等地区。民居利用未经焙烧仅作简单加工的原生土作为原料营造建筑主体结构。生土建筑可以就地取材、易于施工、造价低廉、冬暖夏凉、节省能源。它融于自然，有利于环境保护和生态平衡。这种古老的建筑类型至今仍然具有生命力。生土民居的屋面，亦为双坡屋顶，顶覆瓦、石板或稻草等材料。特别屋顶覆盖稻草的生土建筑，材料全部取自大自然，宛如从地里长出来一般，与自然融为一体。

在植被较少而盛产石材的黔中地区，民居建筑多使用当地石材，别具一格，形成一幢幢朴实无华的石板房。这种石板房以石条或石块砌墙，整体建筑除檩条、椽子是木料外，其余包括屋顶等全是石料，风雨不透。有的村镇将石材运用到极致，街道、水井、门窗、阶梯以及桌、椅等生活用品全部用石头筑成（图 6-36、图 6-37）。

贵州传统民居为适应当地复杂的自然条件而形成独特的架构，有谚语云：“天无三日晴，地无三尺平。”道出了贵州天气恶劣、晴雨莫测、山路崎岖、绝少平原的地理气候条件。再加之民族特色鲜明、宗教文化盛行，以及多民族的聚居交融，使得贵州传统民居建筑极具文化内涵，又因地制宜，运用当地丰富的“木”“石”资源等方面展现出了独特的造诣。

图 6-35 贵州黔西南西江千户苗寨 3

图 6-36 贵州安顺云峰屯堡 1

图 6-37 贵州安顺云峰屯堡 2

三、四川民居：富饶天府 多元功能

天府之国四川，物产丰饶，自然资源丰富异常，盛产木材、石材、竹子等建筑用材，多漆树、桐树，使得桐油、漆料的产量十分可观，房屋装饰也得到广泛的使用。四川民居因地制宜，充分运用丰富的自然资源建设房屋，其结构多为穿斗式木结构，采用砖、石、木、竹等多种材料相结合的建筑手法。

四川属亚热带季风气候，由于特殊的盆地地貌，地形闭塞，气温高于同纬度的其他地区，形成夏季炎热、冬季少雪、风力不大、雨水较多的独特气候。四川民居也因此注重排水、遮阳和散热。

四川地形复杂，高原、山地、丘陵、平原等不同的地貌交错分布，呈现不同的气候特征，为适应地形、气候条件的差异，四川民居的区域性差异表现明显——如川西高原地区，地势高、降水少、气候干燥，建筑大多累石为屋，集聚成寨；盆地气候湿润多雨，民居多数采用悬山顶或硬山顶屋顶形式，以利于排水，建筑用材多使用木材和砖瓦。山地丘陵地带则大多临水而居，分层筑台平原地区民居大多沿道路两侧或交通便利之处而筑，围墙成院（图 6-38）。

图 6-38 四川自贡仙市古镇

四川民居还受到文化及民族融合的影响，在“学贯中西、融汇南北”的基础上，几经变迁，与当地独特的地理、气候协调发展，并逐渐趋于一致性，形成自成一体、特色鲜明的模式。

四川自古就是多民族聚居之地，不同民族的混居，产生了不同类型的文化，四川在历史上深受三秦文化、荆楚文化、藏文化的交叉影响，特别是发生在清朝初年的“湖广填四川”，大量湖北、湖南、江西、广东、福建等省份的移民迁入四川，带去不同的民居建筑风格和经验，推动当地民居文化的多元性和融合性。近代最显著的建筑是祠庙会馆，如江西会馆、两湖会馆等，这些会馆是仕商结合的产物，将各省的建筑色彩与四川的地形环境相结合，无论内在装饰还是屋顶、山墙的外观设计都别具一格。这种多文化、多民族体系融合并存的格局，使得四川的民居建筑风格呈现出多彩多样的特征（图 6-39）。

四川现存民居多为清代建造，按功能型制的不同，分为大型庄园、廊院式、连排式、农舍、乡土民居等。穿斗式木结构民居由远古的干阑式建筑演变而成，与中原地区民居的合院式布局结合，形成一种独特的巴蜀民居形式，典型的代表是土家族的吊脚楼。

四川民居善于巧妙利用自然地形建造过程中，注重与环境的融合，大多依山傍水，与四邻环境协调。屋顶装饰通常为木结构的青瓦屋顶，外观朴实无华，屋檐一般较低，绿影婆娑，寂静清幽，使人感到舒适而明快。总的来看，四川民居的外观造型表现为“青瓦出檐长，穿斗白粉墙，悬崖伸吊脚，外挑抱马廊”的朴实自然风格，装修着重突出材料本色。

四川大部分地区炎热多雨，民居的建造与布局注重排水和散热。屋面的坡度都较大、出檐较深，多为 1.5 米，最深处可达 2 米以上，悬山式屋顶又有前坡短、后坡长、多外廊的做法，既可以遮挡阳光，又能够防止飘雨湿墙。

为了通风散热，四川民居建筑的屋顶挂瓦，通常采用不是很紧密的排列方式，巧妙地留出一定的空隙。这种屋顶称为“冷摊瓦”，透气效果较好，空气从许多细密的缝孔中流入室内，室内却感觉不到明显的风，在冬季寒冷时节门窗紧闭之时效果尤为明显，而到了夏季，气候闷热潮湿，“冷摊瓦”屋顶又可以让室内空气循环，排出湿热的空气，使室内居住环境不至于太过闷热（图 6-40、图 6-41）。

总的来看，四川民居建筑通常根据地形布局，结合当地的实际情况而建，沿山而行，顺江而建，遇弯则曲，开合有致，不拘一格。房屋造型空透轻盈，色彩清明素雅，适应当地地理及气候条件，表现了独特的聪明才智。

图 6-39　四川自贡西秦会馆

图 6-40 四川阆中古城 1

图 6-41 四川阆中古城 2

【下篇】

荟萃中西 继往开来

熟泥
瓦坯脱桶

第七章　现代中国瓦业的发展腾飞

中国烧结瓦历史悠久，源远流长，但直到1949年，制瓦业仍大体沿用着明代宋应星记述的传统手工技艺。中华人民共和国成立后，随着国民经济的发展，瓦业经历了从手工操作到机械化、自动化的进程。开放改革以来，瓦业发展突飞猛进，生产设备和工艺技术正赶超世界先进水平，中国成为世界最大的瓦业生产国。

第一节 近代屋面瓦业的发展

清三代“康雍乾”，是中国封建王朝最后的盛世，在繁荣的商品经济与旺盛的社会需求推动下，陶瓷器的制造工艺仍居世界最高水平，中国封建王朝这艘残破的庞然巨舰在精明、谨慎的舵手掌舵下，发挥着它最后的光芒。

从1644年清军入关到1911年辛亥革命爆发，清王朝统治前后跨越两百余年，期间琉璃瓦件得到大量使用，不仅广泛用于庙坛宫殿的扩建与修缮，还延伸使用到北京及周边地区的寺庙、园林、陵寝等工程建设，促进了琉璃生产技术的进步。

鸦片战争后，中国制瓷业在战火荼害下遭受严重摧残，开始由盛转衰。

随后发生的洋务运动，陶瓷发展迎来微弱的曙光。一批开明的政府官员为维护封建王朝统治，喊着“自强”“求富”的口号，在全国开展工业运动，希望摹习列强的工业技术和商业模式，利用官办、官督商办、官商合办等模式发展近代工业。

在洋务运动的推动下，陶瓷砖、陶瓷瓦、卫生陶瓷等现代陶瓷产品、生产技术及生产装备等相继传入我国，开启由传统陶瓷业进入现代陶瓷业的新征程。大连、上海、南京等通商口岸开始办起了引进西欧技术的机制砖瓦厂。

清光绪十二年(1886年)，清朝政府在旅顺从德国购进了以蒸汽机为动力的制砖的机器设备，价值1万两白银，建大、小3座砖窑，用以烧制砖瓦。1892年汉阳铁厂从英国购进的、以蒸汽机为动力的制砖瓦机器设备，成为我国中南地区最早使用机器制砖的厂家之一。

我国建造轮窑最早的地方是上海。清光绪二十三年（1897年），上海华商浦东机制砖瓦厂创立，厂址位于浦东白莲泾，是上海市第一家机制砖瓦厂。同时，建立了一座18门轮窑，该轮窑也就成为了我国有记录的、最早的轮窑。

1912年，中华民国建立，代表新兴资产阶级的政治势力开始登上历史舞台。一些先进的中国人纷纷探求救亡图存之法，大力发展实业，一些过去的官办陶瓷厂或者琉璃瓦厂改为民办。

但此时，军阀混战，时局动荡，中国陶瓷业很难有较好地发展环境，长期处于萧条衰落、艰难困顿的境地。琉璃瓦厂在险恶的环境下凭借顽强的生命力挣扎求存创作了很多精品，为社会民生提供了方便。

19世纪末是我国屋面瓦生产方式改变的分水岭，过去我国砖瓦生产一直采用传统的手工方式，从原料制备、坯体成形、干燥前后的搬运、装窑、烧窑和出窑等全部依靠人力。首先传入我国的砖瓦生产技术装备是圆窑和轮窑，因轮窑产量高、能耗低，采用轮窑的渐多，轮窑日产一号瓦达5000件以上。

这一时期，瓦的机械化生产水平非常低，一些瓦厂初建时全部采用人工，或者仅在制坯环节使用人力驱动机械，如1900年成立上海的瑞和砖瓦厂就从国外引进压瓦机进行生产。民国后期，随着瓦生产技术及工艺的进步发展，生产的部分环节开始逐渐采用蒸汽机、柴油机来驱动机械，个别企业还开始使用电力驱动。

在西方思想意识的涌入下，沿海城市开始出现欧式建筑，使用红平瓦，而中国的普通民房则大多使用青色蝴蝶瓦。1930年，上海大中砖瓦厂开始生产红平瓦。

随着西式建筑物的兴起，我国砖瓦业也陆续开始生产西班牙瓦、苏湾瓦、古式筒瓦、英国式弯瓦、青龙滴水瓦等异型黏土瓦。如当时大中砖瓦厂生产的异形黏土瓦的品种就多达29种，同时也涌现出一批知名异形黏土瓦生产厂家。如20世纪40年代中叶，中国砖瓦厂股份有限公司第四厂以生产“象牌”平瓦著名，规格为345毫米 ×210毫米，年产量30万 ~ 35万片，产品远销东南亚。

这种引进国外技术及机械设备生产的红平瓦，质地细致密实，平整光洁，色泽均匀，击之有金属声，建筑工人在屋面铺摊施工，在瓦面上行走，无一破损。

作为屋面瓦重要生产基地，江苏宜兴在琉璃制品业的影响下，开始零星生产琉璃瓦。1925年，窑户周西叔集资在宜兴创办“华盖琉璃瓦公司”。随后五、六年间，“三益琉璃瓦厂”和“开山砖瓦公司”相继开办，鼎盛时期员工达500多人。时至今日，宜兴及周边地区仍有较大数量的琉璃瓦生产工厂。

1934年商务印书馆出版的《日用百科全书》第十六编物产制造品类中，首次将砖瓦作为一个独立的工业制造部门列出，说明烧结砖瓦在当时国民经济建设中的地位，表明从晚清到民初烧结砖瓦已逐渐成长为我国的民族工业。“砖瓦：中国砖瓦之制造向来均用手工，现今此种手工制品虽仍为境内许多地最重要之建筑料，但近年以仿西式建筑勃兴，机制砖瓦之出产亦呈重要，产品之种类颇多，以青方瓦、红方瓦、青砖、红砖等出产最多。全国砖瓦厂多集中于上海，而南京等地次之。”该书记录了从晚清到1930年前全国共有82家砖瓦厂。

民国在外忧内患下，度过短暂的30余年，饱遭战火荼毒，尤其是1937年后的日本侵华战争与“三年内战”时期，市场萧条，陶瓷生产每况愈下，企业遭遇灭顶之灾，纷纷破产倒闭，仅余少量企业勉强维持生计。

总而言之，清末至民国的这一时段，我国陶瓷瓦整体生产技术水平较为落后，大多数使用易处理的黏土、页岩等原料，设备技术含量低、工艺技术水平简单，属于粗放的作坊式生产，较国外发达国家水平至少落后40年。

第二节　新中国瓦业的发展

中国人民共和国成立，开启了国民经济建设的新阶段。中国的瓦业也从过去粗放式的作坊式生产，走上了正规化、标准化、现代化的发展道路。

1953 年建设的北京市窦店砖瓦厂是国家“一五”计划内的重点项目之一，也是全国规模最大、机械化程度最高、工艺最先进的砖瓦厂。该砖瓦厂的主要设备和技术来自苏联。

我国砖瓦行业第一条隧道窑出现于 1958 年。该条隧道窑由当时的中国西北工业建筑设计院设计，由上海振苏砖瓦厂承建。该隧道窑窑体长 90 米，内高 2.2 米，宽 2.25 米。该条隧道窑于 1958 年 9 月 1 日动工兴建，1959 年建成投产。这一隧道窑的建成投产，为我国烧结砖瓦行业利用隧道窑焙烧砖瓦首开先河。同年新建的上海月浦砖瓦厂也采用了这种较为先进的隧道窑。

1952 年，上海振苏砖瓦厂的机械化程度仅为 4%，半机械化程度 15%，大部分为手工操作，到 1960 年，全厂机械化程度近 20%，半机械化程度 50%，大大提高了生产效率，减轻了工人的劳动强度。

1963 年，上海研制成功单杆操纵式电动摩擦轮压瓦机，班产量由 5000 件提高到 1.2 万件。1972 年，上海浦南砖瓦厂研制成功自动循环翻板六角模压瓦机，瓦坯生产摆脱了人工拉模的繁重体力劳动。

1953 年，华东建筑工程部规定，黏土平瓦的试制标准尺寸为 400 毫米 ×240 毫米，黏土脊瓦毛长≥ 300 毫米，宽≥ 180 毫米。1958 年，参照苏联标准的砖瓦行业标准颁布实施，改变了过去各地按照自己传统方式和习惯生产的局面。1990 年砖瓦行业标准《烧结砖瓦能耗等级定额》（ZBQ1004-90）颁布实施。1998 年建材行业标准《烧结瓦》（JC709-1998）颁布实施。2007 年首部国家标准《烧结瓦》（GB/T21149-2009）正式颁报，标志着中国瓦业标准化工作的完善。（关于首部烧结瓦国标的主要内容，我们在下一节简要介绍）

1971 年，兰州沙井驿砖瓦厂在国内率先试制成功了硬塑挤出瓦新设备和工艺。随后通过对引进国外先进设备的消化，至 20 世纪 90 年代末，我国的软塑挤出、半硬塑挤出和硬塑挤出设备已经能国内制造了。

从 20 世纪 80 年代初开始，我国引进了各种不同类型的烧结砖瓦设备和技术超过了 30 多项，大大促进了我国砖瓦行业技术的进步。例如引进后我国出现了变径变螺距的、大型号（如 750/650 型）的挤出机、紧凑型挤出机、硬塑挤出机、自动化码坯机、自动化上下架系统设备、窑车运转系统设备、自动切坯设备、挤出搅拌机、屋面瓦整型机等，同时也武装起了一批砖瓦机械制造厂。自 1988 年以来，我国共出口各种型号的砖瓦机械设备达 350 多套。通过引进生产线也使我国的干燥室和窑炉自动化控制水平大幅度得到提高，大断面隧道窑的设计水平、施工技术、焙烧工艺和控制得到了长足的进步。如 1989 年建成引进技术的 9.2 米内宽的一次码烧隧道窑，1996 年建成国内自行设计的 4.6 米内宽的隧道窑，1998 年建成 6.9 米内宽的隧道窑，2000 年建成 10.4 米内宽的隧道窑等，现已建成同类型的大断面隧道窑近百条。

这些引进生产线的投产也极大地丰富了我国烧结砖瓦产品的种类和使用功能。如上釉或无釉西式瓦等，这些产品有的已进入了国际市场。

20 世纪 80 年代初到 2000 年，是我国烧结砖瓦飞速发展的 20 年，是我国历史上从没有过的大发展时期。1996 年时，全国统计在册的砖瓦厂就有 12 万家。

屋面瓦的年产量从 1985 年的 305 亿片，增加到 2007 年的 600 多亿片（含水泥瓦在内，但没有含小土窑生产的小青瓦）。

第三节　西瓦的兴盛与青瓦的回归

改革开放以后，随着中外交流的愈加频繁以及社会经济水平的蓬勃发展，西班牙瓦、平板瓦、罗曼瓦、波形瓦、欧式连锁瓦等有别于中国传统琉璃瓦、青瓦的外来陶瓷屋面瓦在国内民居建筑得到广泛使用，为中国建筑风貌增彩添色，推动了中国屋面瓦产业的繁荣发展。

改革开放后，得益于地缘优势与日渐发达的经济发展水平，西瓦开始在广东、福建、江浙等沿海地区崭露头角。从遮风挡雨的使用功能，转变为以装饰功能为主的高端消费品，用于别墅、小洋楼、亭台等建筑物的屋顶装饰。

借助于经济的发展、消费水平的提升，千禧年后沿海地区西瓦产业蓬勃发展，诞生出一批西瓦品牌。1990 年佛山市石湾美术陶瓷厂率先从国外引进先进的全自动化生产线，开启了珠三角西瓦产业发展的新篇章，随后的 1998 ~ 2007 年间，九方、嘉泰、华联、彩亮、荣冠等屋面瓦企业及品牌先后创立。

这一时期，由于产能较小，市场长期处于供不应求状态，价格也相对高得离谱。此时的西瓦售价每片高达 7 元，而同一时期的猪肉仅 3 元 / 斤，有人揶揄称“一片瓦可抵两斤猪肉”。但在随后的十余年里，随着产能的持续增长，西瓦价格下跌，逐步进入寻常百姓家。

高昂的价格并不妨碍富裕阶层的购买热情。这一阶段的西瓦市场整体处于供不应求状态，企业呈现出快速发展的良好势头。

在近些年的发展历程中，佛山地区西瓦生产企业数量一直处于稳定状态。有意思的是，虽然时至今日佛山地区的西瓦生产企业达到近十家，这些企业的创办者大多出自石湾美陶厂，或曾为美陶厂的生产骨干、销售精英，抑或曾为美陶厂的原料供应商。一家工厂开枝散叶，逐步衍生出一个产业。

2004 年以来西瓦在江浙沪地区新建小区、旧城改造、别墅群建设等建筑使用增多，开始辐射影响到周边省份。江西高安市新红梅公司也开始生产欧式连锁瓦，这是江西西瓦产业发展的开端。但当时受生产条件的局限，西瓦产品质量不稳定，且当时江西地区西瓦市场少之又少，市场接受程度并不高。

2007 ~ 2010 年是西瓦发展的高峰时期，江西赣虹陶瓷、江西新阳陶瓷、江西东阳陶瓷、江西佳宇陶瓷等企业相继生产西瓦。2008 年、2009 年，连锁瓦价格一度达到 2 元 / 片以上。

2008 年前后，是西瓦产业发展的重要节点，企业开始面临生死存亡的考验。新生产线大量投产之后，落后产能因原料及劳动力成本不断攀升难以为继。以江苏宜兴为例，当地及周边县市星罗棋布着百余家西瓦制造企业，但真正采用辊道窑大规模生产西瓦的企业仅十余家，生产方式落后的企业被逐步淘汰。

福建地区同样如此。福建是国内较早生产西瓦的产区之一，因为“福建人卖建陶”的渠道优势，早期大部分西瓦市场皆被其占领，但因“煤改气”进程在福建推进早，产业发展受高成本影响而萎缩，在政策与市场的倒逼下，福建瓦企开始兼并重组，走出一条规模化、集约化的新路子。

2010 ~ 2016 年，借助于产业转移、新农村建设及房地产事业的欣欣向荣，西瓦生产企业在全国各地遍地开花。江西、湖北、湖南、安徽、四川、东三省、陕西、甘肃等省份涌现出大量的西瓦生产企业，单线产能随新生产线的陆续建成投产而不断刷新，这些省份的西瓦产能也开始超越早期的广东、福建等省份。

2000 年前后，国内西瓦生产线产能落后、产量低，即便当时产品普遍卖出高价，一条线的产值大多仅为 600 万元左右，如今虽然产品价格大幅降低，单线产值至少可达到 3000 万元以上。

据中国建筑卫生陶瓷协会数据，截至 2017 年年底，全国（除港澳台地区）共有西瓦生产线 279 条，日产能 3110.06 万片，一年按 310 天的生产周期计算，在满负荷生产的状态下，全国西瓦年产能达 96.4 亿片。

按照每片瓦的出厂均价折算，全国西瓦行业的年产值粗略估计在 110 ~ 150 亿元上下。江西、四川、湖北、安徽、湖南成为全国西瓦产能前五产区，其中江西以 52 条生产线、日产能 795 万片的庞大体量，占据全国总产能的 26%，成为国内较大西瓦产区。

从“湿压成型”到“干压成型”是西瓦行业近十年来最大的技术突破。现今国内西瓦行业，90% 以上采用干压成型，湿压成型仅保留于生产异型产品。湿压工艺可让产品更立体厚重，小批量个性化，是干压成型难以替代的。

对比西瓦湿压成型，干压成型大大降低了生产成本。湿压成型至少需要 8 个小时，而干压仅需 40 分钟，大大提升了生产效率，节省能源和原料。正因如此，干压成型已成为国内西瓦行业的普遍生产工艺，而湿压成型仅在少数企业传统工艺仍有保留。

随着全球化，如今中国西瓦的生产技术已接近德、意、日等国，主要差距是产品的使用搭配与设计。

当欧式别墅与东南亚风情占据高端建筑市场之时，沉寂多年的中式别墅正风起于青萍之末，过去的西风东渐积累了审美疲劳，掌握一定财富的中国消费者们开始重新审视建筑美感。

近些年，伴随着中国经济、文化实力的复苏与增强，强劲的“中国风”席卷全球，汉语、长城、故宫、中国结……中国文化的烙印与元素在国际舞台方兴未艾，在蓬勃发展的建筑行业，青砖灰瓦、雕栏画栋的中式建筑开始呈现回归与复苏之势。

审美风向之变释放出庞大的青砖青瓦市场需求。2016 年，贵州省加快推进“四在农家·美丽乡村”项目进程，催生了对古建青砖、青瓦的巨大需求，引发四川夹江陶瓷企业掀起“古建”热潮，多家陶企技改生产古建青瓦，截止 2017 年末夹江古建青砖、青瓦生产厂家已达到 20 余家，窑炉近 40 条。

近年来古建青瓦生产厂家在河北、安徽、湖北、湖南、贵州、云南、江西等产区呈遍地开花之势。当前古建青瓦市场一派兴旺，呈现生产成本低、市场需求大、利润空间高等特征。

青瓦市场的回归与现代技术的进步有着紧密相联，传统青瓦经过现代先进技术生产制作，大大增强了产品内在强度与外观效果，产品款式与规格也愈加丰富，主要运用于寺庙、公园、影视城等古式建筑的搭建和修缮工作，同时还广泛使用于高端酒店、宾馆、中式别墅等建筑物的装饰搭配。

值得一提的是，近年来，万科、雅居乐等国内知名地产商均开始结合现代建筑技术与审美要求，推出中式别墅项目，部分甚至一经推出即售罄，显示出高端买家对精美的中式别墅产品情有独钟。相对而言，中式建筑用材考究，手工精致，内部结构复杂，更具艺术感和收藏价值，彰显出中国建筑文化的博大精深。一直以来，青瓦给人以素雅，沉稳，古朴，宁静的美感，近年来也逐步成为设计师极力推荐的产品。

中国经济的发展以及生活水平的提高，推动了人们物质要求与欣赏水平的同步进步，在满目高楼大厦，审美疲劳之际，青瓦的发展被广泛看好，特别是北京合院式建筑、徽派建筑和苏州园林等中国传统民居，开始变得炙手可热，在全国各地被复制与重塑（表 7-1）。

2017年全国规模以上企业陶瓷屋面瓦产能概况（年产能按310天计） 表7-1

地区	企业数量（家）	生产线数量（条）	日产能（万片）	年产能（万片）
江西	22	52	795	246450
四川	36	50	712	220720
湖北	19	31	302.5	93775
安徽	15	27	228.66	70884.6
湖南	16	21	210	65100
广东	7	13	125.5	38905
贵州	6	8	125	38750
河北	4	8	107	33170
福建	17	21	76.9	23839
江苏	6	7	69	21390
甘肃	4	6	67	20770
浙江	13	17	65.5	20305
辽宁	2	3	46	14260
云南	3	3	42	13020
重庆	2	2	30	9300
吉林	2	2	25	7750
陕西	2	2	24	7440
河南	2	2	20	6200
山东	1	1	18	5580
宁夏	1	1	10	3100
内蒙古	1	1	9	2790
海南	1	1	2	620
合计	182	279	3110.06	964118.6

第四节 中国烧结屋面瓦的分类

国家现行标准GB/T 21149—2007《烧结瓦》根据形状将烧结瓦分为平瓦、脊瓦、三曲瓦、双筒瓦、鱼鳞瓦、牛舌瓦、板瓦、筒瓦、滴水瓦、沟头瓦、J形瓦、S形瓦、波形瓦和其他异形瓦及其配件共13类。图7-1为烧结瓦产品的类别。

图7-1中数字及英文字母含意的说明：

数字：1—瓦头；2—瓦尾；3—瓦脊；4—瓦槽；5—边筋；6—前爪；7—后爪；8—外槽；9—内槽；10—钉孔或钢丝孔；11—挂钩。

英文字母：L（l）—（有效）长度；b（b1）—（有效）宽度；h—厚度；d—曲线或弧度；c—谷深；D—峰宽；E—开度；l1—内外槽搭接部分长度；h1—边筋高度。

国家现行标准GB/T 21149—2007《烧结瓦》同时规定，根据吸水率不同将烧结瓦分为三类：

Ⅰ类：吸水率≤6.0%；

Ⅱ类：吸水率>6.0%、≤10.0%；

Ⅲ类：吸水率>10.0%、≤18.0%；青瓦≤21.0%。

烧结瓦的抗弯曲性能，该标准规定：

平瓦、脊瓦、板瓦、筒瓦、滴水瓦、沟头瓦类的弯曲破坏荷重不小于1200N；其中青瓦类的弯曲破坏荷重不小于850N；

J形瓦、S形瓦、波形瓦类的弯曲破坏荷重不小于1600N；

三曲瓦、双筒瓦、鱼鳞瓦、牛舌瓦类瓦的弯曲强度不小于8.0MPa。

烧结瓦的抗冻性能要求：经15次冻融循环不出现剥落、掉角、掉棱及裂纹增加现象。对上釉瓦类产品，规定经10次耐急冷急热循环不出现炸裂、剥落及裂纹延长现象。对不上釉瓦有抗渗性要求，经3小时渗漏试验瓦背面无水滴产生。若瓦的吸水率不大于10.0%时，可不做抗渗性试验。

相同品种的烧结瓦产品，上述的5项物理性能合格，根据尺寸偏差和外观质量分为优等品（A）和合格品（C）两个等级。

为了增加屋面的抗渗漏性，使其密不透水，任何一种瓦使用时都必须是一排搭接在另一排上。例如我国传统的小青瓦，重叠搭接的面积超过了50%。现代的屋面瓦借助于前后瓦爪和内、外导水槽进行彼此之间的搭接或连锁，有效利用面积大幅度提高。设置这些内外导水槽的主要目的就是有侧向风下雨时能够有效地阻止雨水进入瓦后，造成屋顶漏水。此外，导水槽及前后瓦爪也起着一定的支撑作用，在瓦背面一定的范围内形成了空腔，在雨后有利于瓦的脱水干燥。

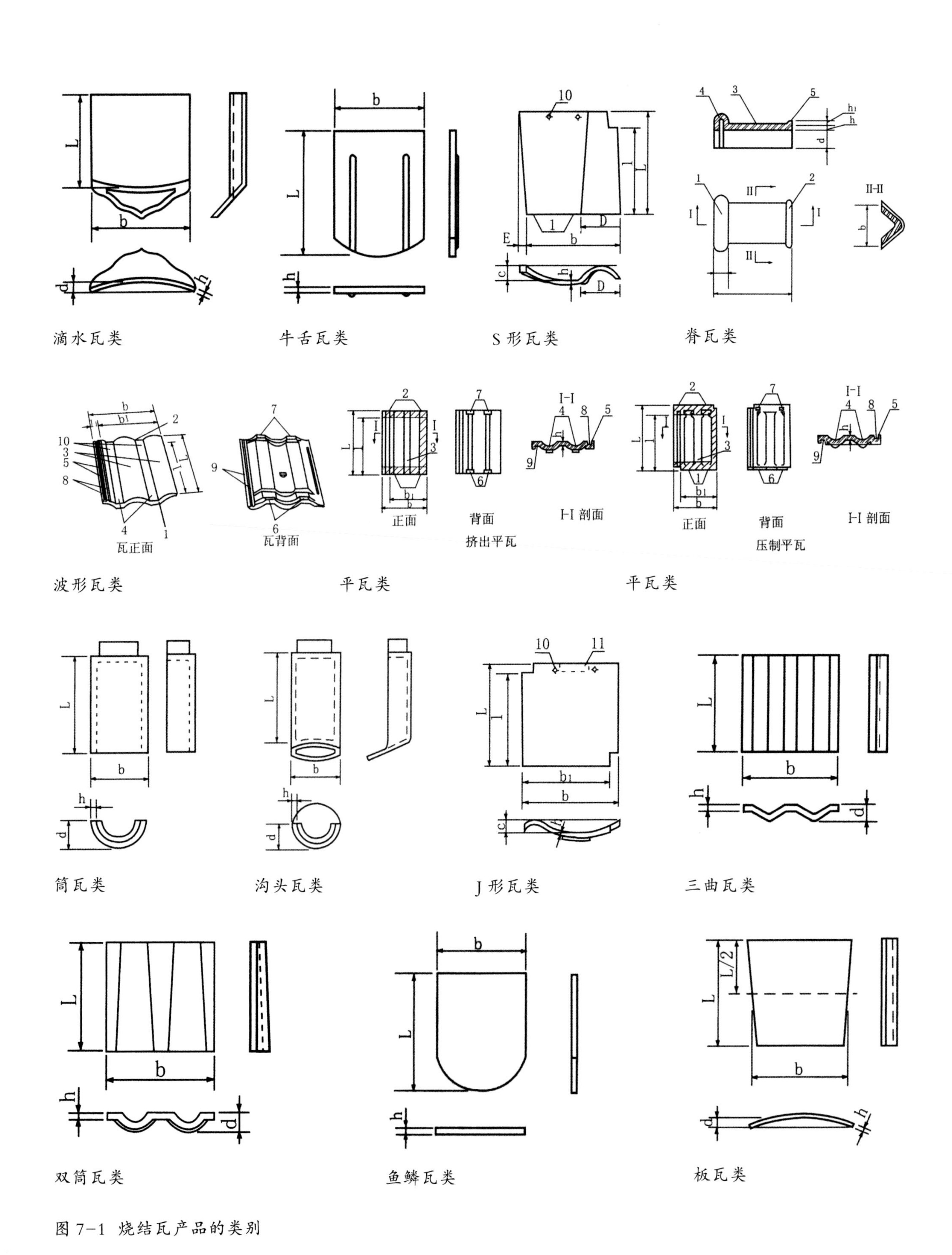

图 7-1 烧结瓦产品的类别

第八章　现代屋面瓦的生产工艺

中国屋面瓦约有4500年历史，以往的数千年一直采用传统手工技艺。自改革开放到21世纪，中国屋面瓦的生产工艺、产品质量与类别与西方发达国家的距离正在缩小，达到或接近了世界先进水平。

第一节　原 料

陶瓷制品所选用的原料，首先要保证加工后能生成制品所需要的各种晶相和玻璃体，使之产品具有足够的强度，满足使用要求；其次要能够保证适应在加工过程中制品的各种工艺参数要求。

一、黏土类原料

黏土类原料是陶瓷制品的主要原料之一，在坯体中的用量在 40% ~ 70%，有时还可能更多。黏土矿物或多或少都具有一定的可塑性，有助于陶瓷制品的成型（图 8–1）。

黏土是由富含铝硅酸盐矿物的物质组成。黏土是由如长石、伟晶花岗岩、斑岩、片麻岩等，经过漫长的风化作用或热液蚀变作用而形成的。风化作用而形成黏土的岩石产于地表或不太深的风化壳以下；经热液蚀变作用而形成黏土的岩石常产于地壳深处（图 8–2、图 8–3）。

图 8–1　黏土

图 8–2　未风化的岩石

图 8–3　半风化产物

岩石风化崩解在原地残留下来的黏土，可溶性盐类溶于水中，被雨水冲走，只剩下黏土矿物和石英砂，质地较纯，耐火温度较高，但含母岩杂质，颗粒较粗，可塑性较差。

风化形成的黏土，经雨水河流的冲刷与漂流，迁移逐渐沉积下来形成黏土层，这过程中夹带了有机物和其他物质，可塑性好，耐火温度较低，并常混入有色杂质而显不同颜色。

黏土的工艺性质

1. 可塑性

黏土与适量的水混炼形成泥团，在一定的外力作用下产生形变但不开裂，当外力去掉以后，仍能保持其形状不变。黏土的这种性质称为可塑性，可塑性是黏土的主要工艺技术指标，是黏土能够制成各种陶瓷制品的工艺基础。有许多参数影响着原材料的可塑性，如：含水量、原材料的类型、颗粒尺寸（颗粒越细，塑性越高）、颗粒的形状、颗粒的表面面积和定位颗粒的凝聚、惰性物质（砂等）的含量、存在的盐类等。

2. 结合性

黏土的结合性是黏土能粘结一定细度的瘠性材料，形成可塑性并且有一定干燥强度的性能。黏土的这一性质能保证坯体有一定的干燥强度，是坯体干燥、输送、上釉等能够进行的基础。这是坯体配料中调节混合料性质的重要因素。

3. 触变性

黏土泥浆受到搅拌时，黏度降低而流动性增加，静置后逐渐恢复原状。泥料放置一段时间后，在维持原有水分的情况下，也会出现变稠和固化现象，这种性质统称为触变性。

4. 干燥收缩和烧成收缩

黏土泥料干燥时，因包裹黏土颗粒的水分蒸发，颗粒相互靠拢引起体积收缩，称为干燥收缩。黏土质坯体在焙烧时，发生脱水作用、分解作用、熔融作用等，泥料空隙减小，产生再次收缩，称之为烧成收缩。这两种收缩构成了混合料的总收缩。测定收缩是制作模具尺寸的依据。

5. 烧成温度和烧成温度范围

黏土坯料在焙烧过程中，温度超过900℃时，低熔融物开始出现，填充在未熔颗粒的空隙中，在表面张力的作用下，将未熔颗粒拉近，体积开始收缩，气孔率下降，密度升高，坯体中气孔率达到最低，密度达到最大时的温度称为烧成温度或称最高允许烧成温度。

最高允许烧成温度是指特定的原材料在焙烧中达该温度时不出现影响产品性能的变形或其他缺陷。每一种原材料根据其矿物组成的不同，均存在着一个合理的最高允许烧成温度或是烧结极限温度。

烧成温度范围是指在焙烧过程中不造成产品质量指标（尺寸、性能）下降的烧成温度波动范围称之为烧成温度范围。因为在最终进行的烧成阶段中，窑内的温度总是在一定范围内波动，同一坯垛之中的温差也不可避免，所以除了最高允许烧成温度外，可利用的烧成温度范围（间隔）也是实际生产中非常重要的工艺参数。

黏土矿物在屋面瓦生产中的作用：

（1）黏土矿物所提供的可塑性是瓦坯体能够成型的基础；

（2）黏土矿物使注浆泥料具有较强的悬浮性与稳定性；

（3)黏土矿物具有结合性,在坯料中结合其他的瘠性料并使坯料具有一定的干燥强度,有利于坯体的成型加工；

（4）黏土矿物是陶瓷坯体烧成中的主体，黏土中的 Al_2O_3 含量和杂质含量高低是坯体的烧成温度和软化温度的主要因素。

二、长石类原料

长石是陶瓷原料中最常用的熔剂性原料，化学成分为不含水的碱金属与碱土金属的铝硅酸盐，主要是钾、钠、钙的铝硅酸盐（图 8-4、图 8-5）。

长石在陶瓷原料中作为熔剂使用。在高温焙烧的情况下，长石在烧结瓦焙烧中的作用主要表现为它的熔融性能。

在较低的烧成温度下，长石在烧结瓦产品的焙烧过程中与其他惰性材料一样起填充料的作用，一般情况不发生反应。

图 8-4　钠长石

图 8-5　钾长石

第二节　坯料制备

坯料制备的依据是能满足生产工艺（成型、干燥、烧成）的要求，从而保证产品能达到标准规定的物理性能如吸水率、抗折性能、抗冻性能、耐急冷急热性等。坯料制备包括半干压成型坯料制备和塑性成型坯料制备。

一、半干成型坯料制备

半干压成型坯料制备有两种方法：湿法制粉和干法制粉

（一）湿法制粉工艺流程及设备

1. 球磨（图 8-6）

球磨的技术要点：

（1）水的加入量控制在总泥料重的 50% ~ 55%；

（2）添加剂一般用五水偏硅酸钠和水玻璃；

（3）球磨泥浆的细度控制：吸水率控制在 6% 以下的炻质产品要求泥浆细度为 250 目标准筛筛余量 3% 以下；吸水率在 6% 以上的产品，泥浆细度筛余量不超过 6%；

（4）泥浆流动性要求：涂 4 黏度杯测泥浆流动性在 30~70 秒之内；

（5）泥料球磨成浆料后要求均化陈腐，有利于泥浆性能的稳定。

2. 喷雾干燥

泥浆由泵压送到干燥塔的喷嘴中，在压力作用下，泥浆被雾化成细小的液滴向喷雾塔顶运动。喷雾塔顶的热风（400 ~ 500℃）在分风器作用下形成旋风，与浆料液滴充分接触，干燥成含一定水分的粉料颗粒，在重力作用下沉降到塔锥形底部，细粉通过塔锥体处的抽风机抽到除尘器中（图 8-7）。

工艺控制：

（1）泥浆水分

泥浆水分一般控制在 31% ~ 36%，要求泥浆不易触变。

（2）粉料水分

半干压成型粉料水分控制在 5% ~ 9%。

（3）粉料的颗粒级配

粉料的颗粒级配应符合紧密堆积原理，一般工艺控制参数为：30 目以上，不大于 15%；30 目 ~60 目约 40% ~ 60%；60 目 ~100 目为 30% ~ 40%；100 目下小于 10%。

（4）粉料陈化

粉料在相对封闭的陈化仓内陈腐 36 小时以后，能确保粉料水分均匀，减小压制过程的分层现象。

图 8-6 球磨

图 8-7 喷雾干燥示意图

（二）干法制粉工艺

工作原理为干法粉碎，再外加水造粒。干法粉碎用雷蒙磨或连续磨机，要求入磨混合料含水量在 8% 以下。将混合料磨成细粉后，进入连续式造粒机，在混料筒内湿混造粒约 30 秒，将形成粒状的粉料进一步干燥，直至符合成型工艺要求。

二、塑性成型坯料制备

塑性坯料是指旋压、滚压、挤压、手工拉坯等成型方法所用的坯料。坯料要求含水量尽量小，可塑性好，坯料致密度高，原料与水混合要均匀，各种原料混合要均匀。

（一）对辊机制备

1. 原料要求：

（1）混合料最大颗粒直径小于 10 毫米，大于 10 毫米颗粒的混合料要预先粉碎，对于莫氏硬度大于 6 的材料，要预粉碎至 0.8 毫米以下；

（2）混合中要避免石灰质料和杂物；

（3）混合的干燥收缩要求小于 5%；

（4）混合料要求有较大的可塑性。

2. 工艺流程：

铲车配料→双轴搅拌混料→对辊破碎机→搅拌挤出机→陈化备用（图 8-8~ 图 8-11）。

3. 混合料技术要求：

（1）混合料含水量一般控制在 17% ~ 21%；

（2）混合料的可塑性指数对于挤压成型产品一般控制在 10 以上。

（二）球磨制备

球磨制备是采用球磨机将各种原料球磨成一定细度的浆料。料浆的细度控制在 200 目筛余 5% 左右，再经压滤机将水分压滤至 17% ~ 21%。压滤后的泥饼料入陈化仓陈化后待用。泥浆水分控制在 32% 以下。泥浆通过压力泵由进浆口进入到两块滤板间形成的过滤室内，活动顶板加压，水分通过滤布从沟纹的滤液出口排出，滤板间的泥浆脱水形成滤饼。

（三）注浆成型坯料

注浆坯料一般用于异形产品，在瓦类制品里主要用于瓦型复杂的配件。注浆坯料性能控制如下：

1. 泥浆的流变性能

含水量超过液限的坯料称为泥浆。泥浆是一种胶体粒子与非胶体粒子在水介质中的分散体系，或是一种高浓度的悬浮液。黏度是流变性能的重要参数。颗粒分散性大、化学组成中碱金属含量低、腐殖质含量少的黏土泥浆黏度大。原料研磨方法、研磨时间和陈化时间长短、温度、解凝剂种类和用量等，均影响泥浆黏度。

2. 泥浆的触变性

注浆成型时，泥浆触变性过大时，容易出现黏稠现象，使制品各部分厚度不一，引起开裂和变形。

3. 泥浆的渗透性

泥浆的渗透性可以确定浇注速度、坯体在石膏模中的失水时间以及脱模后坯体的含水率。调节坯体的透水性：加入黏土，降低透水性能，加入瘠性料可以提高透水性能。

图 8-8　铲车配料

图 8-9　双轴搅拌机

图 8-10 对辊机

图 8-11 筛式圆盘给料机

第三节　成型

一、半干压成型

半干压成型是将含有一定水分的粉料填入表面压胶的钢质模型中，用较高的压力压制成型坯体的方式，粉料含水率一般控制在6% ~ 8%，压制压力视坯体性质而定，一般为150 ~ 230兆帕（图8-12）。

半干压成型对粉料的要求：

（1）粉料密度要较高，以降低其压缩比。生产实际控制粉料密度为0.93克/立方厘米以上；

（2）粉料流动性要好。流动性能用粉料的休止角来表述，生产实际控制粉料的休止角≤ 30°；

（3）粉料的颗粒级配要满足紧密堆积原理，细粉料要尽可能少，可以减小空气含量，降低粉料压缩比。实际控制在100目下小于8%，30目上小于15%；

（4）粉料化浆后要具有较好的塑性，粉料在受压后才有足够的生坯强度，粉料压制后的生坯强度一般控制在1.5MP以上；

（5）粉料水分要均匀，否则会造成非平面产品的干燥开裂。瓦类产品粉料水分控制在7% ~ 8.5%。

二、挤压成型

挤压成型是指采用压制的方法，使泥料受力后在模具中发生形变，得到所需形状的坯体。瓦类的挤压成型是对经陈化的泥料做真空挤出处理，挤出成瓦坯所需的基本形状，然后再输送到模具里进行压制（图8-13）。

泥料进入挤出机之前注意事项：

（1）进入挤出机的泥料需经削泥刀切成细小条状或薄片状，泥料厚度减小后，在真空压力差下，泥料中易于释放出气体；

（2）真空度的控制，真空度越高，泥料中的气体更容易释放出来，真空度宜控制在90.0 ~ 96.0kPa；

（3）挤出机泥缸内的螺旋绞刀构造不同，对挤出的效果有明显地影响，挤出机出口的锥度应适应原料的性质。

影响挤压成型因素：

（1）挤压模具的设计要求强度高，透水性能好；

（2）模具设计要考虑到透水和排水性能；

（3）须考虑开模成型余泥的切除处理，闭模成型余泥的填充空间。

在传统陶瓷的生产过程中，石膏模在传统挤压成型中占有很高的比重。在现代制瓦工艺中，模具制备方面有了长足的发展，橡胶模具逐渐取代石膏模具。

图 8-12 干压成型

图 8-13 湿压成型

第四节 坯体干燥

干燥的作用在于蒸发掉坯体中的水分，使坯体具有一定的干燥强度，便于输送坯体，干燥后的坯料能够吸收水分，为施釉提供条件。

一、干燥过程

坯体中含有吸附水、结合水和结晶水，干燥过程要除去的是吸附水。

二、干燥制度

坯体在干燥过程中大量排出吸附水，颗粒间的水膜变薄，颗粒在引力作用下靠拢，坯体开始收缩。当水膜除去后颗粒相互接触，收缩停止，坯体吸热升温。此时坯体表现为受热膨胀，可部分抵消因水分蒸发的收缩量。

坯体在收缩过程中，因坯体颗粒有一定的取向性，并且坯体厚度不均匀，坯体各部分所受的压力和致密度不均匀，导致坯体内外和各部分间的收缩率不一致，从而产生内应力，引起坯体的变形或开裂。理想的干燥度是干燥速率尽可能大一些，并且坯体的变形量小，不产生裂纹。

影响干燥速度的因素除了坯体材料组成的性质外，还和坯体含水量、坯体厚度和形状、坯体各部位因受压力不同而产生的密度的差异、生坯的温度、干燥介质的温度和湿度、干燥介质的流速和流量有关系。

（一）挤压成型干燥制度：

挤压成型的瓦类产品的含水量在 17% ~ 21% 之间。坯体较厚，厚度分布不均匀，需要蒸发的水量差异大，坯体受压均匀性差，干燥过程中极易产生变形和裂纹。干燥前段：干燥介质温度不宜太高，升温须缓慢和连续，干燥介质的湿度要大；干燥中段：干燥介质湿度逐渐减小，温度逐渐升到最高干燥温度。最高干燥温度视坯体材料组成性能而定，一般不超过 250℃；干燥后段：干燥水分蒸发量很少，坯体内部和致密度较大的部位或颗料内部有少量水蒸气排出，干燥介质尽量要求水分含量小，排风系统要关小，保持该阶段干燥器内为零压或微正压。

（二）半干压成型干燥制度：

半干压成型坯体含水量在 9% 以下，颗粒间水膜很少，坯料组成中含塑性材料比挤压成型少，排水性能好。

图 8-14 烘干窑

图 8-15 自动上干燥架

干燥前段：干燥介质高温度、高湿度，升温不宜太快，但起始温度可以高，一般控制在 100 ~ 150℃。保持该段为正压状态，以便坯体均匀受热；干燥中段：干燥介质湿度逐渐降低，以便坯体排出水分，温度升至最高温（不超过 250℃），干燥室内正压可逐渐减小，排风量加大；干燥后段：干燥介质湿度尽可能低，以便于残余水分的排出，关小排风阀闸，让干燥的热气流向中、前段流动。

三、干燥设备

目前国内瓦类生产企业常用干燥器为辊道干燥、隧道式干燥、室式干燥器等。干燥介质均为热空气。

室式干燥：

将湿坯放在设有坯架和加热设备的干燥室中进行干燥。特点是干燥升温缓和，采取地面开热气流通道或用燃烧机引进热风。间歇性操作，对不同坯体可以采用不同的干燥制度，造价低廉，干燥周期长。

隧道式干燥：

坯体进入到隧道内，和高湿的热气流接触，坯车向隧道内行进，隧道内的热气流逆向坯车方向流动。随坯车的前进，坯体所接触的热空气温度逐渐升高，湿度逐渐减小，直到干燥室尾部时，坯体中残留水分达到干燥要求。隧道式干燥符合干燥各阶段的特征要求，热利用较高，生产效率高（图 8-14）。

辊道式干燥：

坯体直接在辊棒上（或在垫板上）随辊棒的自转向内前进，干燥室前段引入的是烧成排出烟气，温度高（进干燥室约 150℃），湿度大，能快速加热坯体。干燥室前端有排潮风机，将干燥室中后段干燥蒸发的潮气抽向前端，中后段引入烧成窑冷却后的余热空气。与烧成后成品进行热交换的空气温度高，不含水分，热空气自干燥室后端向前端运行，和坯体呈现逆向运动，能快速干燥坯体（图 8-15、图 8-16）。

图 8-16 干燥设备

第五节　施釉

瓦类产品多为非平面产品，表面凹凸起伏大，施釉一般采用浇釉、喷釉或甩釉。

喷釉是利用压缩空气或压力泵将釉浆通过喷枪喷成雾状，使之黏附在坯体上，喷出的雾化釉浆有一定的动能，在瓦的表面能够均匀地施到拱起或凹下的侧边（图 8-17、图 8-18）。

甩釉是利用圆盘的自转产生离心力，当釉浆通过压力泵压入到圆盘上时，在离心力的作用下，釉浆呈点状被甩出，当坯体在釉线输送到甩釉盘下时，釉浆附着在坯体上。甩釉盘转速越快，釉滴越小。在瓦类生产中，甩釉一般用于给坯体表面作点状装饰。用甩釉施均匀的纯色釉面，需要较大的施釉量，并且釉浆在坯体上因水分过多而导致流釉的缺陷（图 8-19）。

浇釉和淋釉：将坯体浸入釉料中，坯体吸附釉料。釉层的厚度和釉浆浓度、浸入时间、坯体吸水率有关。釉浆浓度高，釉层较厚，但一定要注意坯体表面和高浓度釉浆的表面张力，当坯体表面有干的粉尘或油渍时，容易出现缺釉现象或施釉产生棕眼。淋釉是将一定浓度的釉料从淋釉口淋下，坯体施釉面和釉幕接触，釉层被吸附到坯体表面。

图 8-17　自动输送淋釉

图 8-18　水刀喷釉器

图 8-19　甩釉柜

第六节 烧 成

烧成过程就是将成型后的坯体（含施釉产品）在窑炉里进行高温热处理，经过一系列的物理化学反应，得到符合烧结瓦相应标准的产品。窑炉烧成要遵守合理的烧成制度。窑炉的烧成制度包括温度制度、压力制度和气氛制度。温度制度是指产品在整个烧成过程中窑内的温度和时间的关系；压力制度是窑内各区域气体的压力分布；气氛制度是烧成的各个阶段窑内气体与产品相接触时所含的氧气和一氧化碳的比例（图 8-20、图 8-21）。

1. 坯体在受热后发生的物理化学反应包括脱水、氧化、分解、化合、熔融、结晶等过程。坯体升温各阶段的变化如下：

室温 ~ 200℃，排出吸附水，坯体吸收热量，表面和中心温差开始加大；

200 ~ 500℃，有机物和碳质燃烧，结构水开始排出；

500 ~ 1020℃，有机物氧化、碳酸盐分解、石英晶型转变，液相开始形成，坯体收缩加大，900 ~ 1000℃时收缩急剧增加；

1020℃ ~ 最高温度点，坯料形成更多液相，铝硅尖晶石结构开始分解形成莫来石和方石英。

高温保温区，可使坯体的内外温度均匀一致，内外分解反应充分，形成更多莫来石晶核，坯体收缩均匀并达到最大。

急冷区，保温区后端的温度一直快速降温到约 580℃。

580 ~ 400℃缓冷区，石英晶型转变发生在 573℃，由于坯体已经固化，石英晶型转变有 0.82% 的体积变化，坯体无法通过弹性形变来释放晶型转变造成的体积变化，在坯体中形成内应力。

400 ~ 80℃强冷降温，磷石英的晶型转换，体积膨胀 0.4%。

生产还原青砖青瓦时，在高温保温区域，改成向窑炉内输送还原性气体，取消急冷风，改为装水槽，利用坯体的余热将水蒸发成水蒸气，将窑体内的氧气逼出窑内，直到产品温度降到和氧气接触不会再被氧化为止。

2. 烧成制度的确定

根据坯体在各温度区的物理化学反应，以及坯体中 SiO_2 在各温度段的晶型转换，窑炉烧成的温度和压力制度要求如下：

室温 ~ 200℃，如坯体入窑水分控制在 2% 以下时，可快速升温，隧道窑或辊道窑在这个温度段依靠排烟风机将中高温区的热气流抽过来，用以加热坯体，该段为负压。

200 ~ 500℃，入窑水分如果高于 2%，并且在该温度段升温过快时，容易发生排水反应剧烈，坯体发生中心位置易于出现爆裂现象。高塑性的黏土，用量多的坯体，在该温度

图 8-20 辊道窑

图 8-21 烧成出窑

段升温要稍缓慢。该段控制窑内压力为负压。

500 ~ 1020℃，氧化反应剧烈，黏土类在 500 ~ 700℃间有强烈的脱水反应，坯体需要吸收大量的热量；坯体中有机物在该温度下发生氧化反应，氧化段要控制窑炉压力为负压。

1020℃ ~ 最高烧成温度，氧化反应已经完成，可以快速升温。窑炉压力保持正压，零压位控制在最高烧成温度的前一个温度点上。

高温保温区，保温时间视坯体厚度而定。坯体在此温度下要充分反应，内外烧结程度应均匀一致。窑压为正压，窑内温差小，使产品均匀受热。

急冷温度在 580℃以上可以快冷。急冷区前段鼓入急冷风可以尽可能大，随坯体温度的降低，急冷区后段风量要开小。

580 ~ 400℃缓冷段，通过抽热风将急冷产品后的热气流抽向窑尾，产品尽可能缓慢降温。在缓冷段，控制窑炉压力为正压，防止冷风吹入，辊道窑烧成时要防止冷气流倒流进入缓冷段，抽热支闸开度往窑尾方向从小到大。

400℃后可鼓入强冷风，快速冷却产品。

烧结瓦窑炉一般为辊道窑和隧道窑。在烧制一些复杂造型的配件时，要用到梭式窑，在烧成原理和制度制定方面基本一致。

第九章　欧美烧结屋面瓦概述

始于18世纪60年代的英国工业革命，推动了人类文明的进程。近百年来，欧美国家瓦业的生产技术水平以及屋面瓦多功能的开拓一直领跑于全世界，为我们提供了学习和借鉴的宝贵经验。我们要坚持博采众长，洋为中用，认真吸收全人类文明的成果，结合中国国情，努力开拓中国瓦业现代化的新纪元。

第一节 欧美烧结屋面瓦工业简史

日本学者坪井清足在《瓦的起源的东西方比较》一文中认为："平瓦和圆瓦配套使用，在希腊一般认为是始于公元前7世纪初"，"土耳其的圆瓦和平瓦中有的几乎是和公元前8世纪末至7世纪初希腊（伯罗奔尼撒半岛—在科林斯附近）的瓦同样发达。"论证了西方烧结屋面瓦出现于公元前7世纪初，距今2700年左右。

希腊作家宾达(pindar)的一篇记述里也证实了公元前五世纪存在的屋面瓦的史实。他把黏土烧结屋面瓦的发明归功于科林斯人(corinthians，古希腊的科林斯)。采用烧结黏土瓦作屋顶的方法和所采用瓦的形状从那时到迄今很少改变。希腊人创造了檐口瓦、装饰用的瓦（很可能有瓦当和滴水）和脊瓦(宽达50厘米而长达80 ~ 100厘米)。W·特普费尔德(Wilhenlm Dörpfed)报道："那时屋脊瓦是厚大的，有凹槽的弧形瓦用于屋面瓦的连锁"。

在距今约2000年前后，罗马人教给西欧人制瓦的技术，他们沿袭了希腊绝大部分瓦形。罗马人自己也生产了许多不同的瓦形，全盛时期创造了弧形连锁瓦。迄今发现的罗马瓦的共同点是比较薄，只有2 ~ 3厘米厚，据推测是由于厚瓦的干燥和焙烧有困难。

公元15世纪中期英国人对烧结屋面瓦非常重视，1477年，爱德华四世时的议会对瓦的生产作了规定。

美国宾夕法尼亚的蒙哥马利(约1735年)和伯利恒(1740年)最先开始在北美大陆上制造屋面平瓦。但大机器出现前，瓦业生产一直不稳定。

现今，世界上砖瓦工业绝大多数采用挤出成型工艺，即螺旋挤出成型。挤出设备发展至今天已有了近400年的历史。挤出工艺最早是英国人约翰·埃瑟林顿(John Etherington)在1610年发明的，并用于砖的生产。这种挤出设备的特征是活塞式往复运动的挤压装置。1643年荷兰人J·S·斯拜克斯特(J·S·Speckstruyff)在勾带(Gouda)制造了用于陶管泥料制备的炼泥机。上述这两件事对挤出成型工艺的发展起着重要的作用。

第一台挤出机是在1800年左右生产的。这台设备是以往复运动(活塞)的压力装置和螺旋式挤出机的结合为特征的。

然而，挤出机在随后的几十年并没有得到广泛应用，直到施利克森(Carl·Schlickeysen)在1854年发明了螺旋挤泥机以后，才提供了发展砖瓦机器富有生命力的途径。他的螺旋式挤出成型机奠定了今天高度成熟的砖瓦工业的基础。1874年、1881年和1883年先后出现了压泥辊(feed roller)、可替换切割刀片(cutting blades)、搅拌和匀化螺旋的专利发明。在伦敦、巴黎、维也纳、费城、柏林，新型完善的泥条水平挤出机获得了三十项奖励。施利克森的发明第一次使制砖工业化成为可能。制砖瓦不再是农业经济的一条微小支流，成为了独树一帜的工业部门。螺旋制砖挤出机步入了全世界技术进步的行列，砖瓦行业发展成为了一个强大的工业分枝。

从19世纪中到20世纪初平缓了一段时间，直到真空挤出机问世后，又出现了一个热火朝天的发展高潮（图9-1）。从黏土泥料中抽出滞留的空气，增加泥料的可塑性，减少分层的概念最早起源于美国，时为1932年，在黏土制品挤出成型工艺出现了一项极端重要的技术突破。这就是世界上诞生的最早的真空挤出机。塑性黏土通过成型机前在真空室内通过时黏土中的空气被迅速抽出，这一技术提高了各生产工序中产品强度的均匀性，消除了分层现象。真空挤出法至今仍广泛用于烧结砖瓦工业。

大约在同一时期，连续周期性焙烧窑的发明打开了现代化大生产之门。这种形式的窑最早来自英国。1856年，柏林的建筑师F·霍夫曼(Friedrich Hoffmamm)和阿奥维也纳市地方议员里克特（Licht）发明的连续焙烧轮窑，使烧结砖瓦技术进入了一个全新的决定性阶段。霍夫曼和里希特在1858年获得普鲁士专利。在1867年巴黎的国际博览会上获得“最高奖”。而且在1869年又获得符腾堡和巴伐利亚专利。霍夫曼在但泽(Danzig)附近的切尔文(Scholvin)建造了第一座抡窑。原先窑是圆形，后来为了节省空间，改为矩形。这种窑继续普遍被使用，直到隧道窑逐渐代替了轮窑。1859年欧洲出现霍夫曼连续焙烧窑，不久即传入美国。这一种焙烧窑炉能适应成型机增加的产量，比过去的间歇窑节省大量燃料。到1870年，普鲁士已有霍夫曼式轮窑331座，而在全世界共有这种轮窑639座。

20世纪20年代在美国出现了自动压瓦机，是由宾夕法尼亚州兰斯德尔的福兰克林制瓦公司制造和使用。随着自动压制机与连续隧道窑的结合使用，高效率的连续生产线开启了烧结砖瓦行业的新时代。

第一条隧道窑发明的准确时间已无法得知，但从可查阅的文献中的记载是大约200多年前的1751年。如文献中记述，1751年海罗特（Hellot）向国王路易十五报告，有人提出一种焙烧带不动的，而是上釉制品移动的烧成工艺。这一工艺的发明人就是法国的文森

图9-1 1920年英国的制砖（瓦）机

尼斯（Vincennes）人贾林（Gerin），他在1765年完成这种隧道窑的设计，但最终没有建成。在砖瓦工业的发展史中，出现了一位名叫H・乔得（H.Jordt）的人，烧砖用的第一座隧道窑的建造应归功于他。

烧结砖瓦工业第一条隧道窑的实际设计者是O・布克(Otto Bock)，时为1877年设计，并于同年申请了德国专利。他的出名是由于他第一个将隧道窑连续焙烧的方式引入了烧结砖瓦行业，并获得成功。实际上隧道窑的发明要比轮窑的发明早的多，但是隧道窑自发明几乎一个世纪后，才得到了普遍的应用和发展。

在工业革命的头40年(1860 ~ 1900年)，导致烧结砖瓦工业迅速工业化的其他驱动力是人口的变化和社会的都市化。在这40年中，美国的人口增长了一倍多，从1860年的3150万人增至1900年的7610万人。每年都有成百万移民迁进来。这些移民需要住房和工作用的牢固的建筑物。

在西欧也经历了几乎与美国一样的烧结砖瓦企业的合并、联合等，只是在时间上来的比美国晚。在二次世界大战后，整个欧洲由于住房紧张，又要恢复经济建设，到处可见建筑工地，到处可见砖瓦厂。1950年西德(如我国的一个省的面积，人口约4000万)，就有砖瓦厂2000多家，意大利约有5000家砖瓦厂；英国也有约1400家砖瓦厂，几乎所有的西欧国家都是如此(这种情况与我国改革开放初期到1996年时的状况基本相同)。这种状态从1960年前后出现了下降的趋势，到1991年前后，德国的砖瓦厂数量下降到了290家；意大利的下降到了350家左右。但是工厂数量虽然减少，但砖瓦的总产量基本保持稳定。下表给出了西欧主要国家砖瓦企业数量的变化情况（表9-1）。

砖瓦厂数量的下降并不代表这一行业的衰落，相反砖瓦厂的生产规模在不断的扩大，劳动生产率及装备水平在不断的提高。

20世纪80年代以来，计算机技术的突飞猛进，给烧结砖瓦工业带来了巨大的影响。控制技术进一步得到完善，高度自动化的烧结砖瓦厂越来越多，遥控技术在砖瓦厂的应用已成现实。在20世纪90年代早期，机器人进入烧结砖瓦行业后，现在北美、欧洲发展异常迅速，用机器人装备起来的烧结砖厂、烧结瓦厂正在逐年增多。

西欧主要国家自1950年后砖瓦企业数量的变化　　表9-1

年份	德国	奥地利	比利时	丹麦	芬兰	法国	英国	意大利	荷兰	瑞士	西班牙
1950	2150	—	—	—	—	—	1400	5300	—	—	—
1960	1449	—	—	218	207	759	900	1160	218	—	—
1965	1218	—	—	201	136	613	800	1100	210	52	—
1970	741	90	—	111	60	404	360	1050	158	40	—
1975	497	77	140	89	41	297	260	823	110	36	1500
1980	395	70	96	68	31	260	222	680	106	31	1000
1985	300	61	57	47	25	220	200	440	62	31	600
1988	287	60	51	36	16	178	168	355	69	31	600
1991	290	48	49	28	10	159	185	349	71	31	—

第二节　欧洲屋面瓦的种类和技术标准

西欧烧结瓦的品种很多且形状各异，色彩丰富多变，有烧结后形成的自然色调，也有施加化妆土或上釉的。但总体说来生产方式为直接挤出的（如平瓦和波形瓦）和预先挤成泥片再模压的（如改进型平瓦、平面带波瓦、平面连锁瓦）两种。西欧常见烧结瓦的种类见下图 9-2~ 图 9-7。

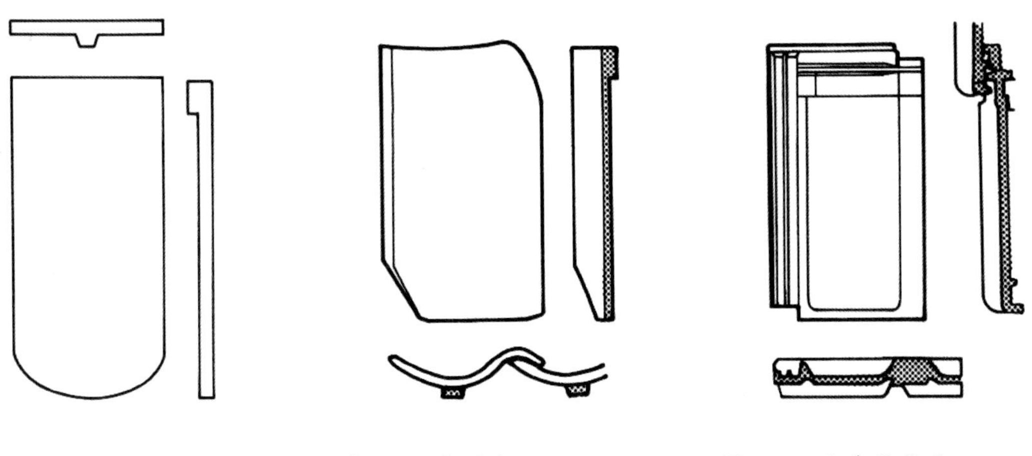

图 9-2　平瓦　　图 9-3　波形瓦　　图 9-4　改进型平瓦

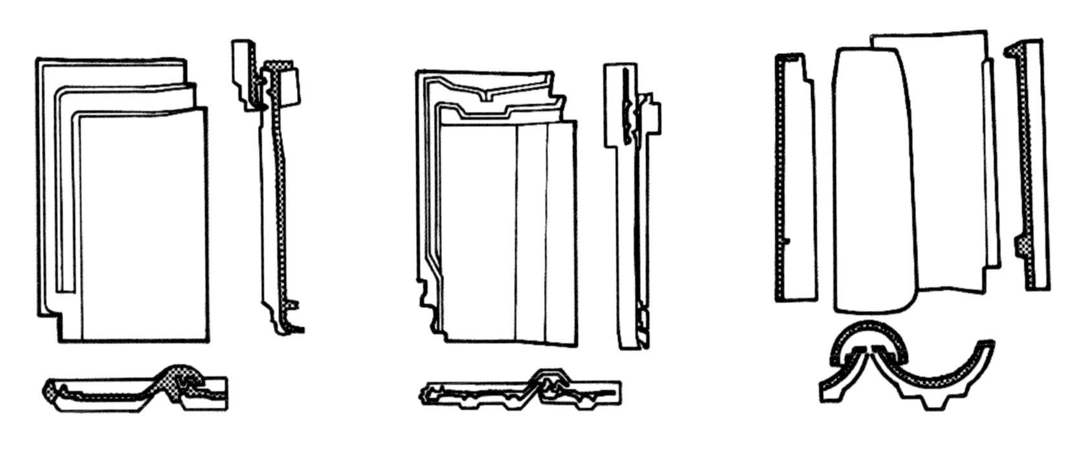

图 9-5　平面带波瓦　　图 9-6　平面连锁瓦　　图 9-7　欧洲南部的仰俯（凹凸）瓦（也称西班牙瓦）

一、平瓦（Plain tiles）

扁平的平瓦是由扁平的烧结产品构成的构件，在背面带有一个或两个凸起的瓦钉，以便使其能固定在适当的位置上，在其顶部有一个或两个钉孔（图9–8、图9–9）。这类瓦的大多数沿着它们的长度方向带有轻微的弧形，从头到尾显示出了优雅清洁的外观。

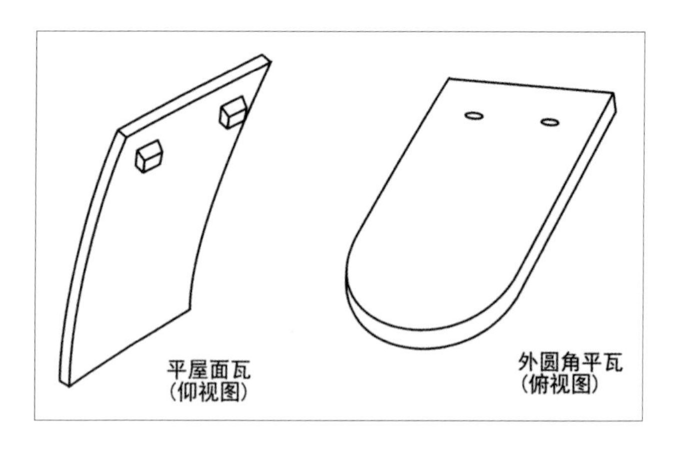

图9–8　平瓦图例（图片来自法国Michel Kornmann著《Clay bricks and rooftiles, Manufacturing and properties》）

图9–9　瓦实例（图片来自法国Michel Kornmann著《Clay bricks and rooftiles, Manufacturing and properties》）

瓦出现于公元11世纪的比利时和法国北部。形状通常为矩形，但是某些样式下部边沿是圆形的（外圆角瓦）或是切割成斜角的（箭头形瓦）。

具有特殊形状或者拱形（弧形）的瓦能够用于特定的结构：

（1）用于圆形塔屋顶的锥形塔瓦；

（2）为了仿造古老瓦的种类，制作在长度上在一定范围内可任意变化的可变尺寸的瓦。

瓦的尺寸随所在的国家而变化。法国最普遍的规格是17厘米 ×27厘米的瓦。英国普遍的尺寸为16.5厘米 ×26.5厘米，这一尺寸是以1477年由国王爱德华兹四世制定的标准化尺寸为基础的。在法国西南部使用着大尺寸的瓦（20厘米 ×30厘米），而其他地区仅在集体住宅建筑中使用大尺寸的瓦（27厘米 ×35厘米、31厘米 ×40厘米）。

扁平的瓦通常铺设在平行于屋脊的钉牢的板条上。扁平瓦的铺设是从屋脊到屋檐交叠式的铺设，搭接的长度约为瓦长度的2/3，在瓦的侧边，比照相邻的各排用半个瓦的宽度压接，以便确保在所有边沿上都能防水。因此，在屋顶的每一点，通常就有三个瓦重叠的厚度，瓦的有效表面利用率约为33%。此外，扁平瓦铺设的屋顶的坡度必须是陡峭的，以便确实保证屋顶的防水性能；与建筑物的横截面比较，瓦的总表面面积显著地增大了。

二、连锁瓦

连锁瓦是由吉拉东尼（Gilardoni）兄弟在阿尔萨斯(Alsace——法国东北部一地名)于1841年发明的。使用这种瓦的屋顶不仅仅是由瓦的搭接构成屋面防水，而是由适宜的瓦舌和凹槽（水槽）紧密地连锁形成整个防水系统。从原理上讲，这样的搭接(在上部和下部的瓦排之间,及在同一排的瓦之间)长度可达到最小化，因而减轻了这种屋面瓦的重量（图 9-10~ 图 9-13）。

连锁瓦有两种连锁系统，一种是在同一排中在两个瓦之间长度方向上（边沿连锁）；另一种是在连续层列中的瓦之间横向上（头部连锁）。连锁系统可以是单一的、双层的或是多层的（带有一道或多道凹槽）。

这些瓦要求有非常平的铺设表面及要求制造的相当精确，以便能够容易地连锁在一起。

图 9-10 连锁屋面瓦（图片来自法国 Michel Kornmann 著《Clay bricks and rooftiles, Manufacturing and properties》）

三、阴阳面弧形瓦（仰俯瓦）

阴阳弧形瓦，是一类略带锥形的弧形烧结屋面构件，在法国、意大利和西班牙已经使用了很长的时间。这种瓦能适应于铺设屋面下部流水的通道（阴面瓦）和在两个相邻的通道之上的遮盖（阳面瓦）。

这类瓦是从希腊和罗马的弧形瓦发展而来的，当时在底下的阴面瓦带有平的底面称为“特久拉”（Tegulae），在上部半圆形的阳面瓦称为“克纳利”（Canali）。

仰俯瓦铺设在一连续的平面上，或在垂直于屋脊的椽之间铺设，或在平行于屋脊的板条上铺设。在这种情况下，使用在底瓦下部一端带有一个或两个瓦钉的瓦，以便使其钩在板条上。

连结的瓦也存在着要防止盖瓦从底瓦上滑落的问题。

也有带轻微弧形的仰俯瓦，以及带有更大曲率的瓦（桶形瓦）。

最小的搭接长度则取决于使用的场合及屋顶的坡度，其搭接尺寸在 12~17 厘米之间变化。

阴阳弧形瓦用于具有平缓坡度的屋顶，其应用最普遍的地区主要在法国的南部莱茵河流域（Rhône valley）、地中海盆地及西南部宛迪（Vend é e）、查仁特（Charente）、阿奎泰纳（Aquitaine），还有的在西班牙和意大利。

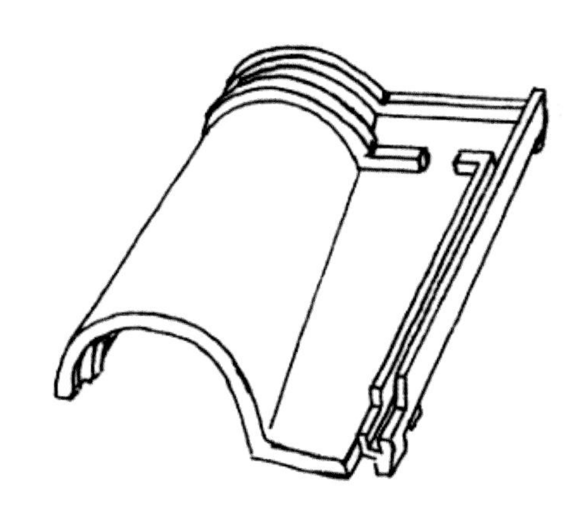

图 9-11 定型的行距屋面瓦（图片来自法国 Michel Kornmann 著《Clay bricks and rooftiles, Manufacturing and properties》）

图 9-12 平面行距的屋面瓦（图片来自法国 Michel Kornmann 著《Clay bricks and rooftiles, Manufacturing and properties》）

图 9-13 连锁屋面瓦实例（图片来自法国 Michel Kornmann 著《Clay bricks and rooftiles, Manufacturing and properties》）

四、瓦的性能

在屋顶上铺设的瓦必须具备多种性能：

1. 不渗透性，涉及到烧结产品的性能在有关章节中已经详细地考察过了。在标准中，瓦的不渗透性被分为两种类别：

类别 1，按照试验程序 1，不渗透性系数 < 0.5 立方厘米 / 平方厘米；

类别 2，按照同样的试验程序，不渗透性系数 < 0.8 立方厘米 / 平方厘米；

2. 铺设的难易程度，这涉及到产品制造的可重复性、尺寸允许公差、规则性、垂直度和平整度（翘曲、扭曲或呈弧形的瓦，尺寸变化大的瓦要使其连锁是困难的），要同时考虑瓦的尺寸和重量。

3. 低成本，屋顶的成本包括瓦的成本、其他材料的成本（板条、吊钩和压板、钉子、钢板条、椽子衬板、防水板、屋面衬垫材料、屋顶排水沟、砂浆、黏合剂和密封剂等），还有铺设的劳动力成本。

4. 瓦的力学性能，其力学性能要保证屋顶上铺设工人的工作需要及以后的修理中没有损坏。这些性能的特征是瓦的横向抗弯强度，横向抗弯强度取决于瓦烧结后的性能及瓦的几何形状，特别是瓦的惯性力矩。

5. 美学方面：对住宅而言，一个完美的屋顶是其装饰美的主要来源。除了瓦的类型和尺寸给出了美学上的样式外，还有瓦的颜色和表面样式。

6. 没有危险物质的释放；

7. 下雨时的防水性，涉及的漏洞可能会出现在屋顶上瓦的连结处及搭接处。防水性取决于瓦本身，也取决于屋顶及所使用的场所；

8. 抗风能力，这取决于瓦本身，也取决于屋顶及所使用的场所；

9. 耐久性和抗冻性；

10. 防火性能。

第三节 欧盟国家烧结屋面瓦发展的趋势

据近年德国《国际砖瓦工业》杂志报道，欧盟国家的烧结屋面瓦发展的新趋势是产品尺寸趋于大型化、表面装饰色彩多样化、使用功能持续完善化（太阳能的利用；防暴风雨及台风功能；屋面通风、穿导线配件瓦多样化等）、工厂生产的产品多元化等。市场销售量也在逐年恢复，一些国家和地区还略有增长。

一、产品尺寸大型化

德国烧结屋面瓦的生产在世界上首屈一指，不但品种多，使用功能也不断地扩展，并向大尺寸屋面瓦的方向发展。例如，原来传统的烧结瓦覆盖每平方米屋面用瓦 14 ~ 16 块 / 平方米，大型的屋面瓦用 8 ~ 9 块 / 平方米，而近几年某些工厂生产的瓦只用 5.5 块 / 平方米（图 9-14）。

二、表面装饰色彩多样化

西欧烧结屋面瓦表面装饰也不断地研发新产品，例如通过配料来改变成品瓦的颜色；在坯体表面施加化妆土改变外观色彩；在坯体上面施加釉料来增多花色品种，提高抗渗性能，色彩更丰富，与周围环境更和谐。最近几年又发展到了利用化妆土仿造金属色彩的表面。

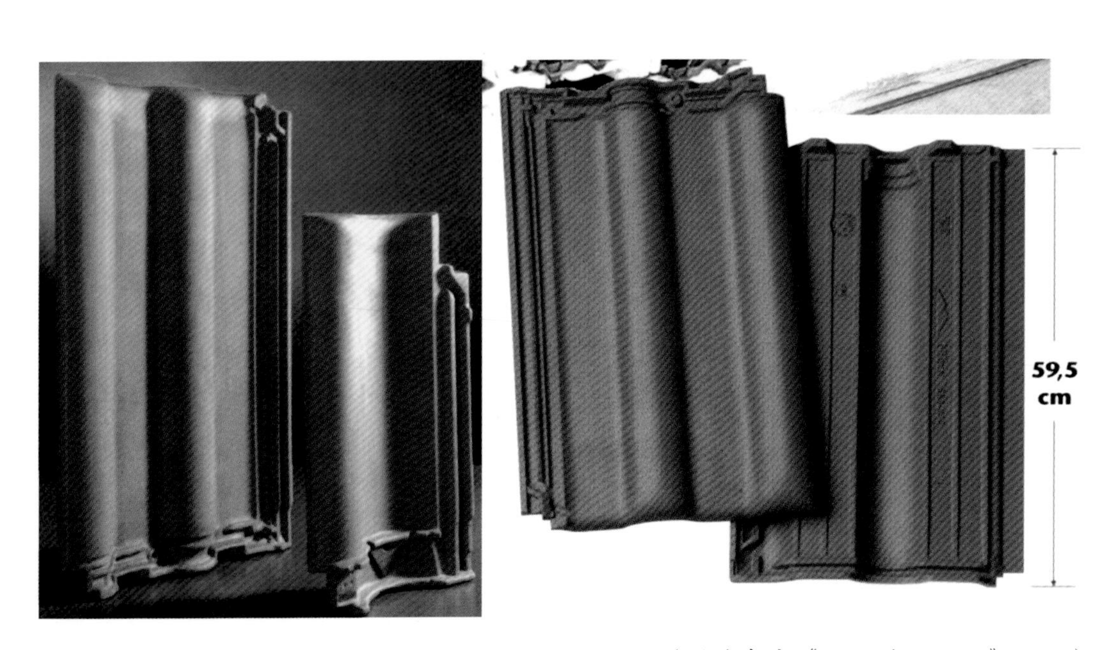

图 9-14 西欧现代大型烧结屋面瓦与原传统瓦的比较（图片来自《国际砖瓦工业》2003）

三、使用功能持续提升完善

（一）利用太阳能的屋面瓦

德国在 20 世纪 80 年代就开发出了“利用太阳能的屋面瓦”（Solar energy roofing tile）。这种屋面结构的底部是一层烧结瓦，上部的覆盖层也是一层烧结瓦，在两层瓦之间设置有软管道，液体通过管道内流动，同时被加热。这种太阳能屋面瓦是根据热交换原理设计并工作的。太阳能屋面瓦仅比普通屋面瓦厚 3 厘米 ~ 4 厘米，但其表面与普通瓦屋面在一个平面上，所以太阳能屋面瓦的上部和侧面不需要任何辅助结构件就能与普通瓦连接，丝毫不影响瓦屋面的整体美观效果（图 9-15）。

众所周知，太阳能收集板绝大多数是安装在屋顶上。在广泛利用太阳能这种大环境下，西欧的烧结屋面瓦制造公司也纷纷加速了适应于太阳能收集板安装的新形式屋面瓦以及新的屋顶构造形式的研制和开发。

罗宾（Röben）屋面瓦制造工厂专门制造了一种安装太阳能收集板的缩进式屋面瓦，安装后就像在屋顶上开了一个平面的窗户，缩进式屋面瓦与连锁的波形瓦能够实现很好的搭接。

值得注意的是，无论上述的何种太阳能收集板的安装方式，在屋面瓦之下都必须有足够的通风空间，或是放置连接电缆的空间。

大量利用太阳能的发展趋势，也对烧结屋面瓦的发展提出了新的挑战，同时也为屋面瓦新产品的开发指明了新的途径。

2010 年，德国在屋面上安装利用太阳能的光伏系统数量比上一年就翻了一番。据德国太阳能工业协会的数据显示，预计到 2020 年，利用太阳能组件的销售量至少将增加两倍。

为了解决屋面瓦直接承受太阳能收集板的荷载，德国某屋面瓦生产公司还研发出了与屋面瓦结合的、专门支撑太阳能收集板荷载的铝合金支撑结构。

（二）防暴风雨及台风功能的屋面瓦

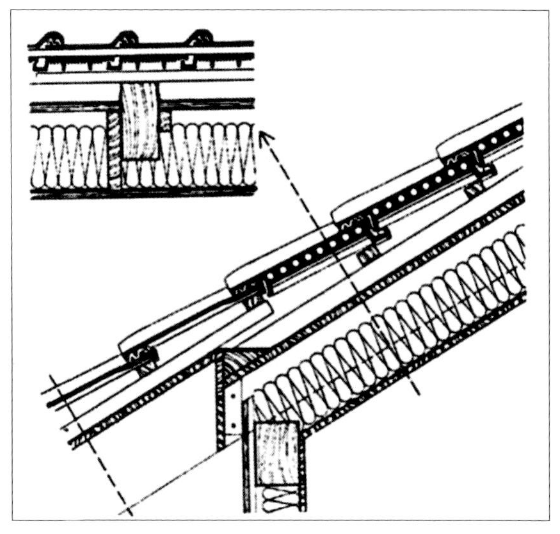
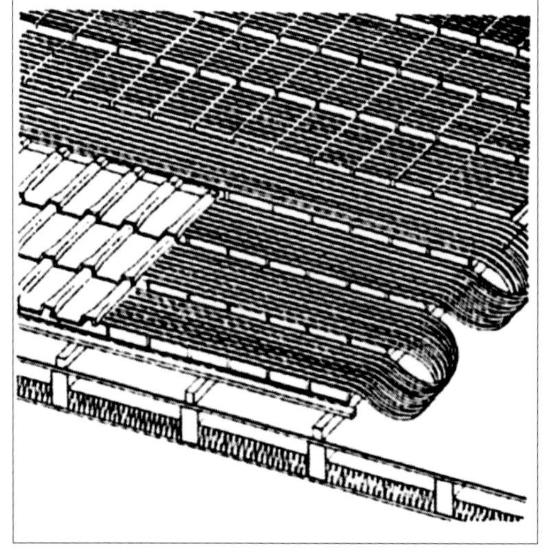

图 9-15 第一代太阳能屋面瓦结构体系示意图（图片来自德国《砖瓦词典》）

德国耐卡屋面瓦制造公司开发出了高性能的抗暴风雨的屋面瓦，德国耐卡屋面瓦制造公司开发的这种新型的抗暴风雨屋面瓦，安装简单、方便、快速及成本低。该种抗暴风雨元件在屋面瓦生产工厂就固定在瓦上，取代了传统的抗暴风暴夹具，不需要专用工具或昂贵的铺设成本。

这种抗暴风雨元件是在一级方程式赛车和航空航天应用中的一种纤维增强的半晶热塑性塑料制成的。这种抗暴风雨原件和防水条的使用寿命为 30 年以上。

关于烧结屋面瓦的抗暴风雨性能以及抗台风、龙卷风性能，美国、法国、德国等都进行了大量的研究测试，并利用风洞试验方法来研究屋面瓦的抗暴风雨性能。

（三）新型脊瓦系统

德国布拉斯（BRAAS）公司 2016 年 2 月首次推出了全陶脊瓦屋面系统。这种脊瓦系统在材料、色彩和功能上都与屋顶板瓦完美匹配，不仅形成了一个引人入胜的屋顶景观，而且提供了一个优质的屋面通风和排水系统。

（四）配套齐全的屋面瓦配件

在欧洲生产的烧结瓦不但用于屋面，而且也用于某些墙体的防水和装饰。对屋面瓦配件的功能、装饰效果等方面，做的非常细致精巧，有专用于屋顶通气的瓦，也有用于屋顶穿线（电视天线、网络专线等）的瓦，挡雪配瓦构建等。在屋脊用的装饰瓦上有各种吉祥物造型。图 9-16~ 图 9-19 表示了德国生产的部分烧结屋面瓦的配件、异形瓦及装饰瓦。

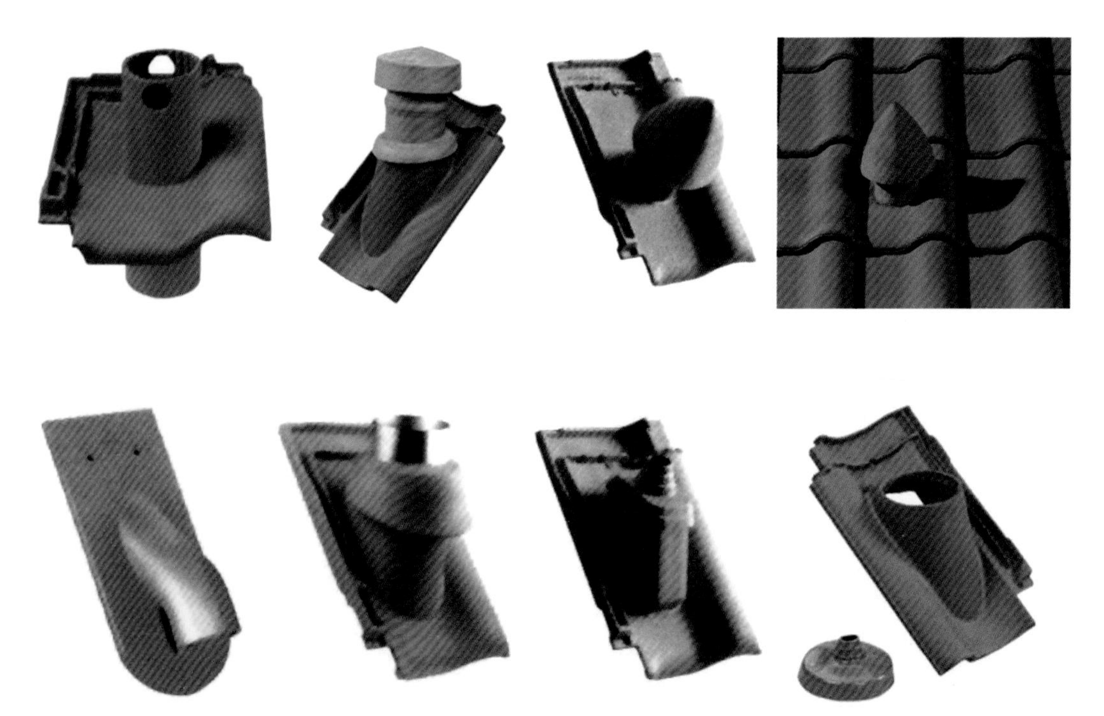

图 9-16 用于屋顶通风的瓦

图 9-17 屋面穿导线的瓦

图 9-18 挡雪瓦

图 9-19 丰富多彩的装饰瓦

四、生产工厂（线）的兼容性进一步拓展（多品种产品生产的灵活性）

烧结砖瓦生产工艺发展的重要趋势就是在一条生产线可生产尽可能多的产品。

现代建筑要求大尺寸烧结砖瓦产品，这些产品应具有不同的纹理、颜色和形状。法国克莱雅（Cleia）已经开发了一个现代化的、可拓展的、具有前瞻性的多产品生产组合单元来应对这些变化。

例如在下列组合单元中就可扩展生产的产品范围，包括四个主要产品类别：烧结装饰陶板；清水墙装饰砖；粘贴的砖条（片）和拐角砖（薄型）；屋面瓦。

该组合的生产线即可用于生产流行颜色的大众产品（自然，白色，赭色，棕色……）和彩色釉面产品。

该生产线的标准产量是每天可生产2000平方米的烧结装饰陶板或110吨的清水强装饰砖。这类型的生产线的工艺设备可以安装在13500平方米的工业厂房内，其中包括五个生产区域：干法制备原料工段；带有机器人装卸站的两条成型生产线；适用于全部产品的节能 ΔT 干燥室（快速干燥室）；带有安装在窑车上的特殊耐火材料窑具（支架）的隧道窑；产品处理工段：包括编组、磨削切割、施釉、包装。

通过精细研磨的方法来制备原材料，可以储存供生产使用的各种混合料。这种制备方法给生产管理带来了很大的方便和灵活性，允许在准备订单和定制产品的生产过程中的快速响应。

一条成型生产线是专门制造装饰陶板，另一条成型生产线是生产清水墙装饰砖。这两类产品共用低能耗的干燥室。常见的 ΔT 节能干燥室能够自动地调整干燥周期，ΔT 节能干燥室与传统的干燥室相比，能够节能约15%（图 9-20）。

干燥后的半成品是手工或自动化卸出则取决于所需的自动化水平。所生产的产品，如大型的长达1200毫米的装饰陶板，装在有特殊窑车结构（棚架或窑具）的隧道窑中在

图 9-20 能够自动调节干燥周期的 ΔT 节能干燥室

1000℃以上的温度下焙烧。

这些高附加值产品的焙烧是在可变搭接形式的VFT系统窑具的支撑中烧成。VFT系统支撑窑具能够适应于屋面瓦、屋面瓦配件、装饰砖、铺路砖、装饰陶板，砖条（片）等产品的焙烧。

VFT窑具系统由两个在外部的堇青石支架和两个碳化硅梁组成。可拆卸元件在梁上定位，以便支撑产品。这些可拆卸元件的数量和形状，如插入物，斜角，支撑板的设计与制造的产品是一致的。

VFT窑具系统的优点是模块性好，装卸时便于操作（图9-21）。

图9-21　VFT系统窑具

五、优化烧结屋面瓦形状，提高建筑物能效

在欧盟砖瓦制造者协会（欧盟砖瓦协会）的推动下，开展了优化屋面瓦的形态以便能够达到屋面覆盖层更好的通风效果，促进建筑物的降温来达到建筑节能的研究项目。该研究项目是由欧盟委员会出资150万欧元资助的欧洲研究项目。

该项目的目标是促进主要在地中海区域发展和实施节约能源的办法，从而通过适用于复制、转让和纳入主流的技术和系统的方法来帮助减缓气候变化。

在高温气候条件下，降低制冷能耗，提高室内舒适度是一个非常重要的课题。屋顶在控制室内热舒适性方面起着关键作用，因为它的大小与建筑围护结构的其他部分相比，并且直接暴露在太阳辐射下。在屋面瓦铺设板条和支撑板条系统上的屋面瓦覆盖，允许在坡屋顶的瓦片下预设通风层。这种所谓的上部覆层通风(ASV)在夏季有助于散发多余的热量，减少瓦片与下方屋顶结构之间的传热，从而减少冷却能量的需求。在通风屋顶中，ASV内部的气流根据外部风的条件，取决于屋檐和山脊的结构。因此，ASV的优点是采用新的屋面瓦形状，可以通过增加屋面的透气性来实现，从而可提高建筑物的能效。

六、未来的新型屋面瓦压力机——Nova Ⅲ

德国翰德乐（Händle）公司，在多年持续的研究开发的基础上，进一步地改进、完善提高了高效的Nova Ⅲ屋面瓦压力机，在2017年11月首次亮相。这种带有偏心凸轮的新型屋面瓦压力机为生产复杂的大尺寸屋面瓦提供了可靠的保障。

Nova Ⅲ压力机是在其前身Nova Ⅱ模型的基础上开发的，旨在满足复杂几何形状的薄壁屋顶瓦的需求。

随着市场对具有更高的联锁连接、安装更方便快捷的屋面瓦的需求，新型的、尺寸更大的、更复杂形状的屋面瓦的需求量不可避免地越来越大。Nova Ⅲ压力机可以用较低的成形含水率来压制较薄的屋面瓦坯体。压制坯体的更硬，坯体含水量更低，更有利于促进坯体的干燥，能源的消耗将会更低。

Nova Ⅲ压力机的压力比Nova Ⅱ压力机高40%，操作简化，具有高度可靠的使用性能，维护工作量更少，优化了更换模的过程，对于大尺寸屋面瓦模具的更换更容易，使其系统更加完善。

Nova Ⅲ压力机，可以选择两种不同的压鼓宽度(2000毫米和2400毫米)，提供了足够大的压鼓表面积，最多可容纳4块大尺寸的瓦(每平方米8块瓦)。

在2017年底，第一台新型Nova Ⅲ压力机已交付给在马格德堡附近的德国耐卡（Nelskamp）公司的屋面瓦生产工厂。

在2018年上半年，欧盟的屋面瓦生产及销售市场呈现出了上升的趋势。

第十章　屋面瓦在现代建筑中的应用

21世纪科技发展日新月异，建筑业空前昌盛繁荣，新工艺新材料层出不穷，建筑艺术的新流派、新风格与时俱进。但时至今日，烧结瓦无论在公众大厦、别墅楼房，还是园林小筑、水榭亭台；无论追求东方意韵，还是西方情调，屋面瓦的应用仍非常广泛。欧洲砖瓦协会主席曾称赞“质量优良的烧结砖瓦产品是建筑材料的十项全能选手”，准确地肯定了瓦在现代建筑中不可动摇的地位和作用。

建筑，从古至今都是一种与人民生活息息相关的造型艺术，是立体的、富有质感的、表现社会生活、经济实力和精神风貌的艺术形式。它通过视觉效果向人们传达溯古扬今，前瞻未来的信息，既有实用功能，给人以美的感受，成为与自然共生共荣的人工环境艺术景观。在坚固中获得安全适用，在抽象中享受愉悦。人们称建筑是“流动的艺术，凝固的音乐”。而屋面瓦是凝固的音乐中跳动的音符，让人们在安居乐业中享受审美的愉悦。

建筑物自古以来是人类生存“四大基元”（衣、食、住、行）中维护自身生产和物质再生产最基本的物质条件。建筑既与思想文化有着紧密的联系，又与社会、科学、技术、经济发展相互依存相互制约。在依存中发展，在制约中创新，彰显出时代科学技术、经济文化水平和时代特征。

建筑既是人类生存、生产活动的重要场所，又是人们劳作之余享受精神文化的温馨港湾。“建筑物的环境质量是人们生活质量高低的决定性因素”（The quality of the built environment is a decisive component of the quality of life. 引自德国《建筑结构总质量标准评价》一文）。追求建筑物所提供的合理、舒适、健康、优美愉悦、与环境和谐的建筑环境质量是社会发展的动力。

数千年来，烧结屋面瓦一直修正着自身使之适应建筑的变化，在传统建筑领域和工业化的今天都能满足建筑的要求。完全有理由相信，烧结屋面瓦也必定会适应未来建筑发展的需要。从世界建筑发展史上看，建筑材料的发展推动着建筑的进步，而建筑的进步，又促进了建筑材料的创新。

现代烧结屋面瓦产品是技术与美学完美结合的产物。

烧结屋面瓦产品的表面色彩具有很好的装饰功能，由不同颜色的烧结屋面瓦产品的搭配，在设计和铺设中灵活运用，可以形成吸引人们视觉的不同效果，构成意想不到的美感。屋面瓦直接影响着建筑物环境的安全、舒适、节能和长期有效的生态功能，也直接影响着外界环境的自然协调和人文和谐。

在建筑美学方面，屋顶的表面在建筑物的可见表面中占有较大的比例，特别是独立住宅的屋顶占有一半建筑的表面。一个完美的屋顶是其装饰美的主要来源。除了瓦的类型和尺寸给出了美学的样式外，瓦的颜色和表面样式都是构成美学功能的重要因素。

烧结屋面瓦除最基本的防水功能（不渗透性）外，同时具备了更多的美学装饰功能、生态功能、安全健康功能等以及与环境的友好性、使用寿命终结后的可完全回收循环利用性（源自天然，回归自然）、优异的耐久性、无与伦比的防火性（对火灾有免疫力）、历久弥新的颜色保持力、发生自然灾害过程中不会释放出任何有害物质等，使其成为具有可持续发展特质的绿色建筑材料。所有这些都昭示着在未来建筑中仍有着重要的地位。

烧结屋面瓦在未来建筑中的应用，不但可为改善城市、乡村建筑物的面貌提供强有力的支撑，而且也能为传承中华民族建筑文化元素提供着有力的保障。

现代烧结屋面瓦的使用范围广泛，几乎能够满足各类建筑物使用的要求，下面是各类屋面瓦在宫殿和宗教建筑、别墅、园林景观、民用住宅、公共设施、仿古建筑等方面的应用实例。

一、西班牙瓦（S瓦）

主瓦

排水瓦　左瓦　右瓦　西脊

正盾　三通瓦　四通瓦　斜脊收口

角尖　左封头

安徽洋房

四川广安洋房（混铺）

西瓦，是西班牙瓦的简称，英文名 Spanish tile,因其外型像英文字母“S”，所以俗称又叫 S 型瓦，因其最早是在西班牙等西欧国家出现并流行，逐渐传入亚洲的韩国、日本，和中国的琉璃瓦相似，并得以认可和流行起来，成为一种具有欧洲风格的装饰瓦。其从普通瓦类遮风挡雨的功能转变为主要以装饰功能为主，目前西瓦是属于瓦类中的烧结彩瓦，主要用于别墅、洋房、亭台等建筑物的屋顶装饰用瓦，其装饰效果古典淡雅、风韵别致。

运用西瓦的建筑造型起伏变化多，富有古典的欧式风味，铺盖后自然高雅，格调独特，是各种中高档酒店、别墅、大型商业中心、市政工程等建筑的首选屋面装饰材料。

重庆公共设施

甘肃陇西公共设施

天津别墅

山西运城别墅

青海海南州学校（建筑位于海拔高度3500多米处）

福建福州学校

天津武清洋房

陕西西安公共建筑

二、平板瓦

主瓦

左瓦

右瓦

脊瓦

半封

二叉

三叉

四叉

全封

湖南长沙别墅

美式建筑中平板瓦得到大量的应用，其延续下来的建筑风格实际上是一种混合风格，不像欧洲的建筑风格是一步步逐渐发展演变而来的，它在同一时期接受了许多种成熟的建筑风格，相互之间又有融合和影响。具有注重建筑细节、有古典情怀、外观简洁大方、融合多种风情于一体的特点。美式风格与英式别墅相比较，美式别墅的建筑体量普遍比英式别墅大；美式别墅多木结构，而英式别墅主要建筑结构墙体为混凝土砌块；由于气候的差别，英式别墅的坡屋顶较陡；英式别墅空间灵活适用、流动自然。

河南汝州洋房

海南三亚别墅

贵阳六盘水回族洋房

海南三亚火车站（混铺）

河南郑州别墅 1

河南郑州别墅 2

江苏苏州狮子山洋房

河南郑州洋房

三、筒瓦

广西南宁公共设施（混铺）

湖南湘潭公共设施（混铺）

气候和地理是影响民居建筑风格的主要因素之一。这使得建筑在设计建造过程中，通风、隔热、防水、防潮成为主要考虑的问题。

随着时代的进步与发展，人们对于屋面瓦的要求越来越高，不仅要求它有良好的性能，还要同时具备相当的实用美观性。为了适应现代化的居住需要，现在的屋面瓦在性能及色彩上也是下足了功夫，制作出各种颜色、各种风格的屋面瓦类产品。比如当地降雨资源丰富，光照与雨水充足，为了防雨遮阳，建筑通常出檐较深，达到遮阳挡雨的效果；一般房屋建筑面积越大，就更加注重空气对流，达到通风散热的效果。

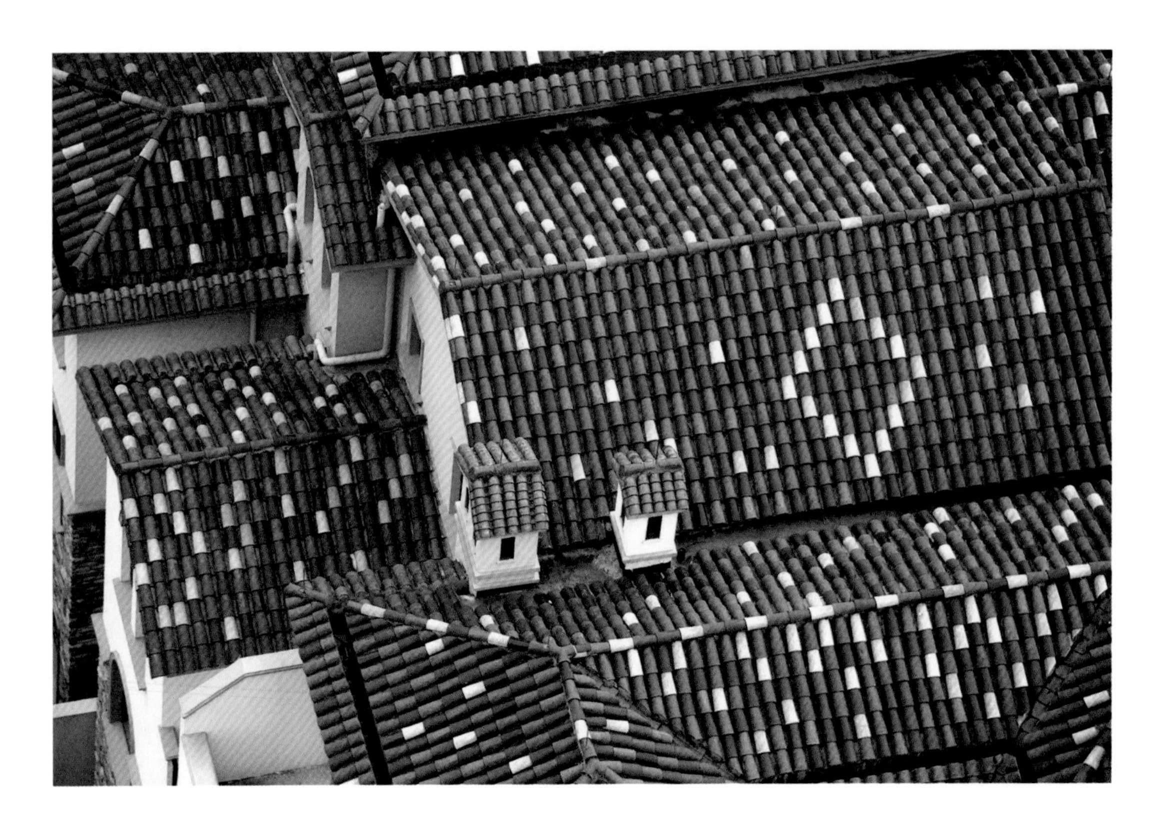

广东佛山别墅（混铺）1

广东佛山别墅（混铺）2

天津公共设施

贵州贵阳公共设施（混铺）

陕西咸阳公共设施 1

陕西咸阳公共设施 2

四、法式瓦（罗曼瓦）

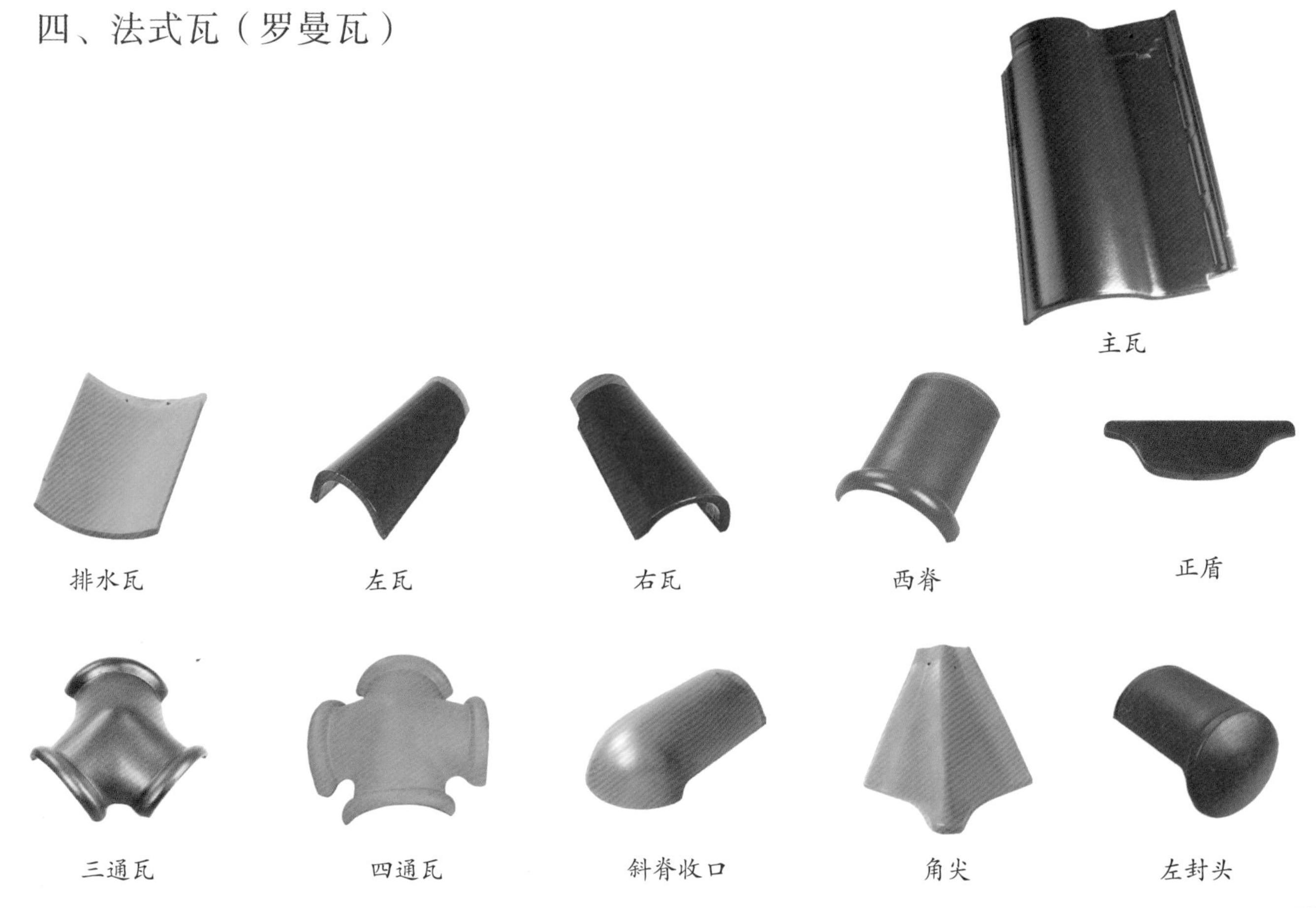

海南三亚公共设施

内蒙古巴彦淖尔洋房

当前，欧式风格的建筑大行其道，特征主要体现在华丽的装饰、浓烈的色彩、精美的造型，从而达到雍容华贵的装饰效果。类型有哥特式建筑、巴洛克建筑、法国古典主义建筑、古罗马建筑、古典复兴建筑、罗曼建筑、文艺复兴、浪漫主义，尖塔、八角房这些都是欧式建筑的典型标志。

作为建筑屋面用瓦，首先看的就是它的外观，外观具有良好视觉的别墅屋面总会给人们造成良好的心理印象。随着建筑屋面用瓦的不断发展完善，瓦的颜色也逐渐从纯色发展为混色、变色等。这既解决了屋面容易滞留雨水，造成屋面渗漏的隐患，更多的是丰富了人们对于美的居住环境的追求和个性化的审美要求。从而说明，出自一个智慧设计师的别墅屋面用瓦，一定离不开一个优秀瓦企的匠心打造。

海南琼海洋房

山西太原学校

云南玉溪洋房

山东昌乐学校

天津武清别墅

福建福州别墅

浙江安吉别墅

五、日本瓦（J瓦）

日本瓦拥有十分久远的历史。最早受到中国唐时建筑的影响，但随后也渐渐发展出属于日本的独特风格。

在唐代鉴真东渡日本后，其弟子及随行人员中，有不少是精通建筑技术的。在鉴真的设计及领导下，建造了著名的唐招提寺。寺内的大堂建筑，坐北朝南，阔七间，进深四间，三层斗栱式形制，是座单檐歇山顶式的佛堂。日本《特别保护建筑物及国宝帐解说》中评论说："金堂乃为今日遗存天平时代最大最美建筑物"。由于鉴真僧众采用了唐代最先进的建筑方法，因而这座建筑异常牢固精美，经过一千二百余年的风雨，特别是经历1597年日本地震的考验，在周围其他建筑尽被毁坏的情况下，独金堂完好无损，至今屹立在唐招提寺内。金堂成为研究了解中国古代建筑艺术的最有价值的珍贵实物之一。

海南公共设施 1

六、鱼鳞瓦

鱼鳞瓦因其铺设的屋面有如鱼鳞而得名，目前大多运用在以东南亚风格为代表的建筑当中，在建筑风格表现上有别于其他瓦型不具备的独特表现力，整体远观，它没有其他瓦型的明暗起伏，近看又层次鲜明。近些年，特别是亚热带地区的大型建筑群屋面造型应用中发挥尤为突出，如国内的海南地区，内陆一些宗教场所，以及新加坡、马来西亚、泰国等具有东南亚风情的建筑，大量采用鱼鳞瓦作为屋面瓦类主材产品，形成了一个个新的地标性建筑人文景观。

贵州贵阳特色小镇 1

贵州贵阳特色小镇2

浙江安吉公共建筑

七、琉璃瓦

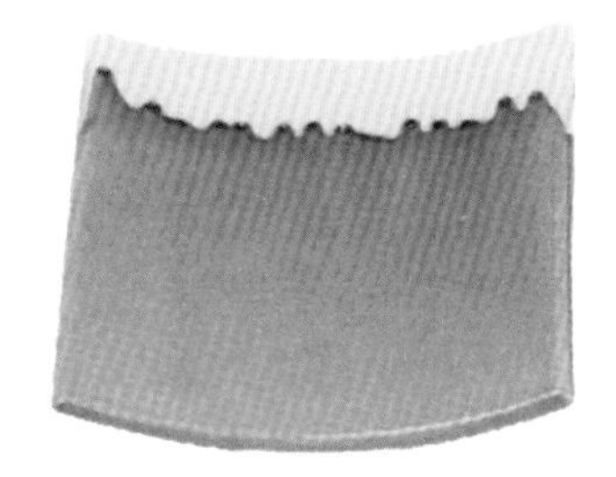

主瓦

弯垌　正盾　弯瓦　花脊

满面收口　弯脊　博古　葫芦珠

仓兽　龙吞脊　脊上兽　脊上鳌鱼

琉璃砖瓦是指在烧结砖瓦上施加釉料的一种生产工艺，它的起源可以追溯到战国时代。战国时期的王公、诸侯在宫殿的屋面瓦上就有涂刷朱色颜料的做法。据目前考古发掘出土的实物表明，最早在砖瓦上施加釉料始于2100多年前的西汉时期（广州南越王宫遗址，绿釉砖瓦，其中单块砖重150公斤，碱性釉）。琉璃瓦是中国传统的上釉陶制品。在北魏平城发现的琉璃瓦，传说来自大月氏。琉璃瓦以其吸水量小、色彩绚丽多姿的特点，出现后一直用于宫廷建筑，以黄色和绿色居多。隋开皇时期，能以绿瓷为琉璃，施加之屋面，代替刷色、涂朱、髹漆、夹纻等法，应用到宫殿建筑上。其时，灰瓦、黑瓦、琉璃瓦都是重要的屋面材料。灰瓦用于一般建筑，黑瓦和琉璃瓦用于宫殿和寺庙建筑上。到了唐代，琉璃釉料的配方和制作工艺，又有了重大的进展，产生了闻名于世的"唐三彩"，生产的琉璃瓦质地坚实，色彩绚丽，造型古朴，富有传统民族特色。唐代开始，琉璃瓦的使用逐渐增多，除了被用于屋顶铺设外，还出现了少量装饰用的琉璃瓦件，有的地方还将琉璃构件用于宫殿建筑中柱础的装饰。唐代大明宫遗址中出土了表面可能施加了化妆土的铺地砖以及屋面瓦，考古界称之为青掍砖瓦。宋代琉璃砖瓦的制造技术已经完全成熟，琉璃瓦的规格开始标准化。琉璃砖瓦的应用范围明显扩大，如保存至今的北宋庆历四年（1044年）重建的开封祐国寺八角多层檐的琉璃塔（俗称铁塔），充分显示了琉璃砖瓦制造水平的提高、构件的标准化以及镶嵌施工技术所取得的成就。宋代的《营造法式》中也对琉璃砖瓦的釉料以及生产技术给出了描述。明清两代，皇家使用的琉璃砖瓦，则由"官窑"专门承制，对质量的要求非常严格。 这一时期，琉璃砖瓦的生产，无论是数量还是质量，都达到了历史上的高峰，只是其颜色和装饰题材仍然受到限制，皇家宫殿专用的黄色琉璃砖瓦，民间不能私自制造和使用，"违者罪死"。琉璃瓦的生产开始采用坩子土做坯料，提高了琉璃瓦的硬度，无论是数量还是质量都超过了以往。明清是中国传统建筑的最后一个高峰期，尤为出彩的是其中的宫殿建筑，明清两代匠师们继承了唐、宋以来的艺术风格，并融汇各地优秀的文化、技艺，形成一套成熟和极具代表性的做法。明初，朱元璋在都城南京大修宫殿，后朱棣迁都北京，永乐五年（1407年）在元大都的基础上扩建北京城，动工兴建北京宫殿，促进了南北方建筑的快速发展，远远超过以往的历朝历代。建筑琉璃也在各类建筑上广泛应用，大到吨重的正吻，小到盈寸的兽件，都是精湛的艺术品。琉璃的使用已从宫殿、寺庙扩大到其附属建筑和纪念性建筑。

天津仿古建筑

八、青瓦

主瓦

光筒

正盾

花筒

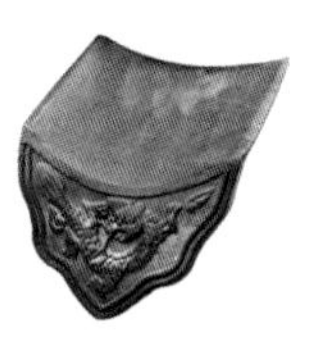
花瓦

花檐

花脊收口

卷尾

正博古

正吻

龙吻吞头

仙人

宝顶

湖南长沙仿古建筑

青瓦一般是指传统意义上讲的青灰色瓦片。原材料以黏土为主要成分，经加工处理、压制成型、干燥和焙烧而成，也因原料、加工、烧成工艺的原因在质量上的差别很大。究其历史，也有“秦瓦汉砖”的说法，相当多的出土文物证实了秦时的瓦比砖内容更加丰富，制作也更为精良。

近些年，伴随着中国经济、文化实力的复苏与增强，强劲的“中国风”席卷全球，汉语、长城、故宫、中国结……中国文化的烙印与元素在国际舞台方兴未艾，在蓬勃发展的建筑行业，青砖灰瓦、雕栏画栋的中式建筑开始呈现回归与复苏之势。

青瓦市场的回归与现代技术的进步有着紧密相联，传统青瓦经过现代先进技术生产制作，大大增强了产品内在强度与外观效果，产品款式与规格也愈加丰富，主要运用于寺庙、公园、影视城等古式建筑的搭建和修缮工作，同时还广泛使用于高端酒店、宾馆、中式别墅等建筑物的装饰搭配。值得一提的是，近年来，国内知名地产商均开始结合现代建筑技术与审美要求，推出中式别墅项目，部分甚至一经推出即售罄，显示出高端买家对精美的中式别墅产品情有独钟。一直以来，青瓦给人以素雅、沉稳、古朴、宁静的美感，近年来也逐步成为设计师极力推荐的产品。中国经济的发展以及生活水平的提高，推动了人们物质要求与欣赏水平的同步进步，在满目高楼大厦，审美疲劳之际，青瓦的发展被广泛看好，特别是北京合院式建筑、徽派建筑和苏州园林等中国传统民居，开始变得炙手可热，在全国各地被复制与重塑。

贵州贵阳园林

江西上饶公共建筑

安徽仿古建筑

参考文献

[1] 姜在渭 . 上海建筑材料工业志 [M]. 上海：上海社会科学院出版社，1997.

[2] 李乃胜，张敬国，毛振伟，冯敏，胡耀武，王昌燧 . 我国最早的陶质建材——凌家滩“红陶块”[J]. 建筑材料学报，2004，（2）.

[3] 白寿彝 . 中国通史 (第二册)，第三节 铜石并用时代晚期，建筑技术的提高与房屋结构的变化 [M]. 上海：上海人民出版社出版，1999.

[4] 赵伯芳 . 殷都文明与砖瓦业的发展 [J]. 砖瓦，1994，（6）.

[5] 李国章 . 砖瓦本末 [J]. 砖瓦，2000，（6）.

[6] 傅力澜，傅善忠 . 砖瓦文化及发展方向初探 [J]. 砖瓦，2002，（1）.

[7] 王世昌 . 陕西古砖瓦图典 [M]. 西安：三秦出版社，2004.

[8] 陈永志 . 内蒙古出土瓦当 [M]. 北京：文物出版社，2003.

[9] 赵力光 . 中国古代瓦当图典 [M]. 北京：文物出版社，1998.

[10] 陈根远 . 瓦当留真 [M]. 沈阳：辽宁画报，2002.

[11] 张文彬，姚生民 . 新中国出土瓦当集录（齐临淄卷）[M]. 西安：西北大学出版社，1999.

[12] 刘德彪，吴磐军 . 燕下都出土瓦当研究 [M]. 石家庄：河北大学出版社，2004.

[13] 楼庆西 . 中国古建筑二十讲 [M]. 生活 · 读书 · 新知三联书店，2001.

[14] 罗哲文 . 中国古代建筑 [M]. 上海：上海古籍出版社，2001.

[15] 陕西历史博物馆编 . 古罗马与汉长安 [C]. 西安：2005 年 4 月（古罗马与汉长安展览说明书）.

[16] 李诫撰 . 宋 . 营造法式 [M]. 上海：商务印书馆，1954.

[17] 汝信，刘建，朱明忠，葛维军 . 印度文明 [M]. 北京：中国社会科学出版社，2004.

[18] 商务印书馆 . 日用百科全书 [M]. 上海：商务印书馆发行，1934.

[19] 宋国定 . 郑州商城发现最早建筑用板瓦 [C].(郑州市政府宣传资料)

[20] 坪井清足 . 瓦的起源的东西方比较 [C]. 陕西考古研究所成立三十周年论文集《中国考古研究》，陕西考古所印制，1988.

[21] 刘宏岐 . 周公庙遗址发现周代砖瓦及相关问题 [J]. 考古文物，2000，（6）.

[22] 陕西省考古研究所．秦都咸阳考古报告 [M]. 北京：科学出版社，2004.
[23] 中国社会科学院考古研究所山西队，山西省考古研究所，临汾市文物局．山西襄汾陶寺城址 2002 年发掘报告 [J]. 考古学报，2005，（ 3 ）.
[24] （明）宋应星．天工开物 [M]. 上海：商务印书馆，1954.
[25] 湛轩业，傅善忠，梁嘉琪．中华砖瓦史话 [M]. 中国建材工业出版社，2006.
[26] 湛轩业，傅善忠，傅力澜，万军．现代砖瓦——烧结砖瓦产品与可持续发展建筑的对话 [M]. 中国建材工业出版社，2009.
[27] 湛轩业译．（法）烧结砖瓦产品的制造及其产品性能 [M]. 中国建材工业出版社，2010.
[28] 张文法，湛轩业译．（德）陶瓷材料挤出成型技术 [M]. 化学工业出版社，2012.
[29] 丁卫东．中国建筑卫生陶瓷史 [M]. 中国建筑工业出版社，2016.
[30] 李诫著．吴吉明译注．《营造法式》注释与解读 [M]. 北京：化学工业出版社，2018.
[31] 潘谷雨，何建中．《营造法式》解读 [M]. 南京：东南大学出版社，2005.
[32] 梁思成．清式营造法则 [M]. 北京：清华大学出版社，2006.
[33] 陈帆．中国陶瓷百年史 [M]. 北京：化学工业出版社，2014.
[34] 左满常，渠滔，王放著．中国民居建筑丛书——河南民居．北京：中国建筑工业出版社，2011.
[35] 丁俊清，杨新平著．中国民居建筑丛书——浙江民居．北京：中国建筑工业出版社，2009.
[36] 戴志坚著．中国民居建筑丛书——福建民居．北京：中国建筑工业出版社，2009.
[37] 雍振华著．中国民居建筑丛书——江苏民居．北京：中国建筑工业出版社，2009.
[38] 王金平，徐强，韩卫成著．中国民居建筑丛书——山西民居．北京：中国建筑工业出版社，2009.
[39] 王军著．中国民居建筑丛书——西北民居．北京：中国建筑工业出版社，2009.
[40] 黄浩编著．中国民居建筑丛书——江西民居．北京：中国建筑工业出版社，2008.
[41] 陆琦编著．中国民居建筑丛书——广东民居．北京：中国建筑工业出版社，2008.
[42] ALFRED B.SERLE. Modern Brickmaking，Second Revised Edition[M]. LONDON: 1920.
[43] W.E.Brownell.Structural Clay Products [M]. Spriner-Verlag,Wien New York,1976.（美）
[44] Willi Bender/Frank handle. Brick and Tile Making [M]. German, BAUVERLAG GMBH. WINSBADEN UND BERLIN, 1982.（德）
[45] Willi F. Bender. Lexikon der Ziegel [M]. BAUVERLAG GMBH. WINSBADEN UND BERLIN，1995 .(德)
[46] Thomas ten Brink, KELLER GMBH. 100 years KELLER and the Brick and Tile Industry [C] Published by KELLER GMBH, July 1996.(德)

[47] WILLI BENDER. Extrusion technology in the structural ceramics industry [J]. Brick and Tile international, 1998, 5.(德)

[48] BAUVERLAG. Zi-ANNUAL for the Brick and Tile, Structural Ceramics and Clay Pipe Industries [M]. German, BAUVERLAG, 2001. (德)

[49] Dr. Manfred Bruck. Green Building Challenge (GBC) [M]. Zi—ANNUAL for the Brick and Tile, Structural Ceramics and Clay Pipe Industries [M]. Berlin: 2001.

[50] Michel Kornmann. Clay bricks and rooftiles——Manufacturing and properties[M].Pairs, Geneva, February 2007.

[51] Frank Händle.Extrusion in Ceramics[M] . Springer 2007 .(德)

[52] Dipl.-Ing. Dieter Rosen. Important aspects of new standards and directives for the brick and tile industry [M]. Zi—ANNUAL for the Brick and Tile, Structural Ceramics and Clay Pipe Industries [M]. Berlin: 2007.

[53] Klaus Göbel. Reflections on brick architecture of the past 100 years [J]. Brick and Tile Industry International, CHINESE SPECIAL ISSUE, 1997. 2.

[54] Dipl.-Ing. Manfred Bracht, Dipl-Ing. Makus J ü chter. Nibra Dachkeramik with new prospects for production of clay roofing tiles [J]. Brick and Tile Industry International, CHINESE SPECIAL ISSUE, 2003. 1.

[55] HANS LINGL. Prospects for the brick and tile industry [J]. Brick and Tile Industry International, CHINESE SPECIAL ISSUE, 2003. 1.

[56] Bundesverband der Deutschen Ziegelindustrie e.V. German brick and tile industry on course for further growth [J]. Brick and Tile Industry International, 4/2018.

[57] Nelskamp Roofing tile manufacturer .Nelskamp roofing tiles: Easier working on the roof [J]. Brick and Tile Industry International, 1/2017.

[58] Nelskamp Roofing tile manufacturer. Nelskamp presents new solution for storm proofing [J]. Brick and Tile Industry International, 1/2017.

[59] Bongioanni Macchine. T.E.S. System – optimization of the control system and monitoring of extrusion processes, FEM for roofing tile optimization[J]. Brick and Tile Industry International, 4/2018.

[60] Bundesverband der Deutschen Ziegelindustrie e.V. German brick and tile industry on course for further growth [J]. Brick and Tile Industry International, 4/2018.

[61] Nelskamp Roofing tile manufacturer. Nelskamp solar fixing system made of aluminium, [J]. Brick and Tile Industry International, 9/2013.

[62] Nelskamp Roofing tile manufacturer.Power from the roof– MS5PVM photovoltaic system from Nelskamp [J]. Brick and Tile Industry International, 10/2011.

[63] Dachziegelwerke. Nelskamp present "Roofs that have what it takes" [J]. Brick and Tile Industry International, 12/2012.

[64] German Solar Industry Association. Braas ' brand–new Granat13V roof tile the outstanding result of constructive cooperation [J]. Brick and Tile Industry International, 10/2011.

[65] Anett Fischer(Editor of Zi Brick and Tile Industry International).Solar power generation and clay roofing tiles [J]. Brick and Tile Industry International, 10/2011.

[66] Braas GmbH. Braas presents expanded all–ceramic ridge tile system[J]. Brick and Tile Industry International, 2/2016.

[67] Händle GmbH Maschinen u. Anlagenbau. New roof tile press Nova III – engineered for the future [J]. Brick and Tile Industry International, 2/2018.

[68] Cleia.fr. A trend in heavy clay ceramics – multi–product units [J]. Brick and Tile Industry International, 3/2018.

[69] Andil. Life Herotile.Optimization of clay roofing tiles to improve the energy efficiency of buildings [J]. Brick and Tile Industry International, 5/2017.

后记

《上下四千年 图说中国屋面瓦》历经三年艰辛努力终于面世，这是佛山市九方瓦业献给业界和社会的一份文化大礼。

2015年12月12日，佛山市九方瓦业隆重举行司庆暨九方瓦业文化馆落成，屋面瓦建筑文化研究院成立庆典。庆典推出的文化工程之一，是编撰中国烧结屋面瓦史专著。

我钦佩九方瓦业董事长杨光中重视文化软实力的战略眼光和企业家的魄力，和张文华、操儒冰一起应邀加入了编撰团队。

学然后知不足。随着工作的深入开展，团队越来越感到我们的知识面薄弱，对上下四千年的历史阐述实在有点力不从心。

天助九方。2016年4月12日，我到北京参加《中国建筑卫生陶瓷史》审议会，认识了来自西安过去素未谋面的砖瓦权威湛轩业。湛老师渊博的学问和对学术的热忱使我喜出望外，惊叹上天在关键时期为我们送来了德高望重的导师和顾问。

湛老师很快应邀千里迢迢到佛山，指导团队调整了书的大纲和内容，编撰工作从此迈上了新征程。

《陶瓷信息》报副总编辑操儒冰在繁忙的工作之余承担了大部分文字撰写。九方瓦业总工程师庄世超在原来负责编写工艺技术章节的作者不能完成任务时临危受命，闭关一月从头撰写了本书的第八章。张文华为了取得各历史时期瓦的资料和现代应用案例，不辞劳苦，驱车跋涉于大江南北，长城内外，拍摄了大量古往今来的珍贵图片。

由于一些客观原因，三年来书的编撰一波三折，有时几乎到了山重水复疑无路的境地。好在有杨光中董事长坚定不移的大力支持，编撰团体不离不弃的团结努力，特别是湛轩业老师不顾年高体弱，四度亲临佛山指导，一丝不苟地审阅、补充修订，终于完成了九方瓦业一项重点文化工程。

衷心感谢中国建筑工业出版社副总编辑胡永旭、艺术设计图书中心首席策划李东禧、《中国建材》杂志副社长侯力学的大力支持和具体指导。感谢佛山市开天盘古广告装潢工程有限公司艺术总监梁丽怡、张春华，设计师李毅婷为本书的艺术设计、编排和前期校对做了大量出色的工作。感谢三年来为书的编撰提供热情支持和帮助的老师和朋友。

编撰工作三年来停停打打，在最后的冲刺阶段我们发现，无论在总体安排还是文字、图片方面都尚有不足之处。希望将来能有机会充分听取各方意见，重新认真修改，为读者献上尽可能完美的功课。

谢谢大家！

刘孟涵
佛山市非物质文化遗产保护专家委员会委员

跋

《上下四千年 图说中国屋面瓦》讲到这里就要结束了。本书在佛山市九方瓦业的倡导及鼎力支持下，在相关考古研究部门、宣传、文物部门的支持下，经过作者们多年的古史钩沉、研究，近三年的文字编写、修订，以史籍和考古发掘实物为主要依据，力排众议，疏理出中国屋面瓦是在距今 4500 年前萌发、起源，距今 4000 ~ 4300 年期间已经在建筑上应用以及 4000 多年来发展的历史脉络。考古发掘出土的实物也证明自夏初（也许更早）出现屋面瓦，经商代的继承发展，到西周时得到进一步地提升和完善。这种结论是以考古出土实物为依据，更正了西周才有瓦的历史误判。本书侧重于屋面瓦的多功能性、装饰性、可重复使用性以及丰富的文化积淀，从广义、狭义和深义文化诸层面做了必要的探讨与评价，论述了中华屋面瓦文化的底蕴。

本书提出了屋面瓦的发源是黄河流域华夏文化的历史证据［陕西宝鸡宝鸡桥镇龙山文化遗址（氧化气氛烧成）、陕西神木石茆龙山文化遗址（还原气氛烧成）、山西襄汾陶寺遗址（还原气氛烧成）、甘肃灵台桥村齐家文化遗址（氧化气氛烧成）］。根据考古实物样本，提出了中国是世界上最早发明和使用屋面瓦的国家，更正了日本学者有关中国屋面瓦起源的错误观点（日本学者坪井清足在《中国考古学研究》论文集中发表的题为《瓦的起源的东西方比较》一文中提到"瓦的起源始于公元前 7 世纪初，中国、希腊、土耳其几乎同时出现"），实际上中国考古发掘已出土的瓦要比古希腊科林斯的瓦早约 1400 多年。确认了中国是世界上首先发明和使用"还原法"烧制青砖青瓦的国家，还原法烧制的青灰色屋面瓦绵延不断地继承发展了 4000 多年，形成了东方建筑特有的与天共色的神韵，并深深地影响着周边国家的建筑风格，默默地倾诉着一种原始而美妙的"人与自然相融合"的情怀。

这些发现确确实实地证明了古籍记载的"夏时昆吾氏作瓦"（《考古史》）和"桀作瓦屋"（《世本·作篇》）的真实。在很长一段时间内，因为缺少实物的佐证，"昆吾作瓦"只能停留在传说阶段。那些曾经恢宏壮丽的宫殿也逐渐消失在岁月的尘埃中，只留下"昆吾作瓦"的记载，零星散落在《博物志》等古籍中。或许，在不久的将来，"世界第一瓦"的美称还会转移，考古学者可能还会采集到更古老的屋面瓦实物。目前所知世界上最早的屋面瓦是出现在中国。出土文物，从来是历史最可信的叙述者，它穿越了历史，给研究者历史的真相。当我们看到了最早诞生在中华大地之上的烧结屋面瓦时，就有着板瓦和筒瓦使用功能明确的区分。值得注意的是，这些屋面瓦制作的形态已经非常的精美和成熟。面对它我们会忍不住好奇：在这些成熟的板瓦和筒瓦诞生之前，烧结瓦经过了多么漫长的发展期？虽然在我们的日常词汇中，“砖”和“瓦”常常是联袂出现的词语，但是至今考古学家和史学家们还无法理清烧结砖与烧结瓦诞生之间有没有关系？烧结瓦究竟是何时诞生的？何时出现了现代形体概念上的瓦？又是何时出现了筒瓦、板瓦等不同的分类和功能？是先有筒瓦，还是先有板瓦？

到了商周时代，那天圆地方、上宇下栋、前堂后寝的砖瓦土木建筑风格彰显出亚洲这个人类摇篮里的华夏民族思想和思维实践的原点，从而奠定了纹饰砖瓦、模印画像砖、空心砖、模印瓦当的发明和创新的思想基础，并构建了砖瓦上所承载的文化富含消灾避邪、和平祥瑞、福寿安康的艺术主题；春秋战国时期出现各种各样精美的瓦当装饰图案，形成了秦、齐、燕三大流派；秦汉隋唐时期随着中华建筑文化的振兴，屋面瓦文化进入了形体艺术、雕琢艺术、绘画艺术、书法艺术等艺术门类的殿堂，向栋宇撑盖功能、装饰功能、瓦器文化功能的精美化方向过渡。

西周到秦汉，中国烧结屋面瓦就已成为使文人之心、传大匠之技、融民族之魂的艺术珍品。完全可以说，中华烧结屋面瓦的装饰艺术自出现始就是中国文人与工匠智慧的结晶（战国、秦汉时期的文字瓦当及砖文便是其中之例），是中外砖瓦发展史上罕见的历史文化形态，无论是其品种、体形，也无论是砖瓦本体上的文化附着，都在体现着中华民族的伟大和文明的气息。而烧结砖瓦产品上的这些装饰图案、表达和传述的意境，无不体现着各个历史朝代的社会文化、经济生活、意识形态等领域的时代特征，深深地被打上了时代的烙印，这是中华文化绵延传承最有说服力的例证之一，更是中华本源文化的“活化石”。就说屋顶装饰中的烧结瓦器构件之一——“龙”：“龙”是中华民族的图腾，被广泛刻铸于青铜器、玉器、砖瓦等制品上。从春秋战国时期砖瓦上所刻画的龙，西汉时期四神画像砖上的龙，到宋元明清屋脊上的龙，宫殿屋顶、琉璃影壁、砖雕图案中的龙……在漫长的时间长河中，龙的具体形象悄然发生着变化，到明清时期，龙的形象完成了思想与艺术的完美统一，在皇宫、文庙、佛寺等建筑上广泛采用，成为等级建筑的重要标志。明清时期的龙富集世间百兽之长，纳天地之精华，体现了神界灵兽之精气，喻示着中华民族特有的人文气质。一条条龙据守屋顶，或蜿蜒如线，或腾起如飞，形态各异，远远望去，如同在碧空祥云中腾跃飞舞，守护着一方方土地、河流与山川。从这些古砖瓦上我们完全可以清楚地看到中华民族的图腾——龙的形象的演变、发展以及完善的过程。

瓦，这种没有生命之物却有灵魂之神，广涵“天道既久，造物不骄，与物不争，和而不卑，谐而不亢，相呼相应，物我两忘，毓秀钟灵，道法自然，天人合一”，使之成为后来的道家哲学基础。说瓦吧，古人做瓦，或盘泥，或轮制，都先做成圆筒，然后勒纹，纵向破二、破三或破四，凸凹相扣，阴阳相承，“一分为多，合多为一”，不仅发现事物的发展规律，而且也深含阴阳平衡、和谐安宁、月缺月圆、潮汐有致、万物乃生的天道。因此，“人不欺天，万物和谐”的生态观，在古先民的抽象思维中早有蒙发。一砖一瓦的发明创造，绝非“上帝”的恩赐，而是群体人文精神的灵性表达。

“秦砖汉瓦”在国学者的眼里，是中国多元文化的指代，具有丰富的民族文化意义。没有秦砖汉瓦，就没有万里长城、阿房宫、秦皇地宫、未央、铜雀、紫禁故宫，也没有“两都汉赋”。没有烧结砖瓦，就不会产生罗马古都、伦敦砖城，也不会出现影响世界流芳百世的哥特式建筑、伊斯兰礼拜堂和东亚的深山佛寺道观以及点染山川的百仞砖塔；不会有充满艺术文化韵味的瓦当、滴水、鸱吻、走兽、宝顶、龙凤栖脊的屋面装饰；不会有人们企求的舒适、健康的“精神家园”。易中天的“没有仰韶彩陶、青铜器皿、秦砖汉瓦、钧瓷汝窑，没有编钟乐舞、敦煌壁画、六朝书法、明清故宫，没有诗经、楚辞、汉赋、唐诗、宋词、元曲，我们怎么称得上是五千年文明古国？”的观点，深刻之至，入木三分。秦砖汉瓦是中华民族古圣先贤智慧的结晶，是民族文化宝库中积淀着多元民族文化的活化石，是不可小觑的。当代著名文化学者肖云儒老先生说道：“秦砖汉瓦，当然它具体就指，秦代的砖跟汉代的瓦，但是它实际上已经升华了，超越了，成为对一种文化积淀的指代。”的确，在这些文化人的眼中，“秦砖汉瓦”无疑是华夏文明宝库中一颗璀璨的明珠，其精美的文字、奇特的动物形象、华丽诡异的图案，极具艺术欣赏和文化研究价值。

先哲圣贤——庄子曰：“道在瓦壁”，岂能虚言乎？烧结砖瓦的发明和传承，是文明发展的标志，是技术发展的体现，是民族艺术文化的载体！从而形成了中国固有的“屋面瓦文化”特色。中国的“屋面瓦文化”是中华民族的，也是世界的！

劳动人民是社会的主体，是文化的创造者和传承者。在漫长的社会实践活动中，他们匠心独运，口传手授，创造出许多优秀的器物文化产品。烧结砖瓦及屋顶装饰陶构件可算是最为古老的产品之一。自夏商周以来，由“百工”主持，大匠生产，完成了砖瓦的第二次技术革命；秦汉以后，由中央集权的“司空”机构专管，专门的官窑作坊烧制，“物勒工名”的法律不仅创造了“世界八大奇观”的兵马俑和精美的砖瓦器，而且留下了数十位砖瓦艺术大匠的名讳。然而，由于史官文化的禁锢，把民间许多科技发明视为“雕虫小技”而疏于史籍记录。就是一些方志或神话传说，也只能偶见只言片语，从而使砖瓦文化成为入流不入品的东西。当然，这个行业也就成了社会地位低下的“下九流”了。

最后，砖瓦发展到了清代，无论是屋面瓦的质量、品种，还是屋面瓦的艺术雕刻水平，也无论是琉璃瓦器，可以说做到了极致，件件都可成为国之瑰宝，在世界上可以说是独一无二的。然而清王朝两百多年间，由于统治者政治上的尊大排外、经济上的闭关锁国、科技上的愚昧无知，科技发展停顿了，先进文化沉沦了，社会历史发展处于滚滚大江的旋流之中。一场鸦片战争，国门洞开，列强入室，国土沦丧。历史的屈辱，发人深省。我国的屋面瓦生产和发展没有赶上西方世界的“工业革命”，这是造成我国砖瓦发展水平落后于发达国家数十年的历史根源。

感谢半个多世纪以来中国考古界的不懈努力，使我们能够了解到中国烧结屋面瓦的早期历史。

我国建筑大师梁思成先生曾说：“中国古建筑是最大宗的文化遗产，这是我们的根，是我们的脉，是我们的魂，必须正确对待。”

万物灵长的人类自从三百万年前告别自己祖先古猿而从树上下到地面，便为生存不断寻找构筑栖身之所而努力。

中国砖瓦与中国建筑，是世界文化宝库中的璀璨明珠，是中华优秀文化的重要载体，是人类文明最优秀的成果之一。古建筑上包括砖瓦在内的许多元素符号的文化艺术附着，记述着中华文明的演进历程，紧贴着艺术文化源流，深含着中华文化底蕴，可谓中华史前文化以来的“活化石”，是研究中华文化的百科全书。烧结砖瓦自出现以来，就一直伴随着人类文明进步的发展而发展，已延续了数千年，并一直在改变着、演进着、自身完善着。

从春秋战国到宋元明清，它缔造了无数地下建筑、高台建筑、园林建筑、山野风光建筑、水乡建筑而享誉世界。从名都大邑到集镇村落；从台榭宫殿到道观佛塔；从北国古都四合院到江南水乡的马头墙；从黄土高原大宰富贾府第到南海之滨的驷马拖车，到处都可看到那栩栩如生的砖瓦建筑村落，无论是如诗如画的砖雕，生动活泼、张扬祥瑞的瓦器，还是字迹苍劲的书法瓦当、楹联门刻或匾额，都以丰富的文化遗存、优秀的文化素养点化出幢幢建筑的气势与灵性，与天与地、与山与水进行着古往今来的和谐对话，昭示着平和与安宁。

“秦砖汉瓦”，当我们回首历史时，才清楚地认识到正是它们构成了人类历史文明的重要内容！

从人文视角研究和阐述砖瓦与建筑，在实现伟大民族复兴的今天，不仅能对史载缺失有所补遗，而且对现代科技发展格局及未来建筑可持续发展趋势的前瞻都是有益的。须知，一个有希望的民族在世界民族中的优秀地位，全赖于自身优秀文化的传承并在世界民族文化交流中融入其他先进民族文化，在创新中发展，发展中弘扬，回馈世界。舍此，只会固守愚顽而消亡。

当前，在世界经济全球化的驱动下，欧美先进砖瓦行业中的一些顶级托拉斯，瞄准中国建筑大市场（在中国建立砖瓦产品营销机构，已经把西欧生产的砖瓦卖给中国近40个建筑项目），正在入驻中国，这是国际经济发展使然，虽然会对我国发展中的民族砖瓦工业构成一定威胁，但也提供了向当今世界顶级制砖技术学习和面对面交流的绝好机遇。中华民族是一个崇尚和平，笃信和谐、博爱、平等，素有穷天下、容万物的襟怀，更具有聪慧过人的本性，无论再高端的技术、再复杂的工艺，一旦同中华文化相融合，都将会点石成金。这也可谓中国“和合文化”的魅力所在。

就建筑的整体性和传承性而言，目前我国正面临着新与旧、传统与创新、可持续科学发展与传统艺术等多方面的变革时期，如何做到推陈出新，在继承中创造性地发展，将现代科学技术与传统建筑艺术结合起来，还有待于认真地探索和实践。这也是处于目前变革时代建筑文明的升华，任何保守的陈旧思想和虚无缥缈的观念都无济于事。就现在许多地方出现的用水泥堆出的所谓“仿古建筑”，诸如“仿古一条街”，以及刮起的“欧美风”，诸如“欧洲街”、“巴黎广场”、“罗马花园”等等，即使能够起一点表面的媚世作用，但也是一种低俗的迎合。在当代建筑发展上单纯的“功利主义”，是不符合时代要求的。中华民族建筑文化的复兴，不是靠模仿和不可能做到的克隆。而是要独创，要创造出我们这个时代的气派和特点。舍弃民族的优秀文化传统，就无自立世界的能力！

中国烧结屋面瓦发展的重要内容就是在使用现代生产工艺大量制造的同时，必须给产品注入中国的元素，彰显出中国的优秀历史文化以及具有中国味道的屋面文化。当然这里也不是一味的提倡复古，屋面瓦产品的发展必须与现代建筑的发展趋势相结合，如进一步提升屋面瓦抗暴风雨的性能，开发出便于太阳能利用的瓦产品，研究探索有利于屋面通风系统的瓦产品，使屋面更有利于节能，提高建筑物的舒适性等等。说到这里，遗憾之情油然而生，又记起了早在北魏时期就已出现的青掍砖瓦。青掍砖瓦在那个使中国人骄傲的盛唐时代曾出现过炫目的光辉，但是到了明清时代却销声匿迹了，至今我们仍然不知道它的生产方法（已经失传）。这也许由于明清时期的建筑琉璃制品太过发达，或由于北京紫禁城大量需要琉璃制品和金砖的缘故，而把青掍砖瓦放弃了。不过今天面对出土的大唐实物样品，总觉得这类产品应该是仿古产品中的佼佼者。研发恢复这个品种，也是我们这代人的责任。

砖瓦是水、土、空气和火的结晶，源于泥土、归于泥土，从出现那一刻起，就注定了环保（从汉代起，就有了使用古砖瓦疗疾治病、入药的记载，足见其环保健康之功能）、可循环利用的特质，从而成为现代可持续发展建筑中重要的基本材料。这种“天人合一”的自然特性符合我们的民族精神。

烧结砖瓦是一种无毒、无害能够确保安全、创造舒适和愉悦环境的材料，砖雕、砖塑及瓦器可以用为室内外装潢装饰，较之其他材料对人的健康（如可调节室内小环境的“呼吸”功能和可平衡室内外峰值温度的“相移动”功能）和防止火灾及突发灾难时是最为安全的，因为没有任何有毒气体物质的释放。对于建筑的文化韵味的塑造使人获得艺术享受，有其永久性价值。而且烧结砖瓦产品对环境的影响最小，不会污染水源，不会改变土壤性质，更不会释放有害物质！非常明显的是在烧结砖瓦的废墟上可种植庄稼、植树等；其废料不会对水源、大气、土壤等构成威胁，与大自然有着良好的亲和力。周秦汉唐，几度兴衰，三千余年，十三朝古都，西安地下埋藏着多少烧结砖瓦，无从得知，其废墟上如今仍是麦浪滚滚，树木葱绿。烧结砖瓦丝毫没有影响到地面上的庄稼、树木、花卉的生长，也丝毫没有影响到西安地下水的品质。经过历史的检验，“烧结砖瓦绿色环保、可回收利用”的说法，成为让人信服的道理。

这就是“秦砖汉瓦”与其他文物的根本不同所在。如同我们从祖先那里继承而来的种植庄稼蔬菜、养家畜家禽、织布穿衣一样，只能根据时代的发展而不断完善、修正、提高，而不是抛弃！

烧结砖瓦，是水、土、空气和火相融合浑然天成的产物。它们伴随中国历史的风云激荡，见证了数千年来华夏大地上社会生活、政治集权、艺术思想的兴衰，从未被割断，可勾勒出清晰的发展脉络，无所不在地透露着中华古代文明的信息。在全球越来越关注绿色环保经济和可持续发展的今天，烧结砖瓦因其生态、健康、耐久、可回收利用的天然属性，必将焕发出复兴的光彩！

中华砖瓦从上古走来，它们曾伴随华夏民族迎来了初级文明的曙光，也曾伴随华夏民族创造了上下五千年光辉灿烂的历史文明，是中华本原文化的活化石，无声地记录着中华文明演进历程中的各个方面；它们一定会向未来走去，昭示着绿色、可持续发展建筑的大规模应用！

烧结砖瓦是人与自然之间浑然天成的亲合物，无论是自然属性还是人文属性，砖瓦都具有永恒的可持续发展特质。当许许多多建筑材料湮没在历史的烟尘中无迹可寻时，砖瓦却能在岁月流转中华彩依旧，与人类亲密相伴。有鉴于此，砖瓦产业也必将长盛不衰。中国砖瓦是一座有生命力的大山，是一座“横看成岭侧成峰”的值得永远探索研究的经济文化大山，需要有更多的学子去潜修、研究、开发。

湛轩业
教授级高级工程师